魅力是女人的力量，
正如力量是男人的魅力。

世界上最颠倒众生的，
不是美丽的女人，
而是最有吸引力的女人。

卡耐基写给女人的
幸福箴言

（美）卡耐基◎著　达夫◎编译

四川人民出版社

图书在版编目（CIP）数据

卡耐基写给女人的幸福箴言 / (美) 戴尔·卡耐基著；达夫编译 . -- 成都：四川人民出版社，2018.12

ISBN 978-7-220-10854-9

Ⅰ . ①卡… Ⅱ . ①戴… ②达… Ⅲ . ①女性－幸福－通俗读物 Ⅳ . ① B82-49

中国版本图书馆 CIP 数据核字 (2018) 第 148203 号

KANAIJI XIEGEI NVREN DE XINGFUZHENYAN

卡耐基写给女人的幸福箴言

(美) 戴尔·卡耐基　著　　达夫　编译

出 版 人	黄立新
策划组稿	张明辉
责任编辑	周晓琴　戴黎莎
营销策划	张明辉
插画绘制	金版文化
封面设计	黄健民
责任校对	吴　玥
责任印刷	许　茜
出版发行	四川人民出版社（成都槐树街2号）
网　　址	http：//www.scpph.com
E-mail	sarmcbs@sina.com
新浪微博	@四川人民出版社
微信公众号	四川人民出版社
发行部业务电话	（028）86259624　86259453
防盗版举报电话	（028）86259624
印　　刷	深圳市雅佳图印刷有限公司
成品尺寸	135mm × 180mm
印　　张	14
字　　数	300千
版　　次	2018年12月第1版
印　　次	2018年12月第1次印刷
书　　号	ISBN 978-7-220-10854-9
定　　价	42.80元

前言

PREFACE

作为伟大的成人教育家和人际关系学大师，戴尔·卡耐基创立了一套系统完整、操作起来既简便又能迅速成功的成人教育方法。这些方法都是他运用心理学的知识，对人类共同的心理特点进行探索和分析发展起来的。他创立的成人教育机构遍布世界各地，有2000所之多，曾经帮助千百万人缔造了更有活力、更高品质的生活。

在长期的工作实践中，戴尔·卡耐基与许许多多的女性晤谈过，其中既有普通百姓，更有娱乐界明星、商界名流等。通过对她们的人生愿望、生活中的烦恼以及女性生理心理的深入研究，戴尔·卡耐基对女人如何获得幸福取得了睿智的见解和精辟的人生感悟。他以充满感情的笔触将他的心得娓娓道来，曾使无数女性走出迷惘、走向幸福。因此，他写给女人的幸福箴言常常是友人馈赠和夫妻捧读的心灵圣经。

戴尔·卡耐基指出，女人获得成功和幸福的要点在于自尊、自重、勇气和信心，在处理家庭、事业问题中注意克服人性的弱点，发挥人性的优点，充分开发女性的潜能，从而获得人生的快乐。

在本书中，戴尔·卡耐基以超人的智慧总结了女性为人处世应当具备的基本技巧；以严谨的思维分析了女性打造个人魅力、活得快乐的秘密所在；以精彩的讲解告诉女性如何理解并俘获自己钟情的男人；以广博的爱心指导万千女性尽快成熟和永久留住幸福，从而帮助女性去改变生活，开创崭新的人生。

世界上所有的女人都一样，无不祈祷着自己的婚姻幸福、家庭美满，期望着自己的丈夫事业成功。但是，在现实生活中，女性的接触面相对狭小，社会对女性的人生幸福方面的研究极为薄弱，对女性如何获得幸福的教育更是少之又少。在这种背景下，女性虽然有获得幸福的强烈渴望，但因为方法失当、技巧不够，往往抓不住自己的爱人，更难以把握自己的命运，难以最终获得人生的圆满。

在这本书里，戴尔·卡耐基对相关问题既做了精辟的理论分析，又提出了许许多多具体的行为准则和做事指导。他的思想和洞见是深刻的，同时也是实用的，无论是对未婚的青年女子，还是对已婚的妻子或母亲都具有指导意义。任何女人，只要灵活、明智地运用这些方法，她就可以越过许多通往幸福的障碍，最终拥有一个幸福、快乐、如意的人生。

希望通过本书，每个女人都能收获不一样的人生，找到并把握住自己的幸福！

目录

CONTENTS

第一章　女人处世的十二大基本技巧

第二章　平安快乐的要诀

第三章　做最有魅力的女人

第四章　让中意的男人喜欢你

第五章　不伤感情地改变他

第六章　他事业上的好帮手

第七章　让你的家庭生活幸福快乐

第一章

女人处世的十二大基本技巧

戒除批评、责怪和抱怨

在《人性的弱点》一书的开篇，曾给大家讲过“双枪杀手”克劳雷的故事。我不想再说故事的始末，只想重申一下那个双枪恶徒的话：“在我外衣里面隐藏的是一颗疲惫的心，但这是一颗善良的心，一颗不会伤害别人的心。可是我却来到了新新监狱（注：美国关押重罪犯人的监狱）受刑室，这就是我自卫的结果。”

克劳雷真的是为了自卫才杀人吗？就在警察拘捕克劳雷之前，他和女友开车在长岛一乡村公路上寻欢。有个警员走上前去，向克劳雷说道：“把你的驾驶执照给我看看。”克劳雷不发一语，掏出手枪就是一阵狂射。警员中弹倒地，克劳雷跳下车，从警员身上找出左轮枪，又向倒地不起的尸体开了一枪。

“双枪杀手”克劳雷根本不觉得自己有什么错。

和克劳雷一样的罪恶之人基本上都不知道自责。在芝加哥被处决的美国鼎鼎有名的黑社会头子阿尔·卡庞说：“我把一生当中最好的岁月用来为别人带来快乐，让大家有个好时光。我是在造福人民，可社会却误解我，给我辱骂，这就是我变成亡命之徒的原因。”臭名昭彰的“纽约之鼠”达奇·舒兹生前在接受报社记者访问时，也自认是在造福群众。

举这些例子，只是想向女士们说明一个道理：这些亡命之徒都不为自己的行为自责，我们又如何强求日常所见的一般人？这是人的本性，批评、责怪、抱怨别人是一点儿都不会发生正面作用的，因为大多数人都能为自己的动机提出理由，不管有理无理，总要为自己的行为辩解一番，也就是说他们认为自己根本不应该被批评、责怪或抱怨。

从心理学角度看，每一个人都害怕受到别人的指责，包括女人，也包括男人，男人更害怕来自于女人的指责。所以，作为女人，还是戒除批评、责怪或抱怨为好。

刚才我说了，批评、责怪、抱怨别人是一点儿都不会发生正面作用的，相反，副作用却让人感到可怕。我的心理学家朋友曾对我说：“因批评而引起的羞愤，常常使雇员、亲人和朋友的情绪大为低落，并且对应该矫正的事实状况，一点儿也没有好处。”

我的邻居约翰有一个幸福的家庭，三个漂亮的女儿，一个贤惠的妻子。有年夏天，三姐妹驾车去郊外旅游。在市区内，由两个姐姐驾车，到了人烟稀少的郊外，两个姐姐就让妹妹练练车技。

最小的妹妹开着车，兴奋得不知如何是好，有说有笑的。突然，汽车像脱缰的野马一样向前奔去，在快到十字路口处，与一辆从侧面驶过来的大拖车相撞，大姐当场死亡，二姐头部受伤，小妹腿骨骨折。原来，小妹想在红灯亮起之前通过，才加大了油门。

约翰夫妇接到电话后，立刻赶到了医院。他们紧紧地拥抱着幸存的两个女儿，一家人热泪纵横。父母擦干两个女儿脸上的泪，开始谈笑，像是什么事也没有发生过一样，始终温言慈语。

好几年过去了，肇事的小女儿问父母，当时为什么没有教训她，而事实上，姐姐正是死于她闯红灯造成的车祸。约翰夫妇只是淡淡地说："你姐姐已经离开了，不论我们再说什么或做什么，都不能让她起死回生，而你还有漫长的人生。如果我们责难你，你就会背负着'造成姐姐死亡'的沉重的心理包袱，进而丧失一个健康和美好的未来。"

如果当年约翰夫妇对小女儿加以指责的话，后果恐怕比他们想象的还要恶劣。

女士们都会有这样的经历，当你指责你的男友时，得到的基本上就是沉默。除了沉默，还会有反唇相讥、振振有词。这意味着什么？是对指责的对抗，尽管他们深爱你，尽管的确是他们的错。

人就是这样，做错事的时候不会主动去责怪自己，而只会怨天尤人，我们也都如此。所以，明天你若是想责怪某人，请记住“双枪杀手”克劳雷、阿尔·卡庞和约翰夫妇等人的例子，别让批评像家鸽一样飞回到自己家里。也让我们认清我们想指责或纠正的对象，他们会为自己辩解，甚至反过来攻击我们，或者他们会说：“我不知道所做的一切有什么不对。”

我可以骄傲地说，林肯是美国历史上最善于处理人际关系的总统。不止我这么认为，当林肯咽下最后一口气时，陆军部长史丹顿说道：“这里躺着的是人类有史以来最完美的统治者。”我也是受陆军部长史丹顿的提醒才对林肯的处世之道进行研究的，10年后我系统、深入、透彻地了解了林肯的一生，包括林肯的性格、居家生活和他待人处世的方法，于是，我又用了3年时间写成了《林肯的另一面》。

林肯开始并不完美，年轻时他喜欢批评人，他常把写好的讽刺别人的信丢在乡间路上，好让当事人发现。做见习律师时，他喜欢在报上公开抨击反对者。虽然只是偶尔，但有些行为导致的后果使他刻骨铭心，永生难忘。

1842年秋天，他又写文章讽刺一位自视甚高的政客詹姆士•席尔斯。他在《春田日报》上发表了一封匿名信嘲弄席尔斯，全镇哄然引为笑料。自负而敏感的席尔斯当然愤怒不已，终于查出写信的人。他跃马追踪林肯，下战书要求决斗，林肯本不喜欢决斗，但迫于情势和为了维护荣誉，只好接受挑战。他有选择武器的权利，由于手臂长，他选择了骑兵的腰刀，并且向一位西点军校毕业生学习剑术。到了约定日期，林肯和席尔斯在密西西比河岸碰面，准备一决生死。幸好在最后一刻有人阻止他们，才终止了决斗。

这是林肯终生最惊心动魄的一桩事，也让他懂得了如何与人相处的艺术。从此以后，他不再写信骂人，也不再任意嘲弄人了。也正是从那时起，他不再轻易为任何事指责任何人，包括南方人，当自己的夫人极力谴责南方人时，林肯说：“不用责怪他们，同样的情况换上我们，大概也会如此而为。”他最喜欢的一句名言是：“你不论断他人，他人就不会论断你。”惨痛的经验告诉他：尖锐的批评和攻击，所得的效果都等于零。

我年轻时，总喜欢给别人留下深刻印象。我在帮一家杂志撰文介绍作家时，美国文坛出现了一颗新星，名叫理查德·哈丁·戴维斯，这是一个颇引人注目的人物。于是，我便写信给戴维斯，请他谈谈他的工作方式。在这之前，我收到一个人寄来的信，信后附注：“此信乃口授，并未过目。”这话留给我极深的印象，以显示此人忙碌又具重要性。于是，我在给戴维斯的信后也加了这么一个附注："此信乃口授，并未过目。"实际上，我当时一点也不忙，只是想给戴维斯留下较深刻的印象。

戴维斯根本就没给我写信，而是把我寄给他的信退回来，并在信后潦草地写了一行字："你恶劣的风格，只会增添原本恶劣的风格。"的确，我是弄巧成拙了，受这样的指责并没有错。但是，身为一个人，我觉得很恼羞成怒，甚至10年后我获悉戴维斯过世的消息时，第一个念头仍然是——我实在羞于承认我受到的伤害。

这件事给我的教训很深，每当我想指责他人的时候，就拿出一张五美元钞票，望着上面的林肯像自问："如果林肯碰到这个问题，会如何解决？"

在现代文明社会，指责别人的女人或许永远不会遇到林肯遭遇过的尴尬，但是因指责而生的怨恨却是不容易化解的，因为我们所相处的对象，并不是绝对理性的动物，而是具有情绪变化、成见、自负和虚荣等弱点的人类。

所以我要说，假如你想招致一场令人至死难忘的怨恨，只要发表一点刻薄的批评就可以了。也就是说，只有不够聪明的人才批评、指责和抱怨别人。的确，很多愚蠢的人都这么做。

但是，要做到"不说别人的坏话，只说人家的好处"，善解人意和宽恕他人，是需要有自制的功夫的。

请女士们记住，待人处世的第一大原则就是不要批评、责怪或抱怨他人。

真诚地赞赏、喜欢他人

我不知道阅读这本书的女士们是否会和我有一样的想法，但在开始这个话题之前，我想先问你们一个问题 :“你认为世界上促使人去做事的最有效的方法是什么？”我相信你们会给出各种各样的答案，但我想说的是，真正可以让别人做事的唯一办法就是，赐给他们想要的东西。疑问又来了，一个人到底最想要什么呢？

小时候我住在密苏里州乡间，那段时光是非常快乐的。我记得，父亲曾经养过一头血统纯良的白牛和几只品种优良的红色大猪。当时，让我最兴奋的事情就是跟随父亲带着猪和牛一起去参加美国中西部一带的家畜展览。很幸运，我们的那头白牛和那几只红色大猪获得了特等奖，并为父亲赢来了特等奖蓝带。

我记得很清楚，当时父亲是非常高兴的。他把那枚蓝带别在了一块白色软洋布上，而且只要有人来家中做客，他总要拿出来炫耀一番。

其实，那些真正的冠军——牛和猪并不在乎那枚蓝带，倒是我的父亲对它十分珍惜，因为这枚蓝带给他带来了荣耀和别人的称赞，也使他有了“深具重要性”的感受。

事实上，这种“希望具有重要性”就是促使别人做事的唯一方法，也是我们说的人最想要的东西。不过，这个专业的名词并不是我提出来的，而是美国学识最渊博的哲学家之一——约翰·杜威提出来的。他认为，人类（包括男人也包括女人），在他们的本质里最深远的驱动力就是“希望具有重要性”。

有人说“食欲、性欲、求生欲”是人类的三大本能，其实人们对这种“希望具有重要性”的迫切热望绝对不亚于前三者。林肯曾经提到“人人都喜欢受人称赞”，威廉·詹姆士也曾经说过：“人类本质里最殷切的需求就是渴望被人肯定。”应该说，就是在这种“希望具有重要性”的促使下，我们的祖先一点点地创造出了今天的一切文明，否则我们恐怕就和禽兽没什么两样了。

每个人，当然包括男人和女人，都希望自己受到别人的重视。尤其是男人，他们更希望能够引起女人的重视，更希望从女人那里获得满足这种“希望具有重要性”的感受。作为一名女性，如果你想与别人相处得十分融洽，如果你想成为一个受欢迎的人，那么你首先要做的就是满足他们这种“希望具有重要性”的心理，而你最好的选择就是真诚地赞赏他们。

还有一点我必须要告诉各位女士，那就是你能否真诚地去赞赏那些男士们直接关系到你是否能找到一个称心如意的伴侣或是拥有一个美满幸福的家庭。所以我要告诫各位女士，当你和你的男友或是丈夫相处时，如果你想让你们彼此都拥有幸福的美好感觉，那么你最应该做的就是去真诚地赞赏他们。不过，你能够真诚地去赞美他们的前提则是必须真心地喜欢他们。

我并不是在这里危言耸听，因为在历史上像这样的例子数不胜数。乔治·华盛顿，美国第一任总统，他最高兴的就是有人当面称呼他为“美国总统阁下”；哥伦布，这个发现美洲的航海家，他曾经要求女王赐予他“舰队总司令”的头衔；雨果，伟大的作家，他最热衷的莫过于希望有朝一日巴黎市能改名为雨果市；就连最著名的莎士比亚也总是想尽办法给自己的家族谋得一枚能够象征荣誉的徽章。

这里，我之所以列举了这些成功男士的例子，无非是想告诉各位亲爱的女士们，一个成功的男人虽然已经获得了很多很多的东西，但他们永远不会对那美妙的赞美声产生厌倦。因此，如果你想成为男人眼中最善解人意、最迷人、最美丽的女性，那么你最好的选择就是去真诚地赞赏他。

当然，女性在生活中接触更多的可能还是同性朋友。我可以告诉各位女士们，女人对这种赞美声的渴望绝不亚于男人，而且还更甚。

我的一个朋友的妻子参加了一种自我训练与提高的课程。回到家后，她急切地对丈夫说：“亲爱的，我想让你给我提出6项事项，而这6项事项能够让我变得更加理想。”

“天啊！这个要求简直让我太吃惊了。”她的先生，也就是我的朋友这样说，“坦白说，如果想让我列举出所谓的能让她变理想的事情，这简直再简单不过了，可是天知道，我的太太很有可能会紧接着给我列出成百上千个希望我变得更好的事项。我没有按照她说的那样做，当时我只是对她说：‘还是让我想想吧，明天早上我会给你答案的。’”

“第二天我起了个大早，给花店打电话，要他们给我送来六朵火红的玫瑰花。我在每一朵玫瑰花上都附上了一张纸条，上面写着：‘我真的想不出有哪6件事应该提出来，我最喜欢的就是你现在的样子。’你肯定会猜到了事情的结果，就在我傍晚回家的时候，我太太几乎是含着热泪在家门口等我回家。我觉得不需要再解释了，我真庆幸自己当初没有照她的要求趁机批评她一顿。事后，她把这件事告诉给了所有听课的女士们，很多女士都走过来对我说：‘不能否认，这是我所听到过的最善解人意的话了。’从那一刻起，我认识到了喜欢和赞赏他人的力量。”

如果当初我的这位朋友选择了给妻子提出那6件事，而并不是由衷地赞赏她的话，等待他的恐怕就是妻子那成百上千件的不满之事以及那无休止的争吵。

女人就是这样，她们总是希望能够得到他人的赞赏，得到别人的重视，尽管她们做得并不够好。相信各位女士经常会在心里佩服其他的女性，却很少把这种心情表达出来。“挑剔”似乎是上帝赐予女人的特权，因此女人对她身边的人总是很不满意。她们认为，身边的人做得还远远不够，至少还没有做到能够让她赞赏的那个地步。

我不知道你是不是会真诚地赞赏和喜欢他人，但我知道成功人士大都会这样做，至少查理·夏布和安德鲁·卡内基是这样做的。

1921年，安德鲁·卡内基提名年仅38岁的查理·夏布为新成立的“美国钢铁公司”第一任总裁，使得夏布成为全美少数年收入超过百万美元的商人。

有人会问，为什么卡内基愿意每年花100万美元聘请夏布先生？难道他真的是钢铁界的奇才？事实上，夏布先生曾经亲口对我说，其实在他手下工作的很多人对于钢铁制造要比他懂得多得多。接着，夏布先生又很得意地告诉我，他之所以能够取得这样的成绩，主要是因为他非常善于处理和管理人事。我是个爱刨根问底的人，马上追问他是如何做到这一点的。他告诉了我很多，但给我印象最深的就是下面两句话：

赞赏和鼓励是促使人将自身能力发挥到极限的最好办法。

如果说我喜欢什么，那就是真诚、慷慨地赞美他人。

这两句话是夏布成功的秘诀，而事实上，他的老板安德鲁·卡内基也是凭借这一秘诀获得成功的。夏布曾经对我说，卡内基先生十分懂得在什么时候称赞别人。他经常在公共场合对别人大加赞扬，当然在私底下也是如此。

应该说，真诚地赞赏和喜欢他人，是女士处理人际关系最好的润滑剂。也许我应该更直接一点告诉各位女士，你们为什么要做到这一点。

我希望女士永远不要忘记，在人际交往的过程中，我们接触的是人，是那些渴望被人赞赏的人。应该说，赐给他人欢乐，是人类最合情也是最合理的美德。因为伤害别人既不能改变他们，也不能使他们得到鼓舞。

在美国，因精神疾病导致的伤害要比其他疾病的总和还要多。按照我们的推测，精神异常往往是由各种疾病或外在创伤引起的。但是，有一个令人震惊的事实是，实际上有一半精神异常的人，其脑部器官是完全正常的。

我曾经向一家著名精神病院的主治医师请教过这一问题，他在精神研究领域是相当有名的。可是，他给我的答案却是他并不知道为什么人的精神会变得这样异常。不过，这位医师也向我指出，很多时候人之所以会精神失常，是因为他们在现实生活中得不到“被肯定”的感觉，因此他们要去另外一个世界寻找这种感觉。

为了让我更加明白他的说法，他给我讲了一个例子：

他有一个女病人，是那种生活比较悲惨的人，她的婚姻非常不幸。她一直渴望着被爱，渴望得到性的满足，渴望拥有一个孩子。然而，现实摧毁了她所有的希望。她的丈夫不爱她，从来没有对她说过一句赞美的话，甚至都不愿意和她一起用餐。这个可怜的女人没有爱、没有孩子、更没有社会地位，最后她疯了。

不过，在另一个世界里，她和贵族结婚了，而且每天都会生下一个小宝宝。说到这的时候，那位医师告诉我："坦白地说，即使我能够治好她的病，我也并不会去做，因为现在的她，比以前快乐多了。"

这是一出悲剧？我不知道。但我至少知道，如果当初她的丈夫能够喜欢和赞赏她的话，如果当初她身边的人能够真诚地赞赏她的话，那么她根本没必要疯。因为能够在现实生活中得到的东西，就没有必要去另一个世界寻找。

为了让我自己能够做到真诚地去赞赏和喜欢别人，我在家里的镜子上贴上了一则古老的格言：

人的生命只有一次，任何能够贡献出来的好的东西和善的行为，我们都应现在去做，因为生命只有一次。

实际上，我每天都要去看它几回，目的是让我永远地把它记住。我相信，你和我没有什么不一样，男人和女人也没有什么不一样。因此，女士们，请你们一定要记住，待人处事最重要的一点就是发自内心地、由衷地、真诚地赞赏和喜欢他人。

不要争论不休

我是一个喜欢用亲身经历来说明道理的人，因为我对自己经历过的事体会更加深刻。实际上，人总会犯这样那样的错误，我也不例外。在以前，那时候我已经是个成年人了，我曾经犯下过很愚蠢的错误。

那是第二次世界大战结束后不久的一个晚上，就在那个晚上，我在伦敦得到了一个让我终生难忘的教训，直到现在我还会时时想起它。

当时，我是赫赫有名的史密斯爵士的私人助理。对，就是那位在战后不久用30天时间环游全球而轰动世界的史密斯爵士。那天晚上，我参加了一个专门为他准备的欢迎宴会。宴会开始后，坐在我旁边的一个人给我们讲了一个很有趣的故事。那个人在讲的过程中，提到了这样一句话："人类可以变得无比的粗俗，但那位神始终都是我们的目的。"也许是为了卖弄，也许是为了增强说服力，总之他非常自信地对我们说："这句话出自《圣经》。"

老天，怎么有人能犯下这么愚蠢的错误呢？谁都知道，那句话和《圣经》一点关系都没有。他错了，确确实实是错了，这一点我是知道的，而且也是绝对肯定的。为了使我显得比他聪明，为了使我看起来比他知识渊博，我授权自己作为一个不受欢迎的家伙指出了他的错误。是的，我要告诉他，这句话是出自威廉·莎士比亚的著作，而并不是他所谓的《圣经》。那个人太固执了，他坚持认为自己的观点是正确的，甚至还愤怒地说："你说什么？你说这句话出自莎士比亚？简直是天大的笑话，这句话绝对出自《圣经》。"为此，我们两个争论得不可开交。

这个故事到这里已经讲了一半了，不过我决定先把它放一放，因为我要告诉女士们一些事情。相信女士们对我刚才所说的事情并不陌生，因为你们也经常会遇到这样的情景，然后和我一样做出愚蠢的举动。

事实上，争强好胜并不是男人的专利，女人同样也有这样的心理。而且，单从互相攀比的心理来说，女人可能比男人还要多一点。从心理学角度说，女性的虚荣心理往往比男性要强，而她们的自尊也往往要强于男性。在这种心理的支配下，很多女士都希望在特定的场合，尤其是在众目睽睽之下，证明别人是错的，自己是对的。不过，所有人，我说的是所有人，包括男人也包括女人，都不希望自己的权威和尊严受到挑战。当你试图要改变他们的想法时，他们会严守自己的阵地，坚决不做出任何退让。这时，那些好胜的女士们也不甘心落后，于是选择了与别人争论，而且一定要争论出个结果来。

好了，我们再回到刚才的那个故事中。当时，我们两个争论了很长时间，谁也不能说服谁。非常幸运的是，当时我的一个老朋友加蒙就坐在讲故事的人的右边，他可是个研究莎士比亚的专家。所以，我们决定找他作为裁判，来证明一下，到底谁是正确的。

让我感到意外的是，加蒙先生偷偷地用脚踢了我一下，然后说："很遗憾，戴尔，这次你错了，这位先生是对的，这句话的确出自《圣经》。"

也许你们无法想象我当时的感受，总之那是一种很让人难受的感觉。在回家的路上，我忍不住问他："加蒙，你是知道的，这句话的确出自莎士比亚。"加蒙点了点头，说："的确，你没有错，但我们只是一个客人，为什么要证明他是错的？为什么不去保住人家的面子？你为什么要与人争论？这难道能使他喜欢你？记住，永远避免正面冲突。"

故事讲完了，加蒙那句"永远避免正面冲突"我永远记在了心里，尽管今天他本人已经离我而去。我不知道当各位女士和别人争论不休的时候会不会有一个人在旁边对你说出这样的话，我希望有。但我知道，你的自尊心、虚荣心和优越感使你根本听不进这句话，因为你要通过争论来证明自己。

我不知道各位女士是怎么看待争论不休的，但我认为争论的后果最终只有三个。

争论不休的后果

- 不会有任何结果；
- 只能使对方更加坚定自己的看法；
- 你永远是失败者，因为你什么也得不到。

我说这些话并不是没有根据的，因为我向来就是一个执拗的辩论者。年少的时候，我很热衷于参加各种辩论活动。长大以后，我也非常热衷于研究辩论术，甚至还曾计划写一本有关辩论的书。不过，在我进行了数千次的辩论以后，我得到了一个结论：避免辩论是获得最大辩论利益的唯一方法。

多年前，我的训练班中来了一位名叫苏菲的爱尔兰人。她是一名载重汽车的推销员，可是她从来没有一次成功地将自己的产品推销出去。我试着和她进行了一次谈话，发现她虽然受教育很少，却非常喜欢争执。不管在什么情况下，只要她的买主说出一丝贬损她的产品的话，她都会愤怒地与人家进行一场争论。她还告诉我，她认为她教会了那些家伙一些东西，只不过她的产品没有卖出去而已。

面对她这种情况，我没有直接去训练她如何说话，而是反过来让她保持沉默，不再与人发生口头冲突。事实证明：我的方法是有效的，因为苏菲如今已经是纽约汽车公司的一名推销明星了。

事实上，每一位女性都是一名推销员，不同的是，苏菲推销的是载重汽车，而女士们推销的则是她们自己。相信，如果女士们想要成功地把自己推销出去，成为受人欢迎的人，那么她们必须要做的就是不去与人争论。然而，很多女士都不能自觉地做到这一点。她们更加热衷于陶醉在那种与人争论的美妙感觉中，因为在争论之中，她们永远都不会失败，不管对方如何的“苦口婆心”，女士们始终会坚持自己的观点。

我也曾经做过努力，努力地去寻找一些争论不休能给人带来的好处。很遗憾，尽管我已经尽力了，但始终没有发现它的一丝正确性。老富兰克林曾经说:“如果你辩论、争强、反对，你或许有时获得胜利。不过，这种胜利是十分空洞的，因为你永远得不到对方的好感。”

我十分赞同老富兰克林的话，因为他的话也代表了我的观点。我可以明确地告诉各位女士，争论不休对于你来说真的没有一丁点的好处。

我不知道我这么说是否能让各位女士明白，你在与人交际的过程中，你在为人处世的过程中，妄图通过争论来改变对方的想法，这种做法是相当愚蠢的。虽然你也许是对的，或是你根本就是绝对正确的，但是你在改变对方的思想这方面，可以说是毫无建树。这一点，和你本身就是错的没什么两样。

我不知道女士们为什么还要去争论，你能从中得到什么。有两个结果摆在你面前：一个是暂时的、口头的胜利；另一个是别人对你永远的好感。不知道女士们会选择哪一个？反正换了是我，我绝对会选择后者，因为这两者你很少能够兼得。

实际上，那些真正成功的人是从来不喜欢争论的。我喜欢举林肯的例子，是因为他在为人处世上非常成功，而且他的这一套技巧完全没有性别限制，也就是说对女性同样适用。林肯曾经重重地责罚过一个年轻的军官，仅仅是因为他与别人产生了争执。林肯狠狠地教训了军官一顿，其中有一句话颇具深意：“与其因为争夺路权被一只狗咬，还不如事前给狗让路。不然的话，即使你把狗杀死，也不可能治好伤口。”

我非常赞同这句话，并不是因为这是林肯说的，而是因为有人确实运用这句话解决了很大的问题。

巴森士是一位所得税顾问，有一次他与一位政府税收的稽查员争论起来，起因是关于一项9 000元的账单。巴森士坚定地认为，这9 000元的账单的的确确是一笔死账，是不应该纳税的。而那名稽查员则认为，无论如何，这笔账都必须纳税。他们两个不停地争论，一个小时过去了，双方谁也没有说服谁。

最后，巴森士决定让步。他决定改变题目，不再与稽查员进行争论。巴森士说道："我认为，与你必须做出的决定相比，这件事简直微不足道。尽管我曾经研究过税收问题，但我毕竟是从书本上学到的，而你却是从实践中学来的。"

"你知道当时发生什么了吗？"巴森士得意地对我说，"那位稽查员马上站起身来，和我讲了很多关于工作上的事，最后居然还和我讲有关他孩子的事。3天以后，他告诉我，他可以完全按照我的意思去做。这太神奇了！"

女士们可能会认为，这位巴森士是一位顾问，作为女人不可能会有如此深的心机。其实，巴森士并没有运用什么高超的技巧，他只是避免了与稽查员正面的冲突，这就足够了。因为那位稽查员有自重感，事实上每个人都有，而巴森士越是与他辩论，他就越想满足他的这种自重感。事实上，一旦巴森士承认了他的重要性，他也会立即停止辩论。

我总结了一些方法，也许会对女士们不再去争论不休提供一些参考。

避免争论的方法

- 我觉得苏菲是一个很好的例子，你完全可以先让自己保持沉默；
- 你应该学会容忍别人所犯下的错误；

- 当别人指责你的错误时，你应该欣然接受；
- 你可以考虑运用改变题目的方法避免争论。

发自真心地请别人帮忙

我们不能否认，每个人，包括你和我，也包括男人和女人，在内心都是十分渴望得到别人的欣赏和尊重的，特别是得到那些比我们富有或身份高贵的人的欣赏和尊重，这一点我深有体会。

我记得非常清楚，那是一年夏天，我和我夫人开着我们心爱的T型车前往法国的乡下旅行。本来，有机会到乡村旅行应该是件很惬意的事情。可谁承想，由于没有向导，我们在乡村迷了路。当我们把车停下来的时候，正好有一群农民走过来。于是，我和我夫人很友好也很礼貌地上前问道："真是抱歉，我们是第一次来这里，现在迷了路。你们能帮我们一个忙吗？我们想知道如何才能到达下一个镇。"

你们真的想象不到，那些农民是多么愿意给我们提供帮助。事实上，那里的农民都是很穷的。他们穿着木鞋，并且很少能见到车。当他们见到一对开着汽车的美国夫妇时，一定把我们当成了百万富翁，甚至认为我就是福特兄弟中的一员。

当时那些农民太兴奋了，因为他们知道一些富人们不知道的事情，而且他们还接受了富人们客气的脱帽致礼，这使他们有一种很强的优越感。接下来发生的事太奇妙了，这些农民都争先恐后地给我们介绍当地的地理情况，甚至有几次有人还示意别人不要插嘴，因为他们更希望能够独自享受这种美妙的感觉。

我对这件事的印象是非常深刻的，因为从那以后我意识到，如果你能够请求别人帮你一个忙，哪怕是很小的一个忙，那么这个人就能够从你那里得到很强的优越感和自重感。

不过很可惜，很多女士并不愿意去请求别人帮忙，她们认为这是一种向别人示弱的表现。她们的自尊心很强，虚荣心也很强，而且还很自负，一直都希望通过自己的努力来解决一切事情，尽管有时候她们确实需要帮助。

爱丽丝，我妻子的一个朋友，是一家电器销售公司的推销部主任。虽然她在这个行业已经做了很多年，但是她似乎并不认为推销是件快乐的事。她曾经苦恼地对我妻子说："你简直不敢想象，我每天要浪费多少时间！我必须给各地的经销商发出调查信，因为我要知道他们的销售情况到底怎么样。可是那些可恶的家伙却很少给我回信。每个月的回信率如果能达到5%～8%，那就已经是相当不错了。如果能达到15%，我真该感谢上帝。如果能达到20%，天啊，这简直是奇迹。"

我妻子听完她的抱怨之后，就建议她去参加我所开设的培训课程。爱丽丝抱着试试看的态度来找我，并表示希望我真的能够帮助她摆脱困境。事实上，我没有教会爱丽丝很多东西，只不过是教了她一些小技巧而已。但是，就在她参加完培训课之后，那个月的信件回复率简直是在以惊人的速度增长，甚至有一次居然达到了43%。"上帝！这简直是奇迹。"爱丽丝兴奋地对我说。

相信女士们一定对我教给爱丽丝的那个小技巧很感兴趣，

一定想知道是什么使得爱丽丝如此大受青睐。下面，我就把爱丽丝写给各地经销商的信给大家介绍一下：

佛罗里达州亲爱的某某：

我现在面临一个问题，不知道你能不能帮助我解决这个困难。早在去年，公司就已经要求经销商把销售额的信件寄给我们，因为这是我们进行宣传所需的资料。当然，这一切的费用都是由我们来承担的。

先生，如今我已经给各地的经销商都发去了信件，大多数人都已经给了我回信，并且对我们的这种做法表示赞同。今天早上，经理突然问我近几个月公司的销售额提高了多少，对此我无言以对。我现在请求您，希望您能够帮我一个忙，给我回复一下信件，这样我就可以向上司交差了。

如果您帮了我这一个小忙，我真的会由衷地感谢您的。

推销部主任爱丽丝　敬上

女士们，爱丽丝的这封信是很有魅力的。在称呼上，她用到了“亲爱的”，这一下子就缩短了她与经销商之间的距离。接着，在开头的时候，爱丽丝并不是以一名推销主任的身份去命令别人给她回信，而是诚恳地和别人说：“请帮我一个忙！”这就是爱丽丝成功的秘诀，她成功地运用了这一心理战术。

我不知道各位女士是怎么看待这一问题的，但以我的经验来看，如果你能够灵活地运用这一心理战术，那么将会使你的人际关系大为改观，也会让你的事情得到圆满的解决。

可能有些女士对我说的第三点不赞同，因为在她们看来敌人是不可能会帮助自己的，事实却并不是这样。我总是喜欢举一些名人的例子，因为他们是真正的成功人士，也是处理人际关系的高手。最重要的一点是，他们的成功经验可以被所有人借鉴，女士们也不例外。

富兰克林还是个年轻人的时候，在印刷业就已经小有名气了。然而，他非常热衷于政治，十分渴望得到费城议院秘书这个职务。不过，就在他竞争这个职务的过程中，遇到了一点小小的麻烦。在费城的议会中有一位地位显赫的人对他非常不满，甚至还曾公开诋毁他。富兰克林知道这是一件非常棘手的事情，所以他决定让那个人喜欢上自己。

读到这儿时，很多女士可能会说：“开玩笑，怎么可能？让一个如此讨厌自己的家伙喜欢上自己？这简直是天方夜谭！”是的，也许这对大多数普通的人来说是件不可思议的事，但是对于富兰克林来说，却并不是一件很难的事，因为他的确做到了。

富兰克林给这个人写了一封信，信上说请求他帮助自己一个小忙，因为自己非常想阅读一本书，但是这本书自己怎么也找不到。同时，富兰克林还表示，希望那个人能够帮自己找到这本书，然后让自己借阅两天。结果，那个本来很敌视富兰克林的人很快就把书给他送来了，而富兰克林也在一个星期后把书还给了他，并且附上了一封感谢信，尽管谁也不知道他是不是真的看了这本书。

女士们，你们知道以后发生了什么吗？那个人居然在一次聚会中主动和富兰克林打招呼，而且还亲切地和他交谈。之后，两个人成为非常要好的朋友，这段友谊一直持续到富兰克林去世。

说真的，连我对这一心理战术的魔力都赞叹不已。我想对各位女士说的是，适时地、巧妙地请求别人帮助，并不是一种无能的表现，相反是一种高明的手段。我一直都认为，一个成功的女性应该让所有的人都喜欢你，这里面既要包括你的家人和朋友，也要包括你的敌人。你要像推销商品一样把你自己推销给他们，让他们接受你，当然前提必须是以你的魅力感染他们。

凯丽是一位推销水暖器材的推销商，进入推销界也已经有很多年了。有一年，她在布洛克林区推销业务的时候遇到了一个难题，应该说是一个很大的难题。

布洛克林区有一名水暖器材销售商，生意做得非常大，而且在当地的信誉也非常好。凯丽是个很有经验的推销员，当然不会轻易放过这样一个绝佳的机会。她几次登门拜访，希望能够说服他与自己签订业务。可是，这个家伙的脾气非常不好，每当凯丽来找他的时候，他总是叼着雪茄，然后不可一世地吼叫道："给我滚出去，你这个没见过世面的乡下姑娘，我现在什么都不需要。"

凯丽碰了几次壁以后，知道自己再这样下去永远不会拿到想要的订单。于是，她想到了一条妙计，一条非常好的妙计。

这天，凯丽又一次敲开了经销商办公室的门。还没等那个经销商开口说话，凯丽就马上说道："请原谅先生，我今天并不是来向你推销什么东西的，我只希望能请您帮我一个小忙而已。"

"哦？是吗？不知道有什么可以为尊贵的小姐效劳？"经销商今天的态度出奇的好。凯丽笑着说："是这样的，先生，我们公司打算在这里成立一家分公司，但是您知道，我对这里的情况并不熟悉，而您却在这里干了很多年。因此，我希望能够从您那里得到一些非常好的建议，对此我将感激不尽。"

"哦，是的，我很愿意效劳，而我也确实对这里比你熟悉得多！还愣在那里干什么？赶快拿把椅子过来，我觉得你这个忙我一定可以帮！"接着，这位前几天还脾气暴躁的经销商，今天却慈祥得像一位长辈一样。

就在那天晚上，凯丽从这名经销商那里得到了很好的建议，也得到了一份数目不小的订单，更赢得了一份珍贵的友谊。

凯丽真的很聪明，她运用了我们所说的心理战术，达到了她想要的目的。我在这里可以向各位女士们保证，如果你们也学会这一心理战术，一定可以使你们成为你们所居住的那个镇里最受欢迎的女士，因为谁都愿意从别人那里获得欣赏和尊重。

不过，有一点我必须在这里提醒各位女士，这种"请求别人帮助”必须有一个大的前提，那就是要发自真心的、真诚的。我必须告诫各位女士，你对别人的欣赏和尊重并不等同于吹捧和阿谀献媚，千万不要为了获得别人的好感而去一味地奉承别人，因为那样会使你看起来非常虚伪。

建议永远比命令更有“威力”

有一次，我的培训课上来了一位名叫丽莎的女士。她告诉我，她是一家广告公司设计部的主任，可是她现在的工作很不顺利，也很不快乐。当我问起是什么原因时，丽莎女士苦恼地说：“上帝，我真的不知道是怎么回事。我不明白，为什么办公室里的每个人都好像在针对我。你知道，我是一名主任，可是我的话对于那些职员来说根本起不到任何作用，事实上他们根本就不听我的。”

听到这儿的时候，我已经知道这是一位将人际关系处理得很糟的设计部主任了。我想我能帮她，但我必须要找到她失败的原因。于是，我问她：“丽莎女士，你平时是怎么和你的下属在一起工作的？”我清楚地记得，当时丽莎女士的表情很不以为然，她说：“还不是和其他的人一样，我是主任，必须要对整个部门负责，也必须要对我的上司负责。我必须要他们做这个做那个，因为这是我的职责。可是似乎没有人能听我的。”我追问道：“你是说，你在工作的时候是用‘要’这个词，是吗？”丽莎女士很诧异地回答说：“当然，卡耐基先生，要不你认为我应该用什么词？”我现在已经可以肯定地判断出丽莎女士失败的原因了，我对她说："丽莎女士，以后你再要别人做什么工作的时候，我建议你用另一种方式。你完全可以用一种提问或是征求的口气，而并不一定要用命令的口气，就像我现在建议你一样。你觉得呢？"

两个月后，当我再一次见到丽莎女士的时候，她已经完全变了一个人，变成了一个非常快乐的人。"卡耐基先生，我真的不知道该怎样感谢您！"丽莎女士兴奋地说:"您知道吗？您的那个办法简直太神奇了，现在部门的同事都和我成了要好的朋友，工作也开展得十分顺利。"

我真的非常替丽莎女士高兴，因为她听完我的话后，已经很清楚地看到了自己的不足，并能够马上把它改正过来。遗憾的是，似乎大多数女士到现在为止依然保持着丽莎女士从前的状态。女士们似乎更热衷于教别人做什么，而不是让别人做什么。也就是说，比起建议来，女士们更喜欢用命令的语气。

实际上，大多数女士都喜欢采用这种做法，因为这可以让她们的自尊心和虚荣心得到满足。然而，女士们的自尊心和虚荣心是得到满足了，可那些被命令的人却受到了伤害，失去了

自重感。这种做法真的会使你的人际关系变得一团糟。

有一次，我和一位在宾夕法尼亚州教书的教师聊天，他给我讲了这样一个故事：

一天，一个学生把自己的车子停错了位置，因此挡住了其他人的通道，至少是挡住了一位教师的通道。那名学生刚进教室不久，女教师就怒气冲冲地冲了进来，非常不客气地说："是哪个家伙把车子停错了位置，难道他不知道这样做会挡住别人的通道吗？"

那名学生其实当时已经意识到了自己的错误，于是他勇敢地承认了那辆车是他停的。"凶手"既然出现了，女教师自然不会放过他，大声地说道："我现在要你马上把你那辆车子开走，否则的话，我一定让人找一根铁链把它拖走。"

的确，那个犯错的学生完全按照教师的意思做了。但是从那以后，不只是这名学生，就连全班的学生都似乎开始和这个老师作对。他们故意迟到，还经常捣蛋。老实说，那段日子，那位脾气很大的女教师确实真够受的。

我真的不明白，那名教师为什么要用如此生

硬的话语呢？难道她就不能友好地问："是谁的车子停错了位置？"然后再用建议的语气让那名学生把车子开走？我想，如果这位女士真的这么做了，相信那名犯了错的学生会心甘情愿地把车子开走，而她也不会成为学生们心目中的公敌。

我不知道女士们是否已经明白我在说什么，事实上从一开始我都在试图建议女士们改掉喜欢命令别人的作风。实际上，你不去命令他人做什么，而是去建议他人做什么，这种做法是非常容易使一个人改正错误的。你这样做，无疑维护了那个人的尊严，也使他有一种自重感。我相信，他将会与你保持长期合作，而不是敌对。我建议女士们在改正这种做法之前，先看看下面这两个故事，因为这样也许能让你更加坚定信心。

我并不是在这里毫无根据地说，因为你采用命令的语气去让别人做事，危害是非常大的。

女士们，采用建议的语气让他人做事真的是一种非常有效的方法。事实上，这个道理是我从资深的传记作家伊达·塔贝儿那里学来的，而伊达·塔贝儿又是从欧文·杨那里学来的。

我真的很庆幸那次能有机会和伊达·塔贝儿共进晚餐。当时，我和她说我正在计划写这本书，于是我们就讨论起应该如何与人相处的话题。伊达·塔贝儿神采飞扬地告诉我，她为欧文·杨先生写了一本自传，书名就叫《欧文·杨传》。为了搜集素材，她曾经和一位与欧文在一起工作了3年的人谈话。我当时很奇怪，不知道为什么她说起这件事的时候会显得那样兴奋。伊达·塔贝儿告诉我说，欧文真的是一位处理人际关系的高手，他的员工都非常高兴能为他工作。欧文从来没有指使过别人做什么事，他对人总是采用建议而不是命令的语气。

“你知道吗？戴尔！”伊达·塔贝儿兴奋地说，“欧文真是太高明了，他从来不会说‘你去干这个’或是‘他去干那个’。他总是会对别人说，‘你可以考虑一下采用这种方法’或是‘你觉得这样做怎么样’。他经常会对自己的助手说，‘也许这样写会更妥当一些’。戴尔，我真的十分佩服他这种建议别人的做事方法，这使他在与人相处的时候始终立于不败之地。”

伊达·塔贝儿的话深深地触动了我，从那以后，我就把她的话牢记在心，并且也在平时刻意地按照这一原则去做。经过我的实践，我发现，这真的让许多我以前做起来很头疼的事变得简单，因为无礼的命令只会让人对你产生怨恨，只有真诚的建议才能让别人接受你的意见。

女士们，我想你们已经非常明白我的意思了，因此我十分诚恳地建议你们能够按照我所说的去做。不管你是一名普通的女性，还是某个部门的主管，掌握这一技巧，都无疑会让你受用无穷。

伊丽莎白女士是英国一家纺织厂的总经理，应该说她是一个精明能干的女性。有一次，有人提出要从他们的工厂订购一批数目很大的货物，但要求伊丽莎白女士必须能够保证按期交货。坦白说，这个人的要求有些过分，因为那批货确实数目不小，况且工厂的进度早就已经安排好了。如果按照他指定的时间交货，当然不是不可能，但那需要工人加班加点地干。

伊丽莎白女士非常想接受这项业务，但她也考虑到这可能会使工人有怨言，甚至给自己招来一些不必要的麻烦。她知道，如果自己生硬地催促工人们干活，那么肯定会使自己陷入尴尬的境地。

这时，伊丽莎白女士想到了一条妙计。她把所有的工人都召集到了一起，然后把这件事的前前后后都说得非常清楚。伊丽莎白说："这项业务我非常愿意承担，因为这对我们工厂的发展是有好处的，而你们所有人也都能获得利益。不过，我现在很犯难的是，我们有什么办法可以达到这个客户的要求，做到按期交货呢？"接着，伊丽莎白女士又说："我真的不知道该怎么办，你们有谁能想出一些办法，让我们能够按照他的要求赶出这批货来。我想你们比我更有发言权，你们也许能够想出什么办法来调整一下我们的工作时间或是个人的工作任务。这样，我们就可以加快工厂的生产进度了。"

员工们在听完伊丽莎白的建议后，并没有像她事前想象的那样发牢骚或是抗议，相反却纷纷提出意见，并且表示一定要接下这份订单。工人的热情很高，都表示他们一定可以完成任务。更加让伊丽莎白吃惊的是，有人居然还提出愿意加班加点地干，目的就是要完成这项订单。

事后，伊丽莎白和她的朋友说："那一次，工人们的举动真的令我太感动了，我真的不知道该怎么感谢他们。"她的朋友回答说："伊丽莎白，这是你应得的，因为你先尊重了他们，使他们有了自尊，所以他们的积极性才会发挥出来。"

女士们，我真心地希望我所说的东西能够给你们提供一些帮助。我希望你们能够明白，建议其实是一种维护他人自尊的好办法，更加容易使人改正自己的错误。它给你带来的会是对方诚恳的合作，而不是坚决的反对。

最后，我想给女士们提一些建议，那就是你在运用这项技巧的时候，有一些事情是要注意的。

建议别人的注意事项

- 一定要发自真心地、真诚地去尊重别人；
- 态度必须要诚恳。

建议别人的技巧

- 用提问的方式让别人去做你想要他们做的事；
- 在和他们说话时，你可以采用商量的语气。

相信如果女士们从现在起真的做到这些的话，那么你们一定可以成为最受欢迎的人。

别忘了，保全别人的面子很重要

我想各位女士一定注意到了这一点，我一直都在强调与人相处时首先要做到的就是尊重对方，使对方有一种自尊感和自重感。是的，这一点对于我们是否能和别人愉快地、融洽地相处有着至关重要的作用。实际上，别人这种自尊感和自重感就是我们平时所说的“面子”。因此，我在这里必须要向各位女士再一次强调这一点，保全别人的面子是很重要的。

可是，我不得不遗憾地说，这似乎并没有引起大多数女士的注意。女士们更乐于直接指出别人的错误，采用一种践踏他人情感，刺伤别人自尊的方法来满足自己的虚荣和自尊。很多女士都很少考虑别人的面子，她们更喜欢挑剔、摆架子或是在别人面前指责自己的孩子或是雇员，而并不是认真考虑几分钟，说出几句关心他们的话。事实上，如果我们能够设身处地地为别人想想，然后发自内心地对别人表示关心，那么情景就不会那么尴尬了。

几年前，著名的通用电气公司曾经碰到过一个非常棘手的问题，因为他们不知道该如何安置那位脾气古怪、暴躁的计划部主管乔治•施莱姆。通用公司的董事们必须承认，乔治•施莱姆在电气部门称得上是一个超级天才。对于他来说，没有什么是不可能的。董事们非常后悔，后悔当初把乔治调到计划部来，因为在这里他完全不能胜任自己的工作。虽然有人提出直接告诉乔治这个调换职位的决定，但公司的董事们并不愿意因此而伤害到他的自尊，因为他毕竟是一个难得的人才，更何况这个天才还是一个自尊心非常强的人。最后，董事们采用了一种很婉转的方法。他们授予乔治一个公司前所未有的新头衔——咨询工程师。实际上，所谓的咨询工程师的工作性质和乔治以前在电气部门的工作性质完全一样。但是，乔治对公司的这一安排表示非常满意，没有向上级部门发一点的牢骚。这一点，公司的高层领导非常高兴，因为他们庆幸自己当初选择了保留住乔治面子的做法，否则这位敏感的大牌明星准会把公司闹个底朝天。

我只想告诉女士们，有些时候批评他人或是惩罚他人并不一定非要直白地进行，我们完全可以委婉地、间接地达到自己的目的。如果能够在保住别人自尊的情况下指出别人的错误，也许他们更能够接受你的意见。

前几天，我和一位宾夕法尼亚州的朋友聊天。他给我讲了一件发生在他们公司的事情，使我更加坚信保留别人的面子是很重要的事情。

“事情是这样的。”我的那位朋友说，“有一次，我们公司召开生产会议。会议刚开始，公司的副总就提出了一个非常尖锐而且让人下不来台的问题，那是一个关于生产过程中的管理问题。”听到这儿的时候，我不免插嘴道：“这是很正常的事，一个公司有了问题就必须提出来！”“是的！”我的那位朋友点了点头，“你说得很对，戴尔！副总指出的问题并没有

错，但是他不应该气势汹汹地把所有的矛头都指向当时的生产部总督。天啊！当时的场面真的很令人尴尬。我们都能感觉到，总督确实生气了，但是他怕在所有的同事面前出丑，所以对副总的指责沉默不语。戴尔，你真的不能想象，总督的沉默反倒更加激怒了副总，最后副总甚至骂总督是个白痴、骗子。”“那后来怎么样？”我又插了一句嘴。我的那位朋友摇了摇头，面带遗憾地说：“我想，即使以前的关系再好，由于副总使他在众人面前颜面尽失，那位总督也不可能继续留在公司。事实上，从第二天起，总督就离开了公司，成了我们一家对手公司的新主管。我知道，他是一位非常不错的雇员。事实上，他在那家公司做得非常好。”

从这位朋友讲完这个故事以后，我时刻提醒自己，不管在什么时候，都要首先考虑如何保留别人的面子。我的一位会计师朋友苏菲告诉我，她对这一点的体会是非常深的。

“会计师这一职业是有季节性的，因为我们的业务就是这样，我不可能在没有业务的情况下雇佣那些有能力的会计师们。”苏菲有些无奈地说，“说真的，戴尔！你知道吗？解雇一个人并不是什么十分有趣的事，事实上我也知道，被别人解雇更是一种没趣的事。但是我没有别的选择，我必须在所得税申报热潮过后，对很多人说抱歉。其实，我们都不愿意面对这样的现实，我们这一行还有一句笑话：没有人愿意抡起斧头。是的，谁也不愿意去解雇任何人。不过，做我们这行的都知道，自己迟早是会面对的，躲是躲不过去的。因此，大家似乎都已经变得没有了感觉，心里只是希望能够早一天赶走这种痛苦。大多数时候，人们都会以这样的方式说话：‘你知道，现在旺季已经过去了，所以我们没有再继续雇用你的必要。你放心，当旺季再一次来临时，我们还会继续雇用你，所以你只好暂时失业。’这对于别人来说真是太残忍了，而且往往那些人不会再回来为你工作。因此，我从来不对人这么说。”

我对苏菲的话非常感兴趣，追问道：“那么你是怎么和那些会计师们说的呢？”

苏菲有些得意地说：“我从不做这种伤害人自尊的傻事，当我不得不去解雇某些人时，总是委婉地说：‘某某先生，您的工作做得非常好，我也非常满意。我记得有一次您去纽约，那儿的工作简直太令人厌烦了，可是您把它处理得井井有条。我真难想象，您居然一点差错都没出。我希望您知道，您是我们公司的骄傲，我们对您的能力没有一丝的怀疑，我希望您能够永远地支持我们，当然我们也会永远地支持您。’”

“然后呢？”我不解地问。苏菲笑了笑说：“然后就给他结了账，让他离开了。事实上，作为一名会计师，每个人都非常清楚，到这个时候自己肯定会面临失业。他们在面对本来就会发生的事情的时候，更希望获得的是一份尊严。我，苏菲，给了那些会计师们尊严，而他们也非常乐意再一次回到我们这里帮我继续工作。”

我想各位女士已经体会到了保留他人面子的重要性。是的，它往往会使你得到意外的收获，也会让你的人际关系变得融洽、自然、和谐。我不得不再重申一次，保留别人的面子对你是有很大帮助的。

保留别人面子的好处

- 使别人愿意接受你的意见；
- 不会使你陷入尴尬的境地；
- 达到你做事的目的；
- 帮助别人改正错误；
- 让你成为一个受欢迎的人。

为了让女士们能够更加相信我所说的话，我还有必要告诉你们，如果你不保留别人面子，将会给你带来哪些麻烦。

不保留别人面子的危害

- 别人会拒绝你的意见；
- 你的人际关系将变得一团糟；
- 使问题更难解决；
- 毁掉一个人。

有些女士可能会认为我是在危言耸听，我们不去保留他人的面子，无论如何也不会说就毁了一个人。事实上，我并不是在故意地夸大其词，因为如果你有意地伤害了别人的自尊，那么真的有可能使他永远不能回头。幸运的是，当玛丽小姐出现问题时，她遇到的是一位“仁慈”的雇主。

玛丽在一家化妆品公司做市场调查员，这是她刚刚找到的一份新工作。玛丽很兴奋，也很高兴，上班的第一天她就接到了一份重要的工作——为一个新的产品做市场调研。可能是由于太激动，也可能是因为对于新的工作还不熟悉，总之玛丽做的市场调查出现了非常严重的错误。

“卡耐基先生，您知道吗？当时我真的要崩溃了，真的！”玛丽说道，“您也许不知道，由于计划工作中出现了一些错误，导致我所得出的所有结果都是错误的。那就意味着，如果想完成这项任务，我就必须要从头再来。本来，让我重新开始工作并没有什么大不了的，但关键是报告会议马上就开始了，我已经完全没有时间去改正错误了。”

是的，一切的错误似乎已经无法挽回。据玛丽回忆说，当她在会上给众人做报告的时候，她已经被吓得浑身发抖。她一直都在克制自己的情绪，希望自己不会哭出来，因为那样的话一定会让大伙嘲笑她的。最后，玛丽实在忍不住了，就对他们说：“这些错误都是我造成的，但我希望公司能给我一次机会。我一定会重新把它们改正过来，并在下次开会的时候交上。”玛丽说完之后，本以为老板一定会狠狠地训斥她一顿。可没承想，老板不但没有大声指责她，反而先肯定了她的工作，并对她的认错态度表示欣赏。接着，老板又对她说，刚入门的调查员在面对一项新计划的时候，难免会有一些差错，这是不可避免的。他相信，经过这次教训之后，玛丽一定会变得非常严谨、认真，她的新计划也一定会完美无缺。

玛丽对我说，她那一次真的非常感动，因为老板当着众人给足了她面子。从那一刻起，她就下定了决心，以后绝对不会再让这样的事情发生。

女士们必须牢记这一点，即使别人犯了什么过错，即使这时我们是正确的，我们仍然要保留他们的面子。因为如果不那样的话，我们有可能毁掉这个人。

承认错误一点都不丢人

女士们，你们是否犯过错误呢？可能有人会认为我的问题很愚蠢，因为没有人不犯错误。其实，我知道所有人都会犯错误，但并不是所有人都对自己犯下的错误有一个正确的态度。事实上，有一次我就因为没有正确处理好自己的错误而差一点被人告上法庭，尽管那并不是一个很严重的错误。

离我家不远的地方有一片森林，我只要步行一分钟就可以到达。每当春天来临之时，林子里的野花都会盛开，而且还会看到很多忙碌的松鼠，就连马草都能长到马首那么高。你们可能想象不到我发现这片美丽的森林时的心情，那种感觉就像是哥伦布发现了美洲大陆。我爱上了这片美丽的地方，经常会带着我那只小巧可爱、性情温顺并且绝不会伤人的波斯狗瑞克斯去那里散步。我说过了，我的瑞克斯是非常听话的，根本不会伤害到任何人，所以我从来不给它拴上皮带或是戴上口笼，尽管我知道这是违法的。

一天，当我带着瑞克斯在林子中悠闲地散步的时候，迎面走来了一位法律的执行者——警察，而且是一位急于显示他权威的警察。

“嘿！就是你，看你都干了些什么？”警察先生很生气地说，“你怎么可以不给那条狗戴上口笼而且还不用皮带系上呢？你这是在放任这条狗在林子中胡乱地跑，难道你是有和法律对着干的想法吗？难道你不知道这么做是违法的吗？”

其实，我也知道这种做法是违反法律规定的，但我觉得这位警官说得有些严重了。于是，我和警官理论起来，并且尽可能轻柔地说：“先生，我知道这是一件犯法的事，但我的瑞克斯是一只很温顺听话的小狗，我想它并不会在这里制造出什么乱子来！”

“你认为！你认为！但是我知道法律从不这么认为。”我的话激怒了这位警官，他开始冲我大喊大叫：“你所谓的那只温顺听话的小狗虽然不会伤害到一个成年人，但它完全有可能咬伤松鼠或是儿童。不过，看在你是初犯的份上，我这次就原谅你的错误。如果你以后再让我看到你不给这只狗戴上口笼或系上皮带的话，那我只好请你去和法官谈一谈了。”

我知道，那位警察先生不过是在吓唬我，其实他只是想告诉我，这个地区是他说了算。虽然他并不会真的把我送上法庭，但当时的场景确实令人很尴尬。相信女士们一定遇到过和我一样尴尬的场景，因为你们在之前已经承认了每个人都会犯错误，而且很多人都会和我一样选择辩解，希望以此来减轻自己的错误。

女士们，请恕我直言，尽力为自己的过错进行辩解是一种极其愚蠢的行为，而事实上大多数女士都会这样去做。我只能说，这种愚蠢的做法会让你陷入尴尬的境地，甚至让你遭受到比直接承认错误还要严重的惩罚。不过幸运的是，我比大多数女士早先一步发现了这一点的危害，因此我并没有为此付出太多的代价。

在那位警官训斥过我之后，我曾经认真地遵守了几次，但是我的瑞克斯非常不喜欢口笼，当然我也不喜欢，最后我们决定碰碰运气。应该说我们是比较幸运的，因为起初我们并没有遇到什么麻烦。可是一天下午，当我和瑞克斯正在林子中玩耍的时候，那位象征权威的警察又出现了。

我知道，这次不管怎么狡辩都会受到惩罚，因为警官以前就警告过我了，所以我根本就没有打算为自己辩解。在警察还没有开口说话前，我就很诚恳地说：“对不起，警官先生，这次您又把我抓住了！我知道我犯了法，所以我不想去解释或是找借口。事实上，您在上个星期就已经警告过我了，但是我还是没有给瑞克斯戴上口笼或是系上皮带。对此我表示歉意，而且也非常愿意接受处罚。”

本来，我是等待他给我开罚单。不想警察先生却温和地说：“其实，每个人也包括我都知道，如果在周围没有人的情况下，带上这样一只小狗四处跑跑是一件非常有趣的事。”

“我知道那非常有趣，但是我触犯了法律！”我坚定地说。

“我知道，但我想这样一只小狗不会伤害到人。”警察先生居然为我的瑞克斯辩解起来。

“可是，它完全有可能会伤害到一只松鼠或是咬伤儿童。”我依然坚持自己的观点。

警察先生显然已经不想惩罚我，对我说：“其实你对这件事有点太认真了！我倒有个两全其美的办法。你只要告诉你的小狗，让它跑过那个土丘。这样，我就看不见它了，而我们也会很快就将这件事忘记的。”

说真的，我真的很庆幸自己当时没有为自己的过错进行辩解。我十分清楚，这位警官并不是没有人情味，他只不过是想通过惩罚或是教训我的方法使自己获得一种自重感。因此，当我一开始就责备自己时，他所能做的就只有对我采取宽大的态度，因为只有这样才能显示出他是慈悲的，才能使他获得更多的自重感。女士们不妨试想一下，如果我愚蠢地为自己的行为进行辩解的话，那么结果会是什么？我还从来没看到过有谁在和警察进行的辩论中取胜的。

如果女士们犯了错误，当然这是不可避免的，那么你首先必须清楚，你确实是做了一件错事，所以你受到责备或是惩罚是理所应当的事。那么，我们为什么不能首先承认错误，进行自我批评呢？这样做难道不是比别人批评指责我们更加好受一些？我还可以告诉各位女士，如果在别人说出责备你的话之前，你先一步开始了自责，那么他们的选择只能是用宽容的态度来原谅你的过错。

爱玛是华盛顿一家公司的中层管理人员。有一次，因为一时疏忽，她错误地给一名正在休假的员工发了全部的薪水。爱玛知道自己一定会受到老板的责备，所以她决定亲自向老板道歉。

爱玛轻轻地敲开了老板办公室的门，首先看到的是老板那张愤怒的脸。在老板还没有开口说话之前，爱玛就主动把自己的错误说了出来。导火索点燃了，老板非常愤怒地斥责了爱玛一顿，并告诉她必须受到应有的惩罚。爱玛没有解释什么，只是一个劲地称这是自己的失职。这时，老板的脾气显然没有刚才那么大了，而是若有所思地说："这件事也许不应该全怪你，毕竟那些粗心的会计也脱不了干系。""不，老板，这一切都是我的错，和别人没有任何关系。"爱玛依然把责任全都往自己身上揽。老板开始为爱玛找各种理由开脱，但爱玛坚持认为这是自己的错。最后，老板对爱玛说："好吧，我承认这是你的错，不过我相信你一定不会再犯同样的错误了！"从那之后，老板对爱玛越来越器重。后来，爱玛成为这家公司高层领导中的一员。

我无意再去重复那些空洞的话来告诉各位女士，勇于承认自己的错误是一件很重要的事情。事实上，我只想通过事实来告诉女士们，如果你一味地为自己犯下的过错辩解，将会给你带来多大的麻烦。

玛丽在一家食品商店里做推销员，虽然她刚入行不久，但工作很勤奋，所以受到了大家的一致好评。本来，玛丽完全可以凭借自己的努力打出一片天地，然而一件事的发生却毁灭了她所有的梦想。

这天晚上，当玛丽清算今天自己推销出多少商品的时候突然发现，有一种商品的售价应该是30美元，竟然被自己以20美元的价格卖给了顾客。虽然只不过使商店损失了10美元，但这毕竟也是一次工作事故。同事们都劝玛丽，让她主动去找老板承认错误，并且自己拿出10美元来补贴公司的损失，毕竟这不是什么大数目。可是，玛丽坚持认为，自己之所以会犯这样的错误，完全是因为别人没有把标签贴清楚，她没有必要为了别人犯下的错误而受到惩罚。

正当大家劝说玛丽的时候，老板派人把玛丽叫到了自己的办公室。玛丽进门之后，还没等老板开口就说："这件事和我一点关系都没有，我没有犯错，这是别人造成的。"

老板看了看她，有些不高兴地说："这难道是我的错？玛丽，只是10美元而已，我是不会深究你的责任的。"

"哦！天，我难道很在乎这10美元吗？你不知道我为咱们店贡献了多少吗？我不觉得我有什么错，这完全是因为他人的疏忽。现在，我请你不要把所有的责任都推到我的身上好不好！"

老板看了看她，摇了摇头说："玛丽，应该说你的工作做得还是不错的！可是你这种对待错误的态度实在是让我很失望，我只能和你说对不起。"就在那天晚上，玛丽又一次回到失业人员的队伍中。

女士们，我想你们已经很清楚地认识到，当你犯下错误的时候，选择消极的躲避无疑是一种错上加错的做法。我有必要在这里奉劝女士们，你们只有正确地对待错误，才不会使错误成为你前进的障碍。应该说，如果你正确地对待了错误，那么错误就有可能变成你前进的推动器。

在我的培训班上，很多女士不止一次地问："卡耐基先生，事实上我对错误的认识也是相当深刻的，很多时候我也想承认错误。但很遗憾，似乎我没有那么大的勇气，也不知道该如何承认错误。"

我知道，她们所说的这一切其实不过是借口而已，真正让她们不愿意去承认错误的原因是自己的那份虚荣心和自尊心。这时，我总是先告诉她们："你们必须端正态度，认识到自己的错误。你们还要明白，犯了错误就要受到责备，这是很公平的事。你不要以为承认了错误是件很丢脸的事，事实上这样做会给你赢来更多的尊重。"我发现，当我说完这些话之后，那些女士往往都有一种如释重负的感觉。接下来，我又告诉了她们几种承认错误的方法。

承认错误的四种方法

- 在别人面前直接道歉；
- 给对方写一封诚恳的道歉信；
- 让别人替你转达歉意；
- 用实际行动表达你的歉意。

女士们，请相信我，如果你真的能够做到坦然地承认自己的错误，那么你一定会成为最受欢迎的女士。

宽容别人是对自己的解救

有一次，我到华盛顿拜访我的朋友罗宾，他是一位有名的心理医生。吃晚饭的时候，罗宾给我讲了一个他亲身经历的故事：

几年前，罗宾在一次名为“拯救灵魂”的公益活动中认识了 59 岁的伊丽莎白女士。当时，这位女士看起来并不开心，而且罗宾能看得出来，这位女士看那些失足孩子的眼神里并没有慈爱，而是充满了憎恨。罗宾走上前去和她打招呼，并问她是否需要什么帮助。伊丽莎白女士看了看罗宾，又看了看那些孩子，恶狠狠地说：“他们都是凶手，杀人犯！”

事后，罗宾了解到，原来伊丽莎白曾经有一个儿子小乔治。可是很不幸，就在小乔治 15 岁那年，因为一个特殊的意外，被一群社会上游荡的坏孩子乱刀砍死。从那以后，伊丽莎白女士的心中充满了仇恨。每当在街上看到那些行为不端的不良少年时，她都有一种冲过去杀死他们的冲动，而且这种冲动越来越强烈。

罗宾知道事情的缘由之后，决定帮助伊丽莎白女士摆脱这种痛苦的折磨。他找到伊丽莎白，对她说：“夫人，您的经历我都已经听说了，但仇恨是解决不了任何问题的。事实上，这些误入歧途的孩子才是最可怜的，因为他们的父母很早就把他们抛弃，而社会也没有给他们足够的善待。应该说，他们从出生的那天起，就不知道温情是什么滋味。”

伊丽莎白女士显然不愿意接受罗宾的话，气愤地说：“那又怎么样？关我什么事？我只知道，他们夺走了我的小乔治。”

“那只是个意外而已，女士，你为什么放不下这些怨恨呢？”罗宾平静地说，“我可以向你保证，如果你能够以宽容的态度对待那些孩子的话，说不定你的小乔治就能够回来了。”

罗宾讲到这儿的时候，我已经有些迫不及待，因为我急于知道伊丽莎白女士是否从痛苦中走了出来。罗宾告诉我，那位女士做到了。她尝试着参加了“拯救灵魂”团体，并且每个月都会抽出两天时间去离她家不远的一家少年犯罪中心，与那些她曾经深恶痛绝的孩子们进行零距离的接触。开始的时候，伊丽莎白女士还有些不自然，但是过了一段时间，她发现原来这些孩子真的有她以前不知道的一面。这些孩子在内心十分渴望得到别人的爱，有的甚至于只希望能够深情地呼喊一声“妈妈”。伊丽莎白女士终于融入了这个团体，并像其他人一样认领了两个孩子。她每个月都会去看望这两个孩子，而且每次总是给他们带去她亲手制作的美味食品。当那两个孩子从犯罪中心走出去的时候，伊丽莎白又认领了两个新的孩子。这种做法一直持续了很多年。

就在前几天，伊丽莎白女士离开了人世，临终前她握着罗宾的手说：“我已经没有什么遗憾了，因为我从来没有如此的幸福过。我真的不能想到，我用我的爱心宽容地对待了那些孩子，而他们给了我一直渴求的天伦之乐。我拯救了他们，也解救了我自己。”

这件事对我的触动很深，因为我看到了人类最伟大的美德——宽容的力量。女士们，你们也一定都会为伊丽莎白女士感到高兴，因为她在自己生命中的最后几年，以宽容的态度将自己从失去儿子的痛苦中解救出来。不过，我很遗憾地说，女士们虽然会为伊丽莎白女士解救自己的做法感到高兴，但似乎并没有要解救自己的意思。

我的这一说法并不是凭空捏造的，因为在我的培训班上，很多女士都不能以宽容的态度对待别人犯下的错误。那些女士们曾经向我诉苦说，她们越来越感觉这个世界没有温暖，因为她们原来的朋友变成了自己的敌人，而那些与自己素不相识的人也会伤害到自己。她们告诉我，她们觉得生命对她们来说只不过是一个时间概念，因为她们没有朋友，所以根本体会不到生命的乐趣。

每当这个时候，我都会给她们讲伊丽莎白女士的故事，告诫她们应

该以宽容的态度对待别人。那样，她们就会给自己赢得很多人的爱戴，同时也会使自己得到解救。事实上，在告诫女士们的同时，我也时刻提醒自己应该宽容地对待别人。这真的给了我很大帮助，还曾经帮我把一份仇恨变成了友谊。

那时候我还在电台主持节目，有一次我谈论起有关《小妇人》的作者露易莎·梅·阿尔科特的事情。坦白地说，我很清楚地知道她的确是生长在马萨诸塞的康考德。不过，由于我的粗心，我居然说出我曾经到过纽韩赛的康考德即这位作家的故乡。这显然是个地理上的错误，但如果我只说了一次或许还是可以原谅的，遗憾的是，我居然说了两次。这下我可闯了大祸，信函、电报、激烈的言辞、愤怒的言语乃至于侮辱性的文字就像洪水一样向我涌来。其中，有一位生长在康考德的老太太，她对我说错她故乡位置的做法大为恼火，说了很多让人难以接受的话。当时，我真的很气愤，因为我觉得她就像是纽格尼的食人魔。当看到她那封愤怒的信时，我居然对自己说："感谢上帝，这样的女子不是我的妻子。"然后，我打算写一封回敬信，告诉这位老太太，虽然我自己犯了一个地理上的错误，但是她在礼仪上犯了一个更大的错误。然而，正当我想要写下这封言辞激烈的信时，我突然想到了伊丽莎白女士。我告诫自己，必须克制住我的情绪。我应该宽容地对待她的做法，应该想办法把仇恨变成友谊。

后来，我特意给她打了一个电话。在电话里，我坦诚地承认了自己的错误，并真心地希望能够得到她的谅解。而那位怒气冲冲的老太太也不再说出那些让人难以接受的话，她对我的认错态度表示非常满意，而且也承认她的信的确有很多地方用词不当。最后，她也真心地希望能够得到我的原谅，并表示希望和我取得长期的联系。

从那以后，我更加坚信了自己的想法，不管在什么时候，不管别人犯下什么样的错，我都会让自己以宽容的态度对待。女士们，如果你从现在起真的能够做到宽容地对待别人，那么你也就真的开始了成功的第一步，因为你马上就会变成最受欢迎的人了。

事实上，这种宽容的态度就是人际关系的润滑剂，人与人之间友谊的桥梁。女士们可能会认为，宽容是对别人而言的，因为那样的话别人可以不接受错误的惩罚，也可以不接受良心的谴责。但是，我要告诉各位女士们，宽容最大的受益者实际上是你们自己，而并不是别人。这点不是我说的，而是我的朋友威玛女士说的。

威玛是美国最早的音乐经理人之一，她与那些世界上一流的音乐家们打了很多年的交道。我对威玛的成功非常感兴趣，因为谁都知道，那些音乐家的脾气往往都很古怪、任性、刻薄，总是会有意无意地给你制造出这样或是那样的麻烦。

“戴尔，你太紧张了！事实上我一直把他们当孩子看。”面对我的提问，威玛笑呵呵地说：“他们经常会做出很多恶作剧，甚至有的人还会撒娇。我也必须承认，他们有些时候真的有些过分，因为他们伤害到了我。”

“那你是怎么应对这一切的呢？”我最感兴趣的还是她处理问题的方法。

威玛有些神秘地说：“其实很简单，这里有一个秘诀。我从来不把他们当敌人看，我对他们犯下的一切错误都很宽容。是的，宽容就是我的唯一秘诀，我也是宽容最大的受益者。”说完之后，威玛爽朗地笑了几声，然后给我讲了一个很有趣的故事。

有一段时间，威玛女士担任了一位最伟大的男高音歌唱家的经纪人。这位歌唱家的声音可以震动整个首都大戏院里所有的高贵观众。可是，这位伟大的音乐艺人是一个脾气暴躁、爱耍性子的人。在威玛之前，很多人都因为和他脾气不和而宣布退出。

这天，威玛敲开了歌唱家的门，问他是否已经准备好了今天晚上的演出。只见这位歌唱家皱着眉头说：“对不起，我的威玛，我的嗓子现在真的很不舒服，我觉得今天晚上的演出有可能取消。”

“是吗？那简直太不幸了，我的朋友！看来我只能取消这次演出。”威玛平静地说。

歌唱家有些不相信自己的耳朵，问道：“你说什么？我简直不敢相信你在说什么。”

威玛说道：“我是说对这件事我感到很遗憾。当然，这次您可能只是损失一些金钱，但我认为这和您的声誉比起来，简直不值一提。”

歌唱家若有所思地说：“哦！你最好下午五点钟左右再来，因为那时候我可能会好一些。”

事实上，那天的音乐会如期举行了，而且歌唱家发挥得还非常好。后来，歌唱家对威玛说：“我真的不能想象你会如此宽容我的任性和固执。谁都能看得出，我当时完全是装出来的。以前，那些经纪人对我的这种做法很不满意，他们总是对我大喊大叫，大发脾气，认为我不能体谅他们。而你，威玛，不但没有发脾气，反而发自内心地关心我，这一点我太感动了。即使我真的嗓子不舒服，我也一定会坚持在舞台上表演。”

女士们，我相信你们都是最优秀的，也是最善良的，因为这是上帝赐予你们的独特魅力。我相信，女士们在面对一些人的错误时，哪怕是一个非常严重的错误，你们也一定会以宽容的态度对待。因为这是女性的美德，也是女性获得别人的喜爱，将自己从痛苦中解救出来的最好方法。

不强加于人

我相信大多数女士家的门都曾经被“讨厌”的推销员敲开过。当你打开门时，总是会听到那些推销员给你的没完没了的建议，而你处理这些建议的方法往往是把那个唠叨的推销员关在大门之外。事实上，这也是让那些推销员非常头疼的事。他们总是绞尽脑汁地想出各种各样的说辞来劝说别人买他们的产品，却总是得到别人的拒绝。

女士们，你们是不是也经常会产生这样的困惑？当你想要把自己的意见或想法推销给别人时，是不是大多数情况下换来的是别人的拒绝呢？如果是这样的话，那么你就是一个失败的推销员，因为你无法把你自己推销给别人，让别人接受你。

有一次，一位名叫苏珊的姑娘向我寻求帮助，她是一家医疗设备制造厂的推销员。“卡耐基先生，我真的不知道我错在什么地方。”苏珊有些沮丧地说，“事实上，我真的已经很努力了。我对那些客户非常真诚，而且对于我们产品性能的描述没有一丝夸张。我想尽了一切办法，也看了很多关于推销的书，但不管我怎么说，似乎都不能打动那些在医院工作的医师们的心。我真的不明白，难道他们都是铁石心肠，难道他们真的不愿意去相信一个诚实的小姑娘的话吗？”听完苏珊的描述后，我决定不去教授她如何把产品推销出去的技巧，因为那些东西对她来说并不重要。我只是对苏珊说：“其实让别人接受你的意见并不是一件很困难的事，你为什么不让他们觉得，购买这些产品是他们自己的主意而不是你的呢？”

苏珊很显然是明白了我的话，回去之后马上给佛罗里达州一家大医院的罗杰医生写了一封信，因为那家医院正需要新添一台X光设备。在这之前，很多厂商都得知了这一消息，纷纷派出推销员到罗杰医生那里推销自己的产品。苏珊清楚，如果她和其他厂商一样，直接去

向罗杰医生推销产品的话，那无疑是在浪费时间。因此，她决定试一试我教给她的那个方法。苏珊的信是这样写的：

亲爱的罗杰医生：

非常感谢您阅读我的信件。告诉您一个消息，我们工厂最近新完成了一套X光设备，前不久才刚刚运到我们销售部门。本来，技术上的事不应该由我们销售人员负责，但是我非常清楚，这套设备不是尽善尽美的，还有很多地方需要改进。我不要求您购买我们的产品，但我非常诚恳地希望您能够给予我们帮助，因为您是这方面的专家。我知道您很忙，但我们真的很需要您。如果您能在自己极其宝贵的时间中抽出那么一点的话，我们将非常高兴。为了不浪费时间，我们希望您能随时和我们联系，

到时我们一定会派专车去接您。

就在信件发出去的第三天，罗杰医生真的亲自来见苏珊，并同意购买她们厂生产的产品。事后，当人们问罗杰为什么会这样做时，罗杰回答说："你知道吗？那封信太让我吃惊了，因为从来没有厂商的推销人员询问过我的意见。那位叫苏珊的小姑娘让我感到自己很重要，所以虽然那个星期我简直忙得要死，但我还是愿意取消一个并不重要的约会，前去看一看那套设备。事实上，并不是苏珊向我推销的那套设备，而是我自己建议医院买下的。"

我为苏珊的成功感到高兴，因为她已经完全理解了我的意思。在生活中，很多女士在和别人交流的时候，总是喜欢以自己的思维方式去考虑别人，把自己的意见强加给别人。这种做法无疑是对别人的自尊心和自重感的一种伤害。因此，女士们希望采用这种方法来获得别人的赞同，成功的机会几乎为零。

我们每个人都有自尊感和自重感，我们也都希望从别人那里获得这种感觉。这就是为什么每个人都不喜欢接受推销或是被别人强迫做某一件事的原因。应该说，我们都渴望和喜欢能够按照自己的想法做事，而且更喜欢接受别人对我们的意见、需求和愿望的征询。

我可以在这里向各位女士保证，如果你能够巧妙地运用一些与人相处的技巧，那么你是完全可以让别人接受你的意见的。

凯瑟琳是一家服装设计公司的业务员，她的工作就是把公司新设计出来的草图推销给那些服装设计师和生产商。必须承认，凯瑟琳做得已经很不错了。3 年来，她给公司拉来了不少的订单。然而，有一件事让凯瑟琳始终不能放下。

原来，在纽约有一位最著名的服装设计师，凯瑟琳几乎每星期或每隔一个星期就要去拜访他。可是，这位设计师似乎对他们的设计草图从不感兴趣，尽管他从来不拒绝接见凯瑟琳。这位服装设计师是一个非常懂得礼貌的人，他每次总是会告诉凯瑟琳："你们的设计草图我已经很仔细地看过了，不过很遗憾，我们的生意还是没办法做成。"

凯瑟琳自己曾经做过统计，她已经拜访过这位设计师 150 次了，但是每一次都以失败告终。这时，凯瑟琳开始反思自己，因为她认为错误一定是出在自己身上。为此，她特意研究了一下有关人际关系的法则，最后终于想出一个新的处理方法。

这天，凯瑟琳带上几张还没有完成的草图，又一次敲开了设计师的门。"我并不想要推销给您什么东西。"这是凯瑟琳的第一句话。接着，凯瑟琳又诚恳地说："我只是想请您帮我一个小忙而已。您看，这里是几张还没有完成的草图，您能不能帮忙完成一下。当然，您完全可以按照您的需求进行修改和调整，直到您认为满意为止。"设计师又一次很仔细地看了一下草图，但并没有说他以前说过的话，而是对凯瑟琳说："草图你可以留在这里，不过我希望你过几天能够再来这里一趟。"

几天后，凯瑟琳再一次来找设计师，带回了他宝贵的意见，并且按照他的意见完成了草图。接下来，奇迹真的发生了，那位顽固的设计师居然接受了凯瑟琳的设计图，而且表示以后会经常与凯瑟琳合作。有人问凯瑟琳成功的秘诀，凯瑟琳得意地说："你们搞错了，我根本没有把任何东西推销给他，是他自己决定要买的。"

女士们，你们是不是为这种巧妙地处理人际关系的技巧所折服呢？其实，这种技巧不但可以让一个人接受你，而且还可以让很多人接受你的意见。

安吉丽娜是一家汽车展示中心的业务经理。她发现，最近一段时间，公司的业务员对待工作开始有消极情绪，做事总不认真，而且态度也很散漫。为了改变这种懒散的工作态度，安吉丽娜召开了一次会议，希望能够鼓舞大家的斗志。

会议上，安吉丽娜并没有向公司的业务员提出自己的要求，而是鼓励他们说出对公司的要求。为了使一切都明朗化，安吉丽娜找来了一块黑板，并对大家说："大家请放心，我一定会尽量满足大家的愿望和要求。不过，我首先要知道大家对我和公司有什么样的要求。"这时，很多员工提出了自己对公司和安吉丽娜的看法，当然有些看法看起来比较荒唐。但是，安吉丽娜并没有生气，而是对他们说："你们都说得很好，我也接受你们的意见。不过，作为经理我对你们也有要求，但这些要求我不想自己说出来，而是希望从你们那里听到。"很多人都说出了对自己的要求，比如进取的态度、乐观的精神、团队合作、忠诚、8 小时工作时间内全力以赴地工作等，还有人甚至提出自愿每天工作 14 小时。

安吉丽娜和我说起这件事的时候，显得非常自豪。她说："从那以后，所有人都精神百倍，我们的销售业绩也是蒸蒸日上。其实，我和我的业务员们做了一场道德交易。我相信他们一定会实现他们的诺言，当然前提是我首先要实现我的诺言。事实上，正因为我征询了他们的想法，才使得他们愿意接受我的意见。”

我对安吉丽娜的话表示赞同，也给她讲了一个类似的故事。

有一年，我计划前往加拿大，因为那里的新布朗斯威克省是一个划船、钓鱼的好去处。为了做好相应的准备，我就给当地的旅游局写了一封信，并向他们索取资料。其实我早就预料到了，我的名字一定会被列上邮寄名单，因为所有的营地和向导都有专门的眼线。在那段时间里，我接到了大量的明信片、信件以及各种各样的宣传印刷品。这些东西太多了，简直搞得我眼花缭乱，根本不知道该选择哪个才好。

不过，在那些妄图让我接受他们意见的人当中，有一名营地主人相当聪明。他给我寄来了一封信，里面写了很多人的姓名以及电话号码。信上说，这些人都曾经去过他们的营地，我可以和这些人中的任何一个取得联系，然后向他们询问是否对营地的各项服务满意。

是的，最后我选择了这家营地，因为恰好名单里面有我一个朋友的名字。当时我真的很高兴，因为这是我选择营地，而并不是营地的主人让我选择了营地。

女士们，我相信你们已经非常明白我的意思了。的确，如果想要与别人融洽地相处，那么你就必须懂得尊重别人。尊重别人会给人一种自重感和自尊感，而正是这种感觉使得他们愿意接受你的意见。女士们，你们应该牢记这一点，如果你想让别人信服你，接受你的意见，那么最好的方法莫过于让他们觉得那是他们的意见而不是你的。

千万不能心存报复

那是几年前的事了，那天晚上，我在黄石公园和很多观光客一起坐在露天的座位上，静静地观望着茂密的森林，希望能够一睹被称为“森林杀手”的灰熊的风采。我们的等待很快就有了结果，一只体型庞大的灰熊从森林中走了出来。它慢悠悠地向旅馆走去，并且开始在垃圾中翻找食物。

这时，旁边的森林管理员和我们聊起天来。他告诉我们，在美国西部，灰熊几乎称得上是百兽中的霸主，可能只有美洲野牛和阿拉斯加熊才能和它一争高下。正当这位管理员称赞灰熊的强大时，我却突然发现有一种动物单枪匹马地跟随在灰熊左右，而且它居然还敢在灰熊的眼皮底下抢夺食物。更加让我惊奇的是，那只灰熊明明知道只需一掌就可以结束那只可恶的小家伙的命，但它并没有那么做。我仔细观察之后发现，灰熊是个聪明的家伙，因为那种动物是一只很臭的鼬鼠。

我终于明白灰熊为什么可以成为美国西部的霸主了，原因就是灰熊不仅凶猛异常，而且还十分聪明。经验告诉它，去报复那只抢夺食物的鼬鼠，这真的是一件很划不来的事情。在这一点上，我和灰熊的想法是完全一致的。我是一个在农场长大的孩子，也曾经在围篱旁捉到过一只臭鼬。后来，我在纽约的街道上也碰见过这种两条腿的小家伙。但是，无论哪次经历对我来说都是不愉快的，所以我永远不愿意去碰它，即使它挡住了我的去路。

女士们，我讲这个事例的用意无非是想告诉你们，在生活中我们经常会遇到像臭鼬一样讨厌的家伙，那就是我们的“敌人”。事实上，我非常清楚地知道，很多女士在面对自己的敌人时，并不能像灰熊那样做出十分明智的选择。她们常常会选择一掌拍死那个可恶的家伙。

我可以肯定地说，大多数女士其实并不知道报复会对自己造成多大的伤害，但我非常清楚。两年前的一个周末，我和太太正在家里的厨房享受美味的早餐。突然，一位朋友来电话通知我，让我和我夫人一起去参加琳达女士的葬礼。当时我简直不敢相信自己的耳朵，因为就在前几天我和夫人还去她家拜访，并邀请她到我家共进晚餐。

葬礼结束后，我向琳达的丈夫约翰问起她的死因。约翰悲痛地说：“我真的很爱她，你要相信我！”我点了点头，说：“我知道，请你冷静一下。”约翰说：“事实上，她早就得了严重的心脏病，医生告诉她一定要卧床休息，千万不要对任何事情动怒。可是，她一点都听不进去。今天早上，邻居把杂草堆在了我家院子的栅栏旁边。我知道，他们不是故意的，而且很快就会把杂草收走。可是我妻子却认为受到了污辱，非要把垃圾丢到人家的院子里以示报复。后来，邻居和我太太吵了起来。也许是太激动了，我太太一头倒在了地上，再也没有起来。医生告诉我，她是死于心脏衰竭。”

难以置信，可怜的琳达女士居然因为那份不值得的报复心而失去了生命，我真的感到十分惋惜。后来，我特意查找了一些相关的资料，发现琳达女士的死亡并不是一件偶然的事情。在《生活》杂志上明确地记载了报复给人的健康带来的危害，上面说："仇恨是高血压患者最主要的个性特征。长期的愤恨会造成慢性高血压，继而引发心脏疾病。"

现在，我真的找不出一丝理由让我们对敌人心存报复。

女士们，你们必须牢记，当我们对所谓的敌人心怀仇恨时，无疑是给他们控制我们的胃口、睡眠、血压、健康乃至于心情的机会。可以想象，当那些敌人知道我们为了报复他们而产生巨大的烦恼时，他们一定会拍手称快，高兴得要死。事实上，憎恨伤不了敌人一根汗毛，反而会把我们自己拉进地狱。

记得有一次，我经过纽约警察局，在大门口的布告栏上看到了这样一段话：不管是谁占了你的便宜，你都可以把他从你的朋友名单上除名，但你千万不能心存报复。一旦你有了这种心理，那么对你自己的伤害绝对是比对别人的伤害大得多。

我认为纽约的警察是非常聪明的，因为他们知道报复心理对人的危害性。耶稣曾经教导每个人去爱自己的敌人，当然也包括女人。其实，耶稣是在帮助各位女士，他不希望你们自己毁掉自己美丽的容貌。事实上我们都见过，一些人因为怨恨和报复，使得那些可怕的皱纹布满自己的脸庞。我相信，就是再好的外科整形手术也无法挽救，因为那些东西永远赶不上因为爱、温柔和宽恕所形成的自然容颜。

坦白说，所有成功人士都十分清楚报复心理的危害，因此他们从来不对任何人心存报复。有一次，我问艾森豪威尔将军的儿子，他父亲是否有憎恨的人。他回答我说："不可能，我父亲从来不愿意去浪费哪怕一分钟的时间去想那些他不喜欢的人。"而曾担任美国六任总统顾问的巴洛克先生在面对同样的问题时，回答说："我不是傻瓜，从来没有任何人能够从真正意义上对我进行侮辱或是困扰我的生活。为了我的健康和幸福，我从来不允许他们这么做。"

是的，我非常赞成巴洛克的话。事实上，也从来没有人能够真正地侮辱和困扰各位女士们，当然除非她们出于自愿。

我想，很多女士都会把英国护士爱迪丝·卡韦尔看成心目中的英雄，因为她为了收留和照顾受伤的英国士兵而被德国人抓了起来，并于 1915 年 10 月 12 日在德军阵营中被害。有人曾经给我讲述过有关她的故事，那是一个很感人的故事。

就在爱迪丝·卡韦尔即将行刑的那天早上，德军阵营中的一位英国牧师来到她的监狱中给她做最后的祷告。在祷告开始前，卡韦尔说道："直到今天我才明白，爱国是没有错的，我们每个人都应该热爱自己的祖国，但是光有一份爱国情操是不够的。我现在应该做的是，不对任何人怀有怨恨或是愤怒。"后来她的这句话被刻在了位于伦敦的卡韦尔的雕像上。我住在伦敦的那一年，经常去她的雕像前读这句话，时刻提醒自己不应该对别人心存报复。

在我的培训课上，很多女士都告诉我，其实她们也一直都饱受报复心理的折磨，不过她们并不知道该如何让自己不再受这种折磨。这时，我总是会给她们讲一个黑人女教师的故事。

第一次世界大战的时候，新泽西州有人散布谣言说，德军为了打击美国，将会策划一场黑人叛变。当时，一位名叫罗琳的黑人女教师被指控发动叛乱，并被当地政府判处死刑。事实上，罗琳确实是在策划一场黑人"叛变"，但那是为了自由而战，并不是为了德军。当一群情绪激动的白人把教堂团团围住时，他们听到里面传来了罗琳的声音："每个人的生命都是一场战斗，所有的黑人们都应该拿起武器，为了我们的生存和成功而战。"

罗琳的话显然激怒了那些白人，几个白人青年冲进了教堂，把绳索套在了罗琳的脖子上，并且把她拖到了一英里外的绞台上。正当他们准备绞死罗琳，然后再烧死她时，突然有人喊道："我们应该让她说话，否则她不会心服口服。"

每次我讲到这儿的时候都会停下来，然后问问在场的女士们，如果是她们，当时会说出什么样的话。很多女士告诉我，他们会大骂那些暴徒，然后为自己的立场进行辩解，接着就是把最恶毒的诅咒送给那些想要绞死她的人。我对那些女士们说：

“如果当初罗琳也是这样做的话，那么那些情绪激动的白人青年一定会马上绞死她。”事实上，罗琳当时并没有辱骂那些激动的人们，只是很平静地和他们谈起了自己的奋斗史，而且还对那些曾经帮助过她的人表示感谢。很多人看到罗琳居然没为自己求情，而是为自己的使命求情的时候，他们开始反思自己的行为。最后，一位老人说：“我相信这位年轻姑娘的话，因为她说的那些事都是真的，这是我几个朋友告诉我的。我认为，我们应该支持她做这种善事，我们现在的做法是错误的。我们不应该绞死她，而应该帮助她。”最后，在老人的倡议下，大家不仅释放了罗琳，而且还为她募捐了52美元的慈善基金。

这件事过去以后，有人曾经问罗琳，当时她是不是很恨那些要绞死她的人。罗琳回答说：“不，你错了！我当时根本没有时间去憎恨那些人，因为我忙着告诉他们一些比我的生命更重要的事情。当时，我根本没空去争吵，更不会有时间去后悔。我要让所有人都知道，没有一个人可以强迫我去恨那些人。”

这就是我要告诉女士们忘却报复心理的方法。当我们真的想要宽恕我们的敌人时，那么最好的也是最有效的方法就是诉诸比我们更强大的力量。因为当我们忘却一切事的时候，那些侮辱就已经显得无足轻重了。

女士们，与其花费时间、精力去憎恨你们的敌人，还不如发挥女性天生的善良品格去怜悯他们、可怜他们，并感谢上帝没有让你和他们一样的自私、无知、贪婪、邪恶。女士们，应该做的不是去诅咒和报复你们的敌人，而是给予他们谅解、同情、宽容和祈祷。我想，耶稣的话可以更好地劝谏各位女士：

“爱你的敌人，祝福、善待那些曾经诅咒你和仇恨你的人。同时，你也应该为迫害你的人祈祷。”

守住隐私好为人

当女士们遇到烦恼时，总是喜欢用倾诉的方式来缓解压力。的确，倾诉是一个不错的办法，因为你可以把内心的痛苦和压力分给别人一部分，这样你就会变得轻松一点。然而，如果女士们为了图一时痛快而将自己的隐私告诉别人的话，那么就可能给自己招来不必要的麻烦。

大多数成功人士在说话办事的时候都能很好地把握分寸，特别是当他们说话的时候，分寸把握得非常到位，该说的一定会说清楚，不该说的则绝不多说一句。然而，有些人则自认为拥有伶牙俐齿，逢人便滔滔不绝地交谈，结果很多时候使自己陷入了尴尬的境地。

有一次，我和朋友肯特一起参加宴会。席间，肯特显然被一位漂亮优雅的女士所吸引，因为他不停地向那位女士大献殷勤。

为了显示自己的交际面非常广，肯特把在场每一位来宾的情况都做了详细的说明。他对女士说："看，就是那个个子高高的家伙，他是我们镇最糟糕的法官！还有那个很胖的家伙，有一次我当众奚落了他一番，因为他的确是个十足的笨蛋。哦，女士，你最应该注意的是那个身材矮小的家伙。看到没有，他可是一个不折不扣的傻瓜，以前曾经是我的上司。天啊！我怎么会有这样一个上司？我一直都认为他根本没资格坐到领导位置上！一个领导最起码应该仪表不俗，可是这个家伙看起来就像一只南极的企鹅。这简直太可笑了！你为什么不笑呢，我亲爱的女士？”那位女士一直都不说话，而是津津有味地听着。当肯特说完之后，那位女士对“企鹅”先生挥了挥手，然后对肯特说：“对不起，请允许我给您介绍一下我的丈夫，克拉克先生。”

当肯特吃惊地回头看时，他的那位老上司正严肃地向他走过来。幸好，克拉克先生还是比较有修养的，并没有追究肯特的责任。然而，我记得很清楚，当时肯特显得非常尴尬，直到宴会结束也没有再说

一句话。

之所以举这个例子，无非是想让女士们明白一个道理，言多必失，话说得多了难免就会出现漏洞。就拿我的朋友来说，虽然他没有受到那对夫妻的指责，但我想他一定给别人留下了很不好的印象。因此，女士们如果想让自己受欢迎，首先要做到的就是不要说太多没必要的话。

有些女士会说："是不是做到少说话就一定会让自己立于不败之地呢？"不，少说话只能让女士们减少犯错误的机会，但并不会使女士避免犯错误。实际上，即使在整个谈话过程中你只说了一句话，但这句话是涉及你的隐私，那么也有可能让自己被麻烦缠身。

我很理解女士们，因为任何人都有寻求他人理解的本能，特别是女人。当你遇到一个很理解你的人的时候，至少你认为他很理解你，经常会忍不住将自己心中的隐私告诉对方。然而，女士们忘记了一点，隐私毕竟和其他秘密不一样，它往往是自己内心的情感波动，或是过去一段不堪回首的经历，或是一次不幸的遭遇，甚至于是自己所做的一件非常不光彩的事。这些事往往都是不被人接受或是不希望发生的。如果你将自己的隐私告诉给了他人，特别是那些居心叵测的人，那么将会给你带来十分严重的后果。

莱斯小姐在一家玩具公司任职，她的上司是一位非常有魅力的男士。由于工作上的原因，莱斯和上司之间的接触比较多。时间一长，莱斯发现自己爱上了上司，但是因为害怕别人议论，所以只得把这份爱埋在心底。女士们一定很清楚，当女人暗恋上一个男人时，是很难将精力集中到工作上的。因此，莱斯小姐经常精神恍惚，以至于工作上出现了很多失误。上司并不知道莱斯暗恋自己，还以为她是由于其他原因而怠慢了工作，因此也批评了她很多次。为此，莱斯觉得很苦恼，一直想找个人倾诉一下。

这天，单位的同事劳拉找到莱斯，问最近是什么原因导致她不能安心工作。劳拉的态度非常诚恳，让莱斯觉得遇到了救星，就一下子把自己心中的秘密全都说了出来。她告诉劳拉，自己爱上了上司，却没有勇气向他表白，因此现在过得非常痛苦。一阵痛快的倾诉以后，莱斯嘱咐劳拉，希望她一定要为自己保守秘密，劳拉一口答应。

莱斯本来以为事情就这样过去了，可没过多久她就发现，不管她在公司做什么，总是会有人在背后偷偷地议论，就连一向器重她的上司也开始故意疏远她。最后，莱斯实在忍受不了这种折磨，只好选择了辞职。

也许，直到莱斯离开也不知道，正是那位“真诚”的劳拉将她的这个秘密告诉给了公司所有的人，当然也包括她的上司。其实，劳拉早就在寻找这样一个机会，因为莱斯是她最强有力的竞争者。如今，劳拉如愿以偿了，因为是莱斯亲手断送了自己的前程。

女士们，这就是我要提醒你们的第一点。我们应该善待每一个人，但也要提防那些心怀鬼胎的人。这些人往往会利用你的隐私大做文章。假如一个人无缘无故地对你十分热情，那么你们就该小心了，因为他很可能会有不良的动机。

请女士们牢记第二点，千万不要随便将自己的隐私告诉别人，即使是最好的朋友也要小心。有时候，让朋友知道了自己的隐私也是一件很危险的事情。道理很简单，既然你愿意把隐私告诉你的朋友，那么就代表你十分信任他，也绝对相信对方不会做出伤害你的事情。同时，你之所以会选择对他说，无非是想从他那里得到一些理解和安慰。然而，如果有一天，你和朋友之间发生了争执，并且这个争执很可能结束你们的友谊，那么你的隐私自然就成为对方手中的一张“王牌”。

玛丽亚和罗莎在同一家公司任职，两人既是同事关系也是朋友关系。有一次，两个人共同承担了一项业务。两人合作得非常好，圆满顺利地完成了任务，并且还得到了老板的奖赏。这下，两个人的感情似乎又近了一步。于是，玛丽亚忍不住将自己心中的秘密告诉给了罗莎。

玛丽亚对罗莎说："我的朋友，你知道吗？每个人都有自己的秘密，也有自己的过去。有些人的过去是辉煌的，而有些人的过去确实让人不堪回首，比如我。"罗莎有些奇怪地问："怎么了，玛丽亚？是什么事情让你至今耿耿于怀？"

玛丽亚说："是这样的。几年前，我还是一个不懂世故的小女孩。那时的我充满了幻想和希望。在我眼中，纽约就是人间天堂。于是，我辞去了家乡的工作，只身一人来到了纽约。然而，残酷的事实打破了我的梦想。我找不到一份工作，没有人愿意用我这个只有小学文凭的外乡女子。你知道，一个人在外生活是很困难的，因此当时我只好选择那样做。我真的不是自愿的，我是被逼无奈，才做起了风尘女子。"罗莎若有所思地说："别难过，我的朋友！我非常理解你的行为，相信别人也一定会理解你的。事情已经过去了，别想那么多了！重要的是现在的你！"

玛丽亚非常感激地说："谢谢你，罗莎！你是我见过的最好的人！我希望你不要把这件事告诉任何人。"罗莎点了点头，表示绝对不会把这件事透露给其他人。

本来，罗莎的确可以做到守口如瓶，可是事情出现了戏剧性的变化。年底的时候，整个公司的效益都出现问题，公司不得不做出裁员的决定。玛丽亚和罗莎在同一部门工作，因此她们两个必须有一个人被淘汰。老实说，如果单从工作能力上来说，玛丽亚要胜罗莎一筹。然而，就在公司下达裁员通知以后，公司的人都开始疏远玛丽亚，因为谁也不愿意和一个妓女在一起工作。最后的结果不言而喻，玛丽亚被公司开除了，而罗莎顺利地留了下来。

守住隐私是一件非常重要的事，因此我有必要将随便说出隐私的危害告诉给各位女士，这样会使女士们在平时更加小心谨慎。

我有必要再重申一下第三点，因为我一直在强调让女士们克服忧虑。然而，当你把隐私告诉别人以后，那么势必就会终日担心对方会不会将自己的隐私说出去，从而让忧虑终日困扰自己。

缓解隐私压力的方法

- 自我调节，让自己不去想它；
- 到乡村旅行，让自然环境缓解你的压力；
- 把自己当作听众，自言自语；
- 把一棵树当成听众，向它倾诉你的隐私。

有些女士可能会说，我也希望永远保住自己的隐私，可是你也知道，将秘密藏在心中是一件非常痛苦的事。如果长期得不到释放的话，那么势必会让自己产生一种新的忧虑。的确，女士们的担心是有道理的，纽约著名心理学家亚当•卡特曾经说："任何人都需要心灵的释放，这是缓解压力最好的办法。很多抑郁症患者都是因为不能将自己的心事告诉给别人而患病的。"

最后，我想女士们必须明白，不要把自己的隐私告诉别人，并不代表对别人封闭自己的心，因为不信任别人是一种错误的做法。如果你想交到朋友，那么必须首先拿出自己的真诚来，当然这种真诚是有一定限度的。

闲来切忌无事生非

我一直都有晚饭后散步的习惯。我觉得，这种行为不仅有益健康，而且也是一件令人愉快的事情。这天晚上，我照例独自一人来到了我家附近的一座公园。也许是走的时间长了点儿，我觉得有些累了，于是就找了把椅子坐了下来。

过了大约 20 分钟，就在我准备起身离开的时候，突然听见后面有人喊了一声："女士，我想你知道你在做什么。现在我通知你，你已经被捕了。"我赶忙回头看了一下，发现站在我后面的是一位漂亮的小姐和一位警察，而那位小姐手中正拿着一个钱包。当然，那个钱包是我的。警察先生很礼貌地对我说："先生，我刚才看见这位女士趁您不备的时候偷了您的钱包，现在您有权起诉她。"还没等我开口，那位女士就赶忙辩解道："不，警察先生，实际上我并不是真的想偷这位先生的钱。我发誓，我本来打算把钱包还给他的。"女士的话显然没有打动警察，那位警察先生面带讽刺地说："哦，是吗？你觉得我会相信你的话吗？既然你打算把钱包还给这位先生，那你为什么还要去偷呢？"女士回答说："是这样的，先生。其实我并不缺钱，我丈夫是个有钱的商人。我不需要工作，也不需要做家务，因此每天都感觉十分无聊。我也不知道自己是怎么了，竟然想借偷别人钱包这件事来打发时间。不过说实话，这真的很刺激。

当然，我从来没有真的拿过那些人的钱，因为我每次得手之后，总会把钱包还给别人。”我马上明白，这是一位因为无聊而无事生非的女士，于是就对警察说：“谢谢你的帮助，不过我不打算起诉她，因为我能理解她。”可能警察也和我有同样的想法，因此他也没有把那位女士抓到警察局。

纽约大学心理学教授约翰·凯奇在一次演讲中提到：“人是一种对精神需求最多的动物。相对于其他动物来说，人是最容易感到无聊的。在每个人的潜意识里，都有一种要排解无聊的倾向。当感到无所事事的时候，人们总是想通过做一些违背常理的事情来寻求刺激。我在这里没有任何歧视的意思，实际上家庭主妇是最容易犯这种错误的。道理很简单，作为家庭主妇，她们每天的工作就是打扫房间、照顾孩子、准备饭菜。正是这些单调、枯燥的工作使得家庭主妇更容易被无聊困扰。这时候，她们需要刺激，需要找一些事情让自己感兴趣，因此聚在一起聊天就成了她们最大的爱好。当然，聊天的内容很广泛，可以涉及很多领域。不过，经过调查表明：她们聊天的内容往往集中在别人的身上。换句话说，她们更多的时候是在无事生非。”

真庆幸，如果约翰博士是在公共场合下发表这篇演讲的话，相信一定会招来主妇们愤怒的谴责。

女士们，请你们冷静一下，约翰博士已经说过了，他没有一丝贬低的意思。女士们不妨想一想，是不是有很多女士在闲下来的时候会无事生非？答案你们应该有了，因此我也没必要说出来。不过我想女士们都会同意我的说法，那就是不管怎么样，无事生非终归不是一件好事。

萨哈女士是一位典型的家庭主妇，每天的工作除了做家务以外，主要就是和邻居聊天。因为她没有别的兴趣，所以每天大部分时间都是处在无聊之中。萨哈女士有一个爱好，那就是喜欢散布小道消息。她会和罗斯太太说："嗨，你知道吗？隔壁的史密斯先生失业了。这个家伙真是太爱面子了，生怕我们这些邻居嘲笑他。那不是，他每天早上依然穿着笔挺的西装，拿着公文包走出家门。可谁都知道，他那根本不是去上班，而是去找工作。"她还会和临街的卡夏太太说："有件事我真的不想告诉你，可我还是不得不说。前天，我看到你先生和他的女秘书一起去了一家宾馆。天啊，男人都是这样，一有了钱就在外面找女人。我真为你感到悲哀，要是我的话早就和他离婚了。"于是，史密斯先生失业的消息传遍了整个纽约，而卡夏太太也和她的丈夫终日大吵大闹。不过，这些事情很快就过去了，史密斯先生和卡夏太太也并没有因此损失什么。在这起事件中，最失败的人就是萨哈女士，因为在她所住的那个街区，已经没有人愿意和她做朋友了。

这位可怜的女士其实是我的邻居，在成为"人民公敌"以后，她成了我家的常客，因为只有我太太依然愿意和她接触。一天晚上，萨哈女士哭着和我太太说："桃乐丝，我真的不知道自己做错了什么。我明白，随便散布谣言是一件不道德的事情，可我并不想伤害任何人。其实，我只是想找一些话题来聊天。"我太太点了点头，对她说："我理解你，但你确实伤害到了别人。你为什么要无事生非呢？你为什么不把你的时间和精力放在一些有意义的事情上呢？不管是不是出于你的本意，你的行为已经让别人讨厌你了。试想一下，有谁愿意和一位喜欢无事生非的人做朋友呢？即使你自己也不愿意。不过，事情并没有到不可挽回的地步。只要你自己努力，还是可以重新获得她们的信任的。”

最后，萨哈女士成功了。因为她亲自登门向史密斯先生和卡夏太太道了歉。同时，她再也没有无事生非过。当她觉得无聊的时候，她总是会约上几位邻居一起去逛街，那样她就不会感到无聊了。

很显然，无事生非总是会给女士们带来一些不必要的麻烦。就像开头的那位女士，如果不是我和那位警察都比较“仁慈”，相信这位女士一定会被带到监狱去的。而萨哈女士，如果她不改正自己无事生非的毛病，我相信如今她一定是最不受欢迎的人。我知道这两位女士的初衷都不是邪恶的，她们不过是想借此排解无聊。然而，她们的行为确实在无形中伤害到了别人。我想，这种损人不利己的事情，女士们还是不做为好。

女士们，请你们牢记，要想成为受人欢迎的人，那么就千万不要无事生非。

第二章

平安快乐的要诀

选好自己的伴侣

我想，对于一位女士来说，没什么事比选错自己的伴侣更可怕。的确，每个女人都希望自己能有一个好的伴侣，也都希望这个伴侣可以陪伴自己终生。然而，很多女士在婚后却发现，自己当初的选择和决定其实是错误的。诚然，这种事是不能完全把责任推给男人，因为他毕竟没有逼迫你和他结婚，只不过是因为你们自己没有足够的判断力。正因为如此，很多女士在发现问题以后，要么选择沉默、忍受，要么选择反抗、离婚。

在医学界有一句俗语："最好的治疗方法就是预防。"如果女士们能够加强自己的判断能力，使自己能够清醒地按照自己的意愿去选择伴侣的话，相信就不会有那么多不幸的婚姻了。

贝蒂是个漂亮迷人、思想前卫的女孩，喜欢刺激，渴望过那种天天都有激情的生活。因此，那些整天只知道上班、回家、干活的男人，她根本看不上眼。一个周末的晚上，贝蒂独自一人来到了她常去的"零点酒吧"。她喜欢到酒吧，因为这里会让她觉得生活充满了激情。贝蒂要了一瓶啤酒，找了一个空位子坐了下来。正当她打算休息一会儿就去跳舞的时候，突然发现不远处有一位男士正默默地注视着他。这位男士很英俊，也很有风度。贝蒂冲他点了点头，男子马上就走过来和她搭讪。就这样，两个刚刚认识的青年很快就熟悉起来。临分手时，男子还特意要了贝蒂的电话。

在接下来的几天里，贝蒂几乎每天都沉浸在惊喜与兴奋之中。因为那位男子向她展开了猛烈的攻势。不是给她送礼物，就是打电话约她吃饭。男士似乎是个诗人，因为他总是能说出一些让贝蒂高兴的话。最后，贝蒂终于决定和他结婚。

结婚的那天，贝蒂显得非常幸福，因为她似乎已经看到了婚后甜蜜的生活。她梦想着和丈夫每天都过着充满激情和刺激的日子，还梦想着可以去世界各地旅游……总之，她给自己以后的生活绘制了一幅美好的画卷。

然而，结婚以后，贝蒂却突然发现自己被欺骗了。原来，自己的丈夫并不是什么风度翩翩的绅士，而是一个喜欢吃喝嫖赌的无赖。他每天晚上都喝得烂醉如泥，回到家后连鞋都不脱就上床睡觉。他喜欢赌博，也因此输掉很多的钱。可是，他不但不知悔改，反而经常向贝蒂要钱，如果贝蒂不给，马上就破口大骂。最让贝蒂受不了的是，丈夫居然经常光顾妓院，有一次竟然还把一个妓女带回了家。最后，贝蒂实在忍受不了这种折磨，和丈夫离了婚。

可怜的贝蒂，我真为她的遭遇感到不幸。可是，这又能怪谁呢？如果贝蒂不是喜欢那种花言巧语、善于讨女人欢心的男人，那么她也就不会被那个家伙华丽的外表所欺骗。因此，我首先要告诫女士的是，那种会讨女人欢心的男人往往都是“演技高手”，他们会在达到目的以前把自己伪装成世界上最好的男人。如果我是女人，我宁愿和那种不懂浪漫的男人在一起，也不愿意和那种油嘴滑舌的男人交往。

贝蒂遇到的是一种善于伪装自己的男人，因为她的判断能力不强，所以才导致自己选错了伴侣。然而，有些女士明知道对方身上有很多地方与自己不和，却偏偏还要固执地选择他。

威玛是个善良的姑娘，平日里对所有人都十分友善。她的现任男朋友托蒂是经别人介绍认识的，两个人在一起已经有3年了。在别人眼里，威玛和托蒂根本就不应该在一起。因为威玛对人和善，而托蒂是个十足的坏小子。当两个人在街上看到乞丐时，威玛总是会拿些钱给他们，而托蒂不但不能理解这种行为，反而会把给出去的钱再抢回来。威玛喜欢小动物，家里养了一只狗、两只猫和三只小兔子。可是托蒂并不喜欢，有一次还居然扬言要杀了那只狗，因为它弄脏了他的裤子。此外，很多事情都表明：威玛和托蒂太不合适了，即使两个人结了婚也不会有幸福。可是，善良的威玛坚信，自己一定可以改变托蒂。最后，威玛和托蒂还是结了婚。

本来，威玛认为结婚后的托蒂一定会有所收敛，可不想他变本加厉。他不光阻止威玛给乞丐钱，而且还把家里所有的小动物都扔了出去。托蒂还警告威玛，让她以后不许随便和邻居们说话，因为那些人都是可恶的势利小人。威玛虽然想尽了各种办法，却始终都不奏效。无奈，威玛只好选择放弃，默默忍受着托蒂对她的折磨。

这是一个真实的故事，因为威玛是我的一个远房亲戚。有一

次我在纽约见到她，她显得非常疲惫，而且也很瘦弱。当我问她现在过得如何时，她回答我说：“没有什么变化，也不可能有什么变化。我能怎么办？我只能默默忍受。”

是的，善良的威玛只能选择忍受，因为她的确没有办法改变现实。如果当初她不是抱着婚后改变托蒂的想法，相信她也不会落得如此下场。

贝蒂和威玛这两位女士都是因为判断力出现了问题才导致自己婚后的生活不幸福，然而有些女士则是因为对自己的判断力太过自信，才使得自己与幸福的生活擦肩而过。

一天晚上，我太太以前的一个邻居突然到我家来拜访，按照辈分来说，我们应该叫她劳拉姑妈。劳拉姑妈已经六十多岁了，不过她一直没有结婚。这位姑妈年轻的时候是个标准的美人，曾经有很多男人都追求过她，但都被一一拒绝了。并不是我们的劳拉姑妈不想结婚，而是因为那些男人都不符合她的要求。

劳拉姑妈喜欢读言情小说，因此在她看来，只有嫁给小说中男主角那样的男人才算是幸福的。不过很可惜，那些求婚者都不符合这个条件。这些人不是太高了，就是太矮了；不是太胖了，就是太瘦了；不是长得太丑，就是家里没钱，总之没有一个能达到劳拉姑妈的要求。就这样，劳拉姑妈耐心地等待着“白马王子”的出现。不过很可惜，直到现在她也没有达成愿望。如今，劳拉姑妈也对自己当初的做法感到后悔，她对我太太说：“桃乐丝，当初我的想法真的有些幼稚，以至于让我错过了很多机会。现在想想，那个铁匠的儿子还是很不错的，还有那个皮货商。对了，你叔叔当年也很优秀。可是，当时我一心想找‘白马王子’。”

女士们，请不要对你的伴侣过于挑剔，十全十美的男人是没有的。小说中的人物都是虚构的，在现实生活中是不可能找到的。

那么,究竟怎样才能使自己拥有一双“明辨是非”的眼睛呢?我这里有几点建议，应该可以帮助女士们选择一个好的伴侣。

如何选择一个好的伴侣

- 看他生活用品的使用情况；
- 观察他所结交的朋友；

- 看他是如何与孩子相处的；
- 看他是否有时间观念；
- 听听他最爱说什么。

女士们首先要看男人生活用品的使用情况，看看他们的家是否凌乱不堪。如果答案是肯定的，那么女士们最好在结婚前做好思想准备，考虑一下自己是否可以和一个不爱整洁的男人生活在一起。其次，女士们还要观察他所结交的朋友，因为一个人的品质高低可以通过他所交的朋友看出来。此外，如果一个男人身边有太多的女性朋友，那么女士们就该慎重考虑一下了。

除了看朋友之外，女士们还可以看他是如何与孩子相处的，因为一个能够和小孩子相处得很好的男人，将来一定会是一个好父亲。相反，一个对小孩子十分厌烦，而且不愿意与小孩子亲近的男人，一定不会是个好父亲。

如果他和你约会每次都迟到，那么就可以证明你在他心中的位置并不重要。因为与其他事情相比，和你约会这件事应该排在后面。

聪明的女士还可以通过一个男人最喜欢谈论的话题来判断他的个性。如果他喜欢谈家庭，那么就证明他是个顾家的人；如果他希望你能够和他一起分担痛苦，那么就是个比较自私的人；如果他是那种目空一切的男人，最好离他们远点。

女士们可以通过男人是怎样评价别人的来对他做进一步的了解，特别要注意他如何评价前任女友。因为尊重以前女友的男人才是大度的，如果他刻意诋毁前任女友，那女士们还是小心为妙。

还有一点，女士们应该细心观察男人对母亲的态度。一个男人对他母亲的态度可以直接反映出他对女性的态度。如果他对母亲十分好，那么就说明他比较尊重女性。不过，你们需要注意的是，如果他对母亲言听计从的话，则表明他很有可能有很强的依赖性。

此外，女士们还要观察男人对待金钱和工作的态度，因为这些可以折射出他对待爱情的态度。最后，你们要千万切记，一定要细心观察他的心理是否健康。

如果女士们想让自己选择一个优秀的伴侣，那么就请你们牢记我的意见。

健康女人，平安快乐

我猜想，很多女士在看到这一章题目的时候都会觉得奇怪：“怎么？卡耐基决定改行了吗？他是要写一本有关女人日常保健的书么？”事实并不是女士们想的那样。如果女士们确实患上了身体上的疾病，那么最好的解决办法就是去医院看医生而不是在这里读我这本书。如果女士们是因为忧虑而使自己失去健康的话，那么这一章对你们就非常有用了。

阿里科谢·卡若厄博士是诺贝尔医学奖获得者，他曾经说过：“一个商人如果不懂得如何抗拒忧虑，那么他一定会早死很多年。”我对他的这种说法有些异议，因为在我看来，不只是商人，家庭主妇、职业妇女等都是一样的。我并不是凭空捏造的，因为有事实可以证明我的说法。

那一年，我到新得克萨斯州度假，在火车上遇到了多年不见的老朋友德贝尔博士。如今，他已经是一家大医院的主要负责人了。当我谈起忧虑对人的影响时，德贝尔是这样说的："你说得很对，戴尔！我是医生，最清楚是什么原因导致人们患病了。事实上，在我接触的所有病人中，有三分之二的病人只需要抗拒忧虑和恐惧就可以战胜疾病。我不是说他们没有病，他们有病，而且非常严重。不过，我在叙述时必须在那些病人所患的诸如胃溃疡、心脏病、失眠、头疼等疾病的前面加上'神经性'这个词。你知道吗？对疾病的恐惧会使你无比的忧虑，而忧虑又使你感到紧张，接着又影响你的胃部神经，然后你就得了胃溃疡。"

是的，不光是德贝尔博士这么认为，约瑟夫·蒙达德博士也在他的《神经性胃病》这本书中写道："并不是因为你吃了什么东西才导致你产生胃溃疡，实际上真正的病因是你在发愁什么事情。"

女士们，你们明白我所说的意思吗？忧虑才是产生很多疾病的罪魁祸首。有关专家曾经指出：心脏病、高血压以及消化系统溃疡这三种疾病在很大程度上说都是忧虑的情绪所引起的。很多女士有上进心，或是说成野心，她们希望自己成功，或是希望在自己的帮助下使丈夫获得成功，这些想法本来都无可厚非。然而，她们对成功的渴望太强烈了，每天都让自己生活在忧虑之中。我真的不明白，即使你成为全世界的女王那又代表什么呢？我想你不过是要每天吃三顿饭，然后晚上睡在一张床上而已。我姑妈是个普通的农妇，没有人知道她，可她活到了88岁。

女士们，我可以保证，在此之前，你们绝对没有认识到忧虑对健康的真正损害。著名的精神学专家梅奥兄弟对外宣称，在他们治疗的病人中，有绝大部分人的精神是非常正常的。他们所谓的精神疾病其实是悲观以及那些烦躁、忧虑、恐惧等情绪。

在2300多年前，所有的医生都没有意识到人的精神和肉体是统一的，应该合并治疗。如今，很多人已经发现了这一真理，并且开设了一门新的学科——心理生理学。的确，这门学科诞生得正是时候。因为长时间以来，人类已经消灭了很多由细菌引起的可怕疾病，比如天花、霍乱和其他一些传染病。可是，我不得不遗憾地说，时至今日，人们还没有能力有效地治疗那些由忧虑引起的疾病，而这种疾病给人类带来的灾难正在日益壮大。

曾经有医生说，在二战期间，美国每六个妇女中就有一个人患有精神失常。天啊！是什么原因导致这种事情的发生！虽然到现在也没有人能准确地说出原因，但我认为很有可能是由于对现实的恐慌和忧虑造成的。当人们不能适应现实时，她们就会选择逃避，让自己生活在脑海中的世界里。

在我动手写这篇文章的时候，我书桌右上角就放着《不再忧虑，拥有健康》这本书，书中对忧虑的危害有很精辟地阐述。在这里，我把这些观点转达给各位女士。

最后，我打算把上面的观点进行一下总结，那就是忧虑很可能要了你的命。女士们不必认为我是在夸夸其谈，因为在我家对面的一栋房子里住着一位因忧虑而患上糖尿病的老妇人。那一年，她所购买的股票全都大跌，结果她也再没有起来过。

忧虑对健康的危害

- 对你的心脏产生很坏的影响；
- 可能产生高血压；
- 可能让你患上风湿病；
- 小心胃溃疡；
- 感冒也和忧虑有关；
- 甲状腺同样害怕忧虑；
- 糖尿病人普遍忧虑。

很多女士一定不会相信忧虑的情绪会和关节炎有关，可事实上这是真的。美国康奈尔大学的罗斯·萨斯尔博士是治疗关节炎的权威人士，他曾经说过："如果一个人的婚姻生活很不好，那么他就有可能患上关节炎；如果一个人经济上出现了问题，那么他也容易得关节炎；如果一个人长期感到寂寞、孤独、忧虑或是愤怒，那么他得关节炎的概率将是普通人的几十倍。”

罗斯·萨斯尔博士并没有骗我们。我妻子有一个朋友，身体一直都很健康。经济大萧条时期，她丈夫失去了工作，整个家庭都陷入了经济危机。祸不单行，煤气公司因为她家不交煤气费而切断了煤气，而银行也把她作为抵押用的房子没收。这位太太受不了这种突如其来的打击，一下子就患上了关节炎。在那段时间里，尽管她尝试了各种手段，但都不见效。最后，直到大萧条结束，家里的经济改善之后才算完全康复。

还有一点我必须要告诉女士们，那就是忧虑会摧毁你们最看重的资本——年轻美丽的容貌。我曾经拜访过著名女星莫勒·阿巴鄂，她对我说她从来不会感到忧虑。这并不是说她每天都可以生活得无忧无虑，而是因为她十分害怕忧虑会毁掉她最重要的资本——美丽的容貌。她对我说：“在我刚踏入影视圈的时候，每天都生活在忧虑之中。我害怕极了，因为我是只身一人来到伦敦的，在这里我一个朋友都没有。可是我需要生活，因此必须要找一份工作来养活自己。我和几个制片人谈过，但他们都不打算起用我。那段生活真的很悲惨，因为忧虑和饥饿同时困扰着我。有一天，当我透过镜子看我自己时，发现忧虑已经开始摧毁我的容貌了。我看到了忧虑的皱纹，于是我告诫自己，从此以后再也不会让自己忧虑，因为那会毁掉我的容貌。”

的确，恐怕没有哪一件武器比忧虑对女人容貌的杀伤力更大。忧虑会让你整天愁眉苦脸，会让你终日咬紧牙关，会让你的头发早日变白，更会让你的脸上长满皱纹。

在美国，心脏病已经成为威胁人类健康的头号杀手。第二次世界大战期间，美国大约有30多万人死于战场，却有200多万人死于心脏病。在这200多万人中，又有将近一半的人是由于忧虑而引发心脏病的。是的，如果不是这种原因，阿里科谢·卡若厄也不会说出那句话。

东方的中国人和生活在南方的美国黑人很少患有这种因忧虑而引起的心脏病，这是因为他们的传统文化告诉他们遇事一定要沉着冷静。有人做过统计，每年死于心脏病的医生要比农民多出二十几倍，这是因为医生总是过着很紧张的生活。

很多人都认为全世界每年都会有很多人被可怕的传染病夺去生命，然而实际上每年死于自杀的人数要远远高于死于传染病的人数。造成这一可怕现象的根本原因就是忧虑。

在古代，如果一个将军想要让他的俘虏得到最残酷的惩罚，总是会把他们的手和脚全都捆起来，然后在他们的头顶上放一个不断滴水的袋子。水滴并没有杀伤力，它只不过是一滴一滴默默地向下落。开始的时候，那些水滴的声音还很小，但是几个昼夜之后，那些声音已经大得像是用木槌敲击地面了。俘虏们受不了了，他们精神失常了，这的确是比死亡还要可怕的事。

忧虑就是那一滴滴的水珠，它不停地向下落着，慢慢地折磨着你的心灵，最后让你精神失常进而选择自杀。

在我还是个孩子的时候，每个礼拜天都会到教堂去听牧师讲道。当牧师给我们讲述可怕的地狱时，我简直吓得半死。我知道牧师这么做是为了让我们有一种恐惧感，好让我们这些孩子长大之后不去做一些邪恶的事。然而，善良的牧师却忽略了很重要的一点，那就是他从来没和孩子们说过，我们因为恐惧地狱所产生的忧虑要远比那无情的大火更可怕。举个简单的例子，如果你总是生活在地狱之火的忧虑中，那么你迟早有一天会患上最可怕的疾病——狭心症。

这种疾病太可怕了，它所带来的痛苦要远比地狱之火强大得多。每当它发作的时候，你会在心底无助地呼喊："万能的主啊！伟大的上帝啊！帮帮我吧，我实在受不了了。如果能够让我摆脱这种病痛的折磨，那我以后绝对不会再为任何事情感到忧虑了，而且是永久性的。"

对不起，也许我在写这篇文章的时候犯了一个很严重的错误，因为我把忧虑说得太可怕了，这很有可能让女士们因此而产生新的忧虑。不过，我说的这一切都是真的，而且我也从心底希望女士们能够健康长寿。女士们，要想获得健康的身体并不是很难，因为你只要保持住一颗平常心就一定不会患上忧虑症。不要担心你做不到，因为只要是一个正常的人都可以做到，而且绝对可以做到。事实上，我们每个人都比想象中的那个自我坚强得多，有很多潜力是我们所不知道的。

我相信，你们只要拥有了克服忧虑的信心，就一定会让自己生活得快乐无忧，而那时你们也将会有一个健康的身体。

让真爱与你同行

我想，每一位女士都梦想着获得真爱，不管她的身份是普通的女孩、家庭主妇、妻子或是母亲。的确，真爱是世界上最美妙的东西，正是因为它的存在，才使得人类社会充满了温暖。从古至今，爱一直都是永恒的话题，但同时也是一个最不易弄明白的话题。大多数女士虽然渴望真爱，却并不能体会到爱的真谛。她们往往是简单地从性和家庭的角度去理解，并且将爱与占有、姑息、纵容和依赖等混淆在一起。

著名的婚姻关系研究学者迪罗•卡克博士曾在他的著作《如何找到真正的自我》中写道："判断一个人是否具备了完善的人格，其标志就是看他是否已经拥有付出以及接受成熟的爱的能力。"卡克博士这句话的潜在意思就是说，实际上很多人并不知道爱的真谛，大多数人对爱的理解是很幼稚的。那么，究竟什么是真爱呢？

美国婚姻协会前任主席达波拉•迪图博士曾经在接受采访时说："大多数人在向他人表达爱的时候，往往是传达这样的信息，比如我想要、我想得到、我能从什么中得到满足、我可以利用或是我为此感到羞耻。比如，一个男人对女士说：‘我爱你！’而他的潜在意思就是说：‘我想要你！’这些爱是很多学者宣扬的，然而是最典型的假爱。”

“真正的爱，也就是成熟的爱应该就像耶稣所说的‘爱别人就像爱自己’那样。不管这种爱是夫妻之间的也好，是父母与孩子之间的也罢，更或是某个人与他人和社会之间的，总之爱的要素就应该是一成不变的。”

女士们，你们必须把握住一个原则，那就是真爱是伟大的，绝不会阻碍任何人的成长，因为它最根本的作用是鼓励他人的成长。我曾经拜访过一对老夫妻，他们对女儿的做法感到非常不满。原来，女儿在上大学的时候结识了一名外乡男子，并在毕业后和他结了婚。父母对女儿的这种做法非常不理解，因为他们不明白为什么女儿要选择去那么遥远的地方组建新的家庭。

那位母亲曾经和我说：“天啊，她长大了，已经不再听我们的劝告了。难道在我们本地就没有好男孩了吗？如果她不走那么远，那么我们就可以经常看见她。为什么她就不能理解一个做母亲的心呢？”

我相信，如果你敢在这位母亲面前说，她并不爱她的女儿的话，那你一定会遭到一番激烈的反击。然而，事实上，这位母亲对女儿确实不能算真正意义上的爱。因为她要求女儿理解她，但并不要求自己理解女儿，也就是说她把自己对女儿的占有欲看成了对女儿的爱。

女士们，你们必须明白，如果你真正爱一个人，那么就不要紧紧抓住他不放，而是应该让他自由地飞翔。懂得爱的真谛的人是不会想把任何人变成自己感情的傀儡的。他们希望爱的人自由，就像他们希望自己获得自由一样。我要告诉女士们的是，爱是与自由并存的。

著名作家普罗茜·罗伯斯夫人曾经在一家杂志上发表过这样一篇文章，上面写道："爱是什么？它就是一个人毫不吝惜地给予所爱的人需要的东西。这种给予是为了别人而并非自己。爱包括给恋人的自由、给孩子的独立，虽然它与性有着密不可分的关系，却永远不会在丧失理智地追求爱的过程中被性利用。不管你是什么身份，也不管你是什么职业，如果别人需要面包时你给的不是鹅卵石，别人需要同情时你给的不是面包，那么你就真正理解了什么叫爱。很多人都犯下了一个愚蠢的错误，那就是喜欢硬塞给别人一些他们并不想要的东西。这种做法非但不会让对方体会到爱，反而会让对方觉

得这是一种含有敌意的做法。我相信，任何一位心理学家也不会把这种做法与真爱混为一谈的。”

的确，女士们，那些婚姻悲剧、家庭悲剧的产生，很大一部分都是因为人们不懂得爱的真谛。对于一段婚姻来说，最可怕的、杀伤力最强的武器莫过于猜忌。很多人都把猜忌和爱混为一谈，但实际上猜忌是一种个人对本身能力的不自信，并在占有欲的指导下逐渐膨胀的结果。几年前，我的培训班上曾经有过一位被猜忌蒙住眼睛的女士，不过幸好她后来幡然醒悟。

卡伊女士已经和她的丈夫结婚十年了，但最近一段时间她却是生活在恐惧之中。原来，她已经将自己陷入了猜忌之中，内心十分害怕有一天会失去丈夫。虽然她的丈夫并没有给她任何理由，但她还是忍不住感到恐惧。在那段时间里，卡伊女士做出了很多让人难以理解的事情，比如她会去悄悄地翻遍丈夫的每一个口袋，会到汽车里查看烟灰缸里的东西。白天她的心中产生了各种各样的疑心，一到晚上则被恐惧感折磨得无法入睡。

一天早上，卡伊女士在照镜子的时候突然发现，镜子里的那个女人太憔悴了，脸上没有一丝生气，面容也消瘦了许多，而这个女人穿的衣服看起来就像是那种装扫帚的大袋子。卡伊女士再也受不了了，对自己说：“天啊，这就是你吗？你一直都在害怕失去你的丈夫，可你现在的状况正是在给他创造理由。现在，你必须想办法解决。”于是，卡伊女士开始实施自己新的计划。

从那天起，卡伊女士开始注意自己的外形。她每天下午都会休息一会儿，并且想办法让自己的体重增加一些。接着，她又到美容院学习了一段时间，让自己学会如何化妆。慢慢地，卡伊女士觉得自己发生了变化，认为自己已经变得比以前好看多了，而这时她的态度也发生了改变。她丈夫似乎也发现了妻子的这种变化，并做出了良好的反应。这下，卡伊女士再也没有了任何疑心。当回忆起那段往事的时候，她说："当初的我真是太愚蠢了，我为什么要把精力放在猜忌上呢？现在我已经成为丈夫心目中最有魅力的妻子了。"

女士们，请你们牢记这一点，当一个女人真正理解到爱是肯定而不是命令时，那么就代表着她已经拥有了去爱的能力。

说完婚姻我们再来看家庭。对于家庭来说，很多时候我们经常会在不自觉的情况下以爱的名义来伤害别人。我们经常会听到父母说："我之所以这么严厉，完全是为了孩子好！"或是："我太爱他们了，为了让他们过得幸福，我愿意付出我的一切，甚至溺爱也在所不惜。"这种爱是真爱吗？我们还是看一下若斯太太的例子吧。

几年前，若斯太太和她的丈夫离婚了。于是，她不得不承担自己照顾一个家庭和两个孩子的责任。虽然这对于一个女人来说未免困难一点，但若斯太太还是决定挑起重担，并且下决心一定要严厉地管教孩子，以便让他们成才。

若斯太太对我说："当时，我给我的两个孩子定下了很严厉的规矩。首先，我不接受任何形式的借口，更不会浪费时间去和他们商量什么或是听取他们的意见。我所要做的就是告诉他们该怎么做。他们不可以独立思考，必须对我所制定的规则严格执行。"

我问若斯太太："那您的这种做法有效吗？"

若斯太太回答说：“有效，非常有效，但这种效果不是正面的。我发现我们的家庭关系正在起着很微妙的变化。我的孩子们开始躲着我，不愿意和我交流，更不愿意对我示爱。最后我终于明白了，我的孩子怕我，怕我这个母亲。于是，我开始反思自己的做法。最后，我得出这样的结论：我对他们要求严格并不是一种爱的表现。相反，我在不自觉中将离婚后所产生的各种压力都转嫁到了他们身上。我不是为了孩子，是为了我自己。因为我想让孩子们替我承担我犯下的各种过错。并不是那些孩子不能理解我，而是因为他们感觉到了我这种做法的自私。”

就这样，若斯女士开始改变自己当初的计划。她开始对孩子们和蔼起来，也不要求他们做这做那。她还会时不时地召开家庭会议，好听取一下孩子们的意见。她不再把所有的时间都安排在做家务上，而是抽出很多时间来陪孩子们。最后，孩子们从母亲身上体会到了真正的爱，整个家庭的环境和气氛也变得和睦多了。

是的，真爱的力量可以影响一个家庭，甚至还会影响到个人与整个社会的关系。著名的心理学家米阿德说过：“一个人对朋友、工作、陌生人以及世界的态度，绝大多数是从家庭中学来的。如果一个孩子在家的时候能够得到真爱，那么他就一定会将这种真爱反馈给他的家人、朋友以及其他人。”因此，女士们必须要明白，爱并不仅限于家庭。实际上，只有我们发自真心地去爱别人，才能拥有从别人那里得到爱的力量。爱是最伟大的东西，可以让你对生活和世界充满热情，也会让你变得健康和长寿。

女士们，相信我的话，也相信爱的力量，只要你们做出努力，只要你们是发自内心，那么你们就一定可以做到让真爱与你们同行。

保持自我

很多女士都喜欢模仿别人，想让自己和别人一样。她们希望能够跟上潮流，或是让自己散发出明星般的魅力。然而，这种模仿似乎并没有给女士们带来成功或是快乐，相反会让她们感到焦虑、痛苦，而且这种焦虑、痛苦是和失败联系在一起的。

我承认，对成功和快乐的渴望是女士们模仿别人的出发点，但事实已经证明这是一种很不明智的做法。当任何一位因为模仿别人而苦恼的女士向我寻求帮助时，我总是会告诉她们相同的一句话："做你自己，那是最快乐的，也是最好的。"

有一次，我到一位朋友家做客，正好他的邻居爱迪丝太太也在。这位体型有些胖而且长得并不算漂亮的爱迪丝太太给我留下的第一印象是活泼、开朗、快乐。我们之间很快就没有了陌生人初次见面的那种陌生感，彼此都给对方留下了很好的印象。爱迪丝太太很健谈，尤其喜欢给我们讲述一些她年轻时候的事。让我大吃一惊的是，就在几年前，爱迪丝太太还每天都生活在不开心和忧虑之中。

爱迪丝太太告诉我，她以前是个很敏感而且很羞怯的小女孩。那个时候的她就已经很胖了，而且两颊还很丰满，这样使她看起来更加胖。她的母亲是个非常古板的农村妇女，在她看来，女人最愚蠢的做法就是穿太漂亮的衣服。同时，爱迪丝的母亲还不赞成穿紧身衣，因为她认为衣服太合身的话很容易撑破，还是做得肥大一点好。这位母亲不光自己这样打扮，而且还要求她的女儿爱迪丝也这样打扮。说实话，这让爱迪丝十分苦恼，却又无可奈何。她不敢参加任何形式的聚会，也没有任何开心的事。在那时，她把自己当成怪物，因为她和别人不一样。

后来，爱迪丝太太嫁给了阿尔雷德先生。为了能够融入这个新家庭，爱迪丝太太开始模仿身边的人，包括她的丈夫和婆婆，但这一切总是不能如愿。她不是没有努力过，但每次尝试的结果都适得其反，甚至将她推向更糟的境地。渐渐地，爱迪丝太太变得越来越紧张，而且很容易发怒。她不愿意接见任何朋友，也不想和任何人说话。她意识到，自己是彻底地失败了。

爱迪丝太太整天提心吊胆，因为她害怕有一天自己的丈夫会发现事情的真相。她非常努力地装出快乐的样子，甚至有时候过了头。最后，爱迪丝太太实在不能忍受这种折磨了，她甚至想用自杀来结束这种痛苦。

我对爱迪丝太太讲的故事非常感兴趣，追问道：“爱迪丝太太，我现在更想知道您是怎么改变自己，变成现在这个样子的？”

爱迪丝太太笑了笑说：“改变自己？没有，根本没有。事实上，现在的我才是真正的我。我必须要感谢我的婆婆，是她的一句话让我有了今天的快乐。”原来，有一天，爱迪丝的婆婆与她谈论该如何教育子女时说：“我觉得我是一个成功的母亲，因为我知道，不管发生什么事，我都要我的孩子们保持他们的自我本色。”天啊，婆婆的一句话就像一道灵光闪过爱迪丝的头脑，她终于知道了自己不开心、不快乐的根源。从那天起，爱迪丝开始按照自己的意愿穿衣打扮，也开始按照自己的兴趣参加了一些团体。慢慢地，爱迪丝的朋友多了起来，她自己也变得越来越快乐。

我清楚地记得当时我给爱迪丝太太精彩的“演说”鼓了掌，而且称赞她是我所见过的最有魅力的女性。爱迪丝太太有些不好意思地说：“其实没什么，这就是我。”

女士们，你们必须要牢记一点，保持自我是一项相当重要的事情。如果你做不到，那么你永远都不可能成为一个快乐的女性，因为你总是活在别人的影子里。

我的朋友基尔凯医生曾经跟我说：“保持自我这个问题几乎和人类的历史一样久远了，这是所有人的问题。”事实上，大多数精神、神经以及心理方面有问题的女性，其潜在的致病原因往往都是不能保持自我。

我曾经和好莱坞著名导演山姆·伍德进行过一次谈话。他告诉我，现在年轻女士太没有自我了，在好莱坞，青年女演员

去模仿他人的现象是相当严重的。伍德说：“她们都想成为一个二流的拉娜·特勒斯，却并不想成为一个一流的自己。实际上，这种做法让观众不好受，也让那些姑娘们自己痛苦。”

我非常同意伍德的这些话，因为我知道一个这样的例子。

一名公交车驾驶员的女儿有一个梦想：成为歌星。但是，上帝并不怎么眷顾这个女孩，因为她长得很一般，而且嘴巴很大，还长有龅牙。当她第一次来到纽约一家夜总会唱歌的时候，她为自己的龅牙感到羞耻，几次想要用上嘴唇遮住它。这个女孩希望通过这种遮掩来使自己显得更加高贵，却反倒把自己弄成了四不像。如果她照这样下去，失败是肯定的。

不过上帝给了这个女孩一次机会，那天晚上有一位男士非常欣赏她的歌，但他也直言不讳地指出了女孩的缺点。男士说：“我非常欣赏你的表演，但我知道你一直想要掩饰什么东西。我不妨直说，你一定认为你的牙非常难看。”女孩听到这儿的时候已经非常尴尬了，但那个人丝毫没有停下来的意思，而是继续说：“龅牙怎么样？那不是犯罪的行为。你不应该去掩饰它，或者你根本就不应该去想它。你越是不在乎它，观众就越爱你。另外，这些让你认为是羞耻的龅牙说不定哪一天会变成你的财富。”

女孩接受了她的意见，真的不再去考虑她的龅牙。后来，这个女孩终于成为家喻户晓的明星，她就是凯丝·达莱。

有人做过专门的研究，其实我们每个人都具备成为伟人的潜质。之所以没有成为伟人，是因为我们不过只用了 10% 的心智能力，而剩下那 90% 一直不为我们知道。这其中最主要的原因就是人们不能保持自我，正确地认识自我，从而发挥自己的潜能。

女士们，你们是否还在为不能惟妙惟肖地模仿别人而感到痛苦呢？我真诚地奉劝你们，保持自我才是你快乐的最好方法，也是让你获得成功的最好选择。我非常有资格谈论这个话题，因为我也曾经很愚蠢地去模仿他人。我清楚，我为我的模仿付出了惨重的代价。如果我能早一点发现这些，说不定我会比现在做得更好。

当我刚刚从密苏里州出来时，首先选择了纽约这个城市，那里有我向往的学校——美国戏剧学院，因为我一直都渴望自己能够成为一名优秀的演员，当然我相信很多女士都和我有一样的想法。我当时很喜欢自作聪明，因为我想出了一个很简单、很容易成功的愚蠢办法，那就是好好研究一下当时的几个著名演员，然后把他们的优点集中在我一个人身上。这大概是我这辈子做出的第二愚蠢的事了，因为还有一件事更加愚蠢。我花费了很多年去模仿别人，最后我发现我什么都不是，因为我根本成为不了别人。相反，我能做得最好的只有我自己。

那次经验真的很惨痛，我曾经下定决心以后再也不去模仿他人。可谁知，几年后，我居然又犯下了这辈子做出的最愚蠢的事。当时我正计划写一本有关公众演说的书，于是我又冒出了那种想法。我找来了很多很多有关公众演说的书，因为我想吸取他们的精华，然后使我的书包罗万象。但事实证明，我错了，这是一种不折不扣的傻瓜行径。我居然妄想把别人的想法写成自己的文章，这种东西没人会看。就这样，我一年的工作成绩全都变成了纸篓中的废纸。

女士们，请你们接受我的建议，然后真的开始改变自己。事实上，很多成功的女性都是因为保持了自我才取得骄人的成绩的。女士们一定对那位纽约市最红、最炙手可热的女播音明星玛丽·马克布莱德非常崇拜。你们知道吗？当她第一次走上电台的时候，她也曾经试着模仿一位爱尔兰的播音明星，因为当时她很喜欢那位明星，而且很多人也非常喜欢那位明星。可是很遗憾，她的模仿失败了，因为她毕竟不是那位明星。

面对失败，玛丽·马克布莱德深深地反思了自己，最后她终于决定找回自己本来的面貌。她在话筒旁边告诉所有的听众，她，玛丽·马克布莱德，是一名来自密苏里州的乡村姑娘，愿意以她的淳朴、善良和真诚为大家送去快乐。结果怎样大家都看到了，她现在根本不需要去模仿别人，甚至还会有很多人去模仿她。

女士们，我希望你们永远记住，你，美丽的女士，是这个世界上唯一的、崭新的自我，你的确应该为此而高兴，因为没有人能够代替你。你应该把你的天赋利用起来，因为所有的艺术归根结底都是一种自我的体现。你所唱的歌、跳的舞、画的画等，一切都只能属于你自己。你的遗传基因、你的经验、你的环境等一切都造就了一个个性的你。不管怎样，女士们，你们都应该好好管理自己这座小花园，都应该为自己的生命演奏一份最好的音乐。

女士们，最后我还要给你们一点忠告，因为这些对你们保持自我是很有帮助的。

如何保持自我

- 不要怕被嘲笑；

• 正确认识自己；
• 不去刻意模仿他人。

与人为善会使自己快乐

在动手写这本书之前，我曾经到西雅图去拜访了罗西·鲁伯博士。在没有见到她之前，我认为她现在一定过得很痛苦、颓废，因为她已经瘫痪在床二十多年了。然而，当第一眼看到罗西博士时，我就意识到自己当初的想法简直太可笑了，事实上，她现在每天都过得很开心，也很充实，尽管她依然不能下床。

一阵寒暄之后，我问罗西博士，是什么样的动力使她能够如此快乐地面对人生。罗西笑着和我说："说实话，戴尔！如果你不是我最好的朋友，我真的没有时间和你在这里做长时间的交谈。你想知道我为什么会如此乐观和快乐？很简单，那就是与人为善，帮助别人。"

原来，罗西在瘫痪以后并没有对生活失去信心，也没有被忧虑所困扰。她在心里始终都默念着威尔斯王子的那句话："我应该为别人提供帮助。"她让朋友帮她搜集了很多残疾病人的姓名和地址，然后分别给他们写信，鼓励他们勇敢面对生活，快乐面对现实。后来，罗西博士组织了一个残疾人俱乐部。在里面，大家经常互相写信，交流各自的感受。如今，这个残疾人俱乐部已经成为一个国际性的组织，而罗西也是整个活动中最大的受益者，因为她得到了快乐。

女士们，你们是否每天都觉得生活是那样的枯燥乏味呢？

你们是否从生活中找不到一丝的乐趣呢？你们应该向罗西博士学习，因为罗西博士与你们比起来要不幸得多，可是她从与人为善、帮助别人中得到了很大的乐趣。

有一位非常有名的心理学家曾经和我说过："当我对我的病人进行治疗时，我总是会告诉他们，不管在什么情况下，他们每天都应该找一个人作为目标，然后努力地使那个人得到快乐。我可以保证，他们绝对会在两周之后变得健康快乐。"

我非常同意这位心理学家的话，因为罗西博士和别人最大的区别就在于，她把与人为善、给予别人快乐看成是一种最大的快乐。事实上，罗西博士的想法和萧伯纳不谋而合。萧伯纳曾经说过："真正不快乐的人往往都是那些以自我为中心的人，因为他们总是在抱怨世界不能按照他的想法改变。"

各位女士，我在这里劝说你们与人为善，并不是为了别人考虑，实际上恰恰是为了你们考虑。人生活在社会中，没有朋友应该说是最苦恼

的一件事。然而，如果你能够与人为善，那么你就会为自己赢得很多的朋友，同时也会使你体会到生活的真正乐趣。

曾经有一位名叫莱斯的女士给我写信。在信中，她给我讲了一个真实感人的故事。现在，我决定把它讲给各位女士，希望你们能从中得到一点启发。

莱斯女士的命运是很悲惨的，因为在她还是个孩子的时候，父母就相继离开了她。后来，她被镇上一对好心的夫妇收养了，并说只要她能够做到不说谎，不去偷窃，而且还能听话干活的话，那么她就可以一直留在这个家里。

这三句话深深地印在莱斯的心里，莱斯把它们当成了自己的圣经，并时刻告诫自己不管在什么时候都必须遵守它。可是，一切并不像小莱斯想象的那么简单，尽管她已经非常努力地去做了，但她还是摘不掉“小孤儿”的帽子。她开始上学后的第一个礼拜，情况简直是糟透了。班上的很多小朋友都不愿意和她玩，而且还经常取笑她难看的眼睛。更有一次，一个女孩居然把她头上的帽子抢了过去，用水把它灌坏，而且还说之所以这么做是为了浇浇她的木头脑袋，让她能够清醒一点。

听到这儿的时候，我和莱斯女士开玩笑说：“那你真应该和她们大吵一架。”莱斯也笑了笑，说：“是的，卡耐基先生，以前我也是这么想的。可是收养我的那位夫人对我说，我不应该对他们怀有敌意，而是应该让他们成为我的朋友。她还告诉我，如果我与他们友善地交往，并且主动向他们提供帮助，那么我将会成为他们的朋友，而不再是小孤儿。”

莱斯女士真的那样做了。她开始帮助班上那些成绩差的同学，因为她的成绩是全班最好的。她帮助同学辅导功课，还帮他们写辩论稿。不光这样，莱斯女士还主动和身边的人交往，帮助邻居们砍柴、挤牛奶或是喂牲口。

后来，两位老人去世了，莱斯也到外地去上学。当她大学毕业后第一天到家的时候，居然有两百多位邻居过来看她，而且还有人是从 80 公里以外的地方赶来的。

我对莱斯女士说："你真快乐，莱斯！有那么多邻居发自真心地关心你，这让很多人羡慕不已。"莱斯十分自豪地说："是的，您说得很对。可是您不要忘记，这一切都是我自己争取来的。因为与人为善的是我，我给我的邻居们提供帮助，所以他们才会那么愿意和我做朋友。我真的很庆幸当初听了她的话，否则我不会像现在这么快乐。"

我不禁为莱斯女士高呼"真棒"，因为她不仅知道该如何交朋友，更知道如何才能让自己快乐。可是，很多女士并不像莱斯女士那样明智。她们不愿意给别人提供帮助，更不知道与别人友善交往的重要性。不过，这些女士也为自己的行为付出了代价，因为她们不是一个快乐的人。因此，我认为有必要在这里和女士们交代清楚，与人为善究竟对我们个人有什么好处。

与人为善的好处

- 让你快乐地生活；
- 使你结交更多的朋友；
- 让你的敌人变成你的朋友；

- 让你的人际关系变得和谐、融洽；
- 使你健康长寿。

女士们，你们现在应该对与人为善的魔力有所了解了吧！但是，我希望各位女士在看完前面两个例子之后，一定不要误把与人为善理解为同情和包容。实际上，与人为善是一种爱的表现，是一种高尚情操的表现。

萧伯纳有一次在大街上行走，突然间被一个骑自行车的年轻人撞倒在地。看得出，年轻人很慌张，因为他认识这位“声名显赫”的文学家。萧伯纳却幽默地和这位年轻人说：“真不走运，本来你可以借这个机会出名的，只可惜你没有把我撞死。”年轻人不好意思地笑了，而刚才那种非常窘迫的表情也随之消失了。如果萧伯纳不能对这名年轻人无意的过失宽容的话，那么他的形象一定会在公众心中大打折扣。

女士们，当你想要获得快乐的时候，那么你首先要做的就是使你身边的人快乐，因为爱是相互的，也是可以传染的。这个道理，是我的朋友托尔·怀恩女士告诉我的。

怀恩曾经有一段时间真的很难过，整日都处于自怜和忧虑之中，因为她的丈夫已经离她而去。每当圣诞节要来临的时候，怀恩女士的心情都非常的糟糕，因为这使她更加思念和丈夫在一起的日子，以至于后来她开始惧怕圣诞节。

这一年的圣诞节，怀恩女士怀着痛苦的心情漫无目的地在街上走着。渐渐地，她来到了一处离城镇很远的小教堂，这是她以前没有来过的地方。怀恩女士有些累了，她走进了教堂，坐在教友椅上欣赏着一位手风琴手演奏的《平安夜》。也许是太累了，怀恩女士慢慢地睡着了。

当她醒来时，眼前出现了两位小姑娘。可以看得出，这两位小姑娘的家境并不怎么好，因为她们身上的衣服已经很旧了。怀恩走过去，问她们两个为什么没有和父母一起来。这两个小女孩告诉她，她们是孤儿，父母早就双亡了。这时，怀恩感到无比惭愧，因为和这两位小女孩比起来，自己简直是生活在天堂里。怀恩带着她们看了圣诞树，而且还给她们买了很多糖果、零食以及各种小礼物。

怀恩告诉我，从那以后，她再也没有忧虑和痛苦过，因为她体会到了真正的快乐和幸福。这次经历告诉她，如果想使自己开心快乐，那么首先要做的就是让别人开心。

有些女士可能会认为我的话有些脱离实际，而且还太过理想化，如果能够遇到我刚才所说的那些事情的话，她们也能和那些人一样。可是我要和女士们说，不管你的生活多么单调，但你每天总是不可避免地与一些人交往。那么，你又是怎么对待他们的呢？我仅举一个例子，当你们从辛苦的邮差手上接过家人或是朋友寄给你的信或是照片的时候，你们是否会对邮差表示关心或问及他们的家人？我想，大多数女士们做不到这一点，因为她们并不认为杂货店售货员、擦鞋童或是送报生有什么重要性。可是我要和各位女士们说的是，这些人和你一样，都是一个完完整整的人。他们同样有着美好的梦想和崇高的理想。他们也渴望成功，渴望得到别人的关心，渴望和别人一起分享。可惜，你们没有给他们机会。女士们，请你们马上改变自己吧，就从你明早看到的第一个人开始。

女士们可能会问我："我为什么要这样做？这样做对我来说有什么好处？难道真的像你说的那样就能够获得快乐的生活吗？"是的，女士们，这一点是毫无疑问的。亚里士多德把与人为善的处世方法称为"开化了的自私"。波斯拜火教的创始者琐罗亚斯德也说过："没有人要求你必须对别人好，它称不上是一种责任。然而，这种做法却是一种享受，它可以让你变得健康，也可以使你变得快乐。"美国的富兰克林也曾经说过："如果你想对自己好，那么你就首先对别人好。"

女士们，我希望你们每天都健康快乐，因此你们从现在这一刻起就应该做到与人为善。

做自己喜欢的事

艾瑞是一家公司的职员。一天，她回家的时候显得非常疲惫。是的，她太累了，感觉头疼、背疼、没有食欲，唯一想做的就是上床休息。母亲心疼艾瑞，一再劝说她还是吃一点。没办法，艾瑞只好坐在餐桌前，象征性地吃了几口。这时，餐厅里的电话突然响了起来，原来是艾瑞的男友邀请她去跳舞。再看看这时的艾瑞，完全变了一个人。她兴奋地冲上楼，穿上漂亮的衣服，飞一般地冲出门去，一直玩到凌晨 3 点才回家。她不但没有感到疲倦，反而兴奋得睡不着觉。

女士们可能会问，究竟是什么原因让艾瑞在瞬间就产生了两种截然不同的表现呢？难道说之前艾瑞的疲倦是装出来的？

当然不是。艾瑞对她的工作不感兴趣，产生了厌倦感，所以她感到非常疲倦。然而对于男朋友的盛情邀请，艾瑞则是兴趣十足，所以她才会显得非常兴奋。因此，我们不妨下这样一个结论：引起疲劳的一个主要原因就是倦怠感。

事实上，在这个世界中有很多个艾瑞，也许你就是其中的一员。与生理上的操劳相比，情绪上的态度更容易使人产生疲倦感。我并不是毫无根据地在这里乱下结论，早在几年前，著名的心理学家约瑟夫·巴莫克博士就已经通过实验证明了这一点。

博士找来了几个学生，让他们做了一系列枯燥无聊的实验。结果，学生们都觉得烦闷、想睡觉，有的还说自己感觉头疼、心神不宁，甚至胃不舒服。可能有些女士们会认为这些症状都是因为倦怠而想象出来的，事实并非如此。博士还给这些学生们做了新陈代谢检测，检测结果显示：在这些人感到厌倦的时候，体内的血压及氧的消耗量都有着明显的降低。同样，一份无趣的、缺乏吸引力的工作往往会促使代谢现象放缓。

可能一个实验不能使女士们信服，但我是相信的，因为我曾经有过亲身经历。一年前，我独自一人到加拿大落基山中的路易斯湖畔度假。为了能够钓鱼，我不惜穿过高高的灌木丛，跨过无数个倒在地上的横木，最后到达珊瑚湾。想象一下，8 小时的颠簸啊，这需要消耗多大的体力。然而，我没有一丝的疲惫感。为什么？因为我在路上一直都在想："我马上就能钓到好几条肥美的大鳟鱼了！"正是这种兴奋的心情使得我不知疲倦。可是，如果我对钓鱼没有一点兴趣的话，那恐怕就会是另一种场景了。在一座海拔达 7000 英尺的地方来回奔走，这的确是一件累人的事情。

很多女士都把登山看成是一件非常消耗体力的事情，认为在所有体力劳动中这是最累人的。然而，储蓄银行的总裁基曼先生对我说，其实登山一点都不累人，相反厌倦感才更容易使人劳累。

那是二战后的第 10 个年头，加拿大政府委派登山俱乐部提供一些指导人员，负责训练维尔斯亲王的森林警备队。当时，我们的基曼先生就是指导员之一，那时他已经有 50 多岁了，而其他指导人员的年龄也都在 40 岁以上。

艰苦的训练开始了，他们走过很多险峻的地方，整整进行了 15 个小时的登山活动。最后，那些年轻的队员全都疲惫地坐在地上休息。

是不是真的因为体力不支而感到疲惫？难道我们的皇家警备队就如此不济吗？不，答案显然不是。这些人不喜欢爬山，早在一开始就有人吃不饱、睡不香，这才是导致疲劳的原因。再看看基曼先生和他的伙伴，他们都是“老家伙”了，体力比年轻人差得远，可是他们没有筋疲力尽。他们有些兴奋，晚饭后还一直谈论着白天遇到的事情。事实上，因为他们喜欢爬山，所以才不会觉得累。

事后，基曼先生对我说：“如果说是什么导致人们的工作能力降低，那么答案恐怕就只有厌倦。”

如果女士们不是一个体力劳动者，那么你们的工作更不可能让你觉得疲劳。实际上，那些已经完成的工作并不会使你疲劳，相反那些没有做的工作却始终困扰着你。比如，昨天你的工作老是被打断，很多事情都进展得非常不顺利的话，那么你一定会觉得所有的事都出了问题，因为你感觉这一天你没有做任何工作。这样，当回家的时候，你就感觉到自己身心疲惫到了极点。

到了第二天，办公室里的工作突然一下子变得顺利起来。于是，你完成了比昨天多几倍的工作，可是你回到家的时候依然神采飞扬、精力充沛。我相信很多女士都有过这种经历，我也有过。因此，我们可以断定，疲劳往往并不是因为工作而引起，实际上罪魁祸首是烦闷、不满和挫折。

那么究竟该怎么做才能克服这种厌倦感呢？其实很简单，那就是做自己喜欢做的事。只要你能在工作中体会到乐趣、成就感和满足感，那么你就不会感到疲劳了。很多女士会认为我的说法是一种理想主义，因为并不是所有人都能找到一份自己喜欢的工作。的确，很多工作都是枯燥乏味的，但这并不代表它不能给你带来乐趣。速记员大概是世界上最枯燥的工作了，然而有人却能从中体会到乐趣。

有位女速记员在一家石油公司工作。她每个月总有很多天要处理一些乏味无聊、令人厌烦的东西，比如填写租约的表格或是整理一下统计的资料。这些工作简直无聊透顶，因此她不得不想办法改变工作方式，以便使她有兴趣干活。于是，她把自己当成对手，每天都进行比赛。中午的时候她会记下上午填了多少表格，然后告诉自己下午一定要尽力赶上。下班前，她再把一天的工作量全都计算出来，然后敦促自己第二天一定要想办法超过它。结果，她比其他任何一个速记员做得都要快。

虽然这位女速记员没有得到老板的称赞，也没有加薪，但是她从此不再感觉疲劳，而且这种方法也对她产生了激励作用。她采用巧妙的方法使原本枯燥的工作变得有趣，而且也使自己充满了活力，于是在那一段时间里，她从工作中得到的是快乐与享受。

维莉小姐也是一位速记员，每天也做着枯燥乏味的工作。一天，一个部门的经理要求她把一封很长的信重打一遍，维莉当然极不情愿。她告诉那位经理，重打这封信是在浪费时间，因为只需要改几个错别字就可以了。然而那个经理也很固执，非要坚持自己的做法，并表示如果维莉不愿意做，那么他就会找别人做。无奈，维莉只好答应经理的要求，因为她不想让别人趁机取代了她的工作，而且这份工作本来就该她干。于是，维莉没有了怨言，就试着让自己喜欢这份工作。开始的时候，维莉很清楚自己是在假装喜欢自己的工作，然而过了一会儿她就发现，自己真的开始有点喜欢了。同时，她还发现，一旦自己喜欢上了这份工作，很快就使工作效率有了很大的提高。正是在这种心态的作用下，维莉总是能用很短的时间处理好自己的工作。后来，公司的老总把她调到自己的办公室做私人秘书，因为他看到维莉总是高高兴兴地去做额外的工作。

其实，维莉小姐的做法与著名的哲学家瓦斯格教授的“假装哲学”不谋而合。瓦斯格教授曾经说：“如果我们每个人能够假装自己快乐，那么这种态度往往会让你变得真的快乐。这种做法可以减轻你的疲劳、紧张和忧虑。”

著名的新闻分析家卡特本曾经在法国做推销员。当时，他这个不懂法语的外乡人必须在巴黎挨家挨户地推销那种老式的立体幻灯机。在别人看来，他的推销工作一定更加困难，至于说业绩，实在难以想象。然而，卡特本在做推销员的那一年足足赚了 5000 法郎，成为了当时法国年薪最高的推销员之一。卡特本说，那一年的收获比他在哈佛读一年大学还要多。如今，他完全可以把国会的记录卖给一位巴黎妇女。

当然，在这其中卡特本付出了比常人多几倍的努力。然而，他之所以能够突破重重困难，就因为他一直有这样一个信念：我一定要让自己的工作很有趣。每天早上，他总会对着镜子说：“卡特本，如果你想要过想要的生活的话就必须做这份工作，既然必须做，那么为什么不让自己快乐一点呢？当你敲开别人的大门时，何不把自己当成一名出色的演员，而你的顾客就是你的观众？你所做的一切就像是在舞台上表演，你应该把兴趣和热忱投入其中。”正是有这些话的不断鼓励，才使他原本讨厌的工作变成了有趣的探险，这的确让人有不小的收获。

在一次采访中，我问卡特本先生是否有什么话对青年人说。他想了想，说道：“每天早上都不妨自言自语一番。我们需要的是精神，是智力上的活动。因此，每天都不妨给自己打打气，让自己充满信心。”

的确，卡特本先生的话很有道理。如果我们每天都能和自己说说话，那么就可以逐渐让我们明白究竟什么是勇气，什么是幸福，什么是力量。这样一来，我们的生活就会变得非常愉快，不再有任何的烦恼。

我想我们有必要温习一下如何克服厌倦感的方法，因为这对女士们的确有很大的帮助。

如何克服厌倦感

- 自己和自己比赛；
- 假装自己快乐；
- 每天都鼓励自己。

拥有点闲暇时间

在很久以前，我曾经也是一个被忧虑困扰的人。特别是在我的事业刚刚起步的时候，我每天都被工作拖累得疲倦不堪。虽然当时我知道这种状况不会持续很久，但我也必须承认，那段时光真的让人不堪回首。也许，人只有在经历过一些事情以后才能真正地成长。我想，如果那时的我有如今的心态，相信也不会每天过得那么狼狈了。

女士们可能不知道我在说什么。我知道，很多女士，特别是那些职业女士，她们每天的日程表都被安排得满满当当的。她们需要很早起来，因为做早餐是她们一天的第一项工作。接着，她们还要收拾餐具，然后再匆匆跑出家门。在单位熬了 8 个小时之后，她们拖着疲惫的身子回家了，可是依然不能休息。因为她们要做晚饭、收拾房间，有时还要洗衣服。这些女士大概是世界上最忙的人了，因此在她们的时间观里根本没有闲暇时间这个概念。当然，快乐这个词更加不会和她们扯上任何关系。她们最要好的朋友只有忧虑。

有一次，我到巴黎去拜访我的一个远房表姐。我们已经有很多年没见了，表姐是在我 12 岁的时候嫁到巴黎的。表姐对我

的到来感到非常高兴，还吩咐仆人要好好招待我。我发现表姐消瘦了许多，而且眼睛里也没有了昔日的光彩。我也很长时间没见她了，所以有很多话想要和她说。可是，表姐似乎并不愿意，因为我的到来打乱了她原本的计划。

我到她家的时候已经是傍晚了，可表姐似乎正打算出去。一阵寒暄之后，表姐对我说："戴尔，你在家里先休息一下好吗？我必须走了，因为我要去参加一个很重要的课程。"我点了点头表示理解。于是，表姐匆匆忙忙地跑出了家门。

吃完晚饭后，我和表姐家的老仆人聊起天来，问他表姐最近过得如何。老仆人告诉我，表姐最近过得很累，因为她丈夫已经失去了那份体面的工作。现在，她不得不和丈夫一起承担养家糊口的责任。虽然她不需要做家务，但是她总是会利用一切时间去赚钱。刚才她就是跑去给一个小女孩上钢琴课。我觉得很吃惊，就问："难道我表姐没有闲暇时间来放松自己？"老仆人叹了口气说："如果睡觉不是必须要做的事情，恐怕太太会选择一天工作24个小时。"这下我终于明白为什么我觉得表姐变了许多，原来这一切都是忧虑造成的，而导致忧虑产生的罪魁祸首就是"没有闲暇时间"。

亚里士多德曾经说过："人唯独在闲暇时才有幸福可言，恰当地利用闲暇时间是一生做人的基础。"的确，闲暇时间对于我们每一个普通人来说都是至关重要的，各位女士也同样不例外。新泽西公立医院的精神科主治医师约翰·克雷曾经说："人的精神如果总是处于紧张状态的话，很容易导致各种精神疾病的产生，而合理充分地利用闲暇时间则是缓解精神紧张的最佳方法。随着社会环境的变化，人们面临的生存压力也越来越大，因此很多人开始忽视闲暇时间。他们把享受闲暇时间看成是一种浪费生命的行为，认为那种做法会让自己陷入困境。实际上，为了能够适应整个社会环境，人们必须学会给自己减压，也必须让自己得到放松。否则，压力会让你精神衰弱、情绪紧张，继而会剥夺你的快乐和幸福。”美国国家疾病研究中心的研究人员经过研究发现，一个人每天至少需要有 1-3 个小时的时间来做一些没有压力，轻松愉快的事情。如果没有这 1-3 个小时，那么人就容易变得焦躁不安、精神脆弱，甚至还会引发自杀倾向。此外，如果人的压力长期不能得到释放，那么就很容易给人造成心理上的负担，从而让人产生疾病，诸如胃溃疡等。而这些疾病其实是完全可以避免的，因为它们来自病人的心理。

相信现在女士们应该理解我在本文开头所说的那段话了。是的，那时候的我也不知道闲暇时间的重要性。为了实现自己的目标，我需要每天查找大量的资料，同时还要抽时间拜访很多人。我每天的工作时间超过了 15 个小时，同时还要再另拿出 1-2 个小时来备课。我真不知道自己当时是怎么过来的，只记得那时的我没有一天感到快乐。

如果我能够在那时想办法让自己拥有点闲暇时间，相信我也不会感到那么累。同时，我必须承认，那时候我的事业开展得并不顺利，因为我经常会发昏地不知道自己在做些什么。这些责任都该归咎于无休止的工作，要是我能早一点领悟，说不定会做得更漂亮一些。

我走过的弯路不希望女士们再走，因此我恳请女士们接受我的建议。不管你们身上的担子有多重，也不管你们每天的工作有多忙，善待自己，让自己拥有点闲暇时间都是一件非常重要的事。

有一次，我在课堂上说出这句话时，一位女士马上就站起来反驳我的观点。这位女士大声对我说："卡耐基先生，你不觉得你的这种说法太理想化了吗？闲暇时间，难道我们不愿意享受生活吗？可现实是不允许的。我和丈夫住在一间公寓里，那个该死的房东每个月都会准时地来收取房租。此外，水费、电费、煤气费、孩子的教育费以及其他日常开支，哪一项不需要钱？难道像你说的，我们每天都给自己找出几个小时的休息时间，就能让自己过得快乐？笑话！当你看到我们房东那张可恶的脸的时候你就不会这么认为了。如果我有一个月不上班，那我们家肯定会陷入财政危机的。"

面对这位女士咄咄逼人的提问，我丝毫没有感到愤怒，也没有一丝的惊讶，因为我知道这正是很多职业女性所遇到的难题。于是，我问这位女士："那你每天下班之后没有时间吗？"那位女士有些不高兴地说："难道你认为一个女人不做家务是应该的事情？准备晚餐、洗衣服等家务活，哪一项不需要花费时间？通常，干完所有的事以后，已经是很晚了。哪还有什么时间来享受生活？至于说周六周日，更谈不上休息。因为平时没有时间？所以我们只好在休息的时候来一次大扫除。"我笑了笑说："我妻子和你的情况是一样的，但她总是会在八点以前就做完所有的事情，而且每周末也不需要搞什么大扫除。"那位女士显然不相信我的话，于是我接着说："我妻子买了一台洗衣机，虽然那会花一些钱，但绝对物有所值。她每天回家之后总是会先把该洗的衣服放在洗衣机里，然后着手准备晚餐。吃完晚饭后，她会借收拾餐桌的机会再清理一下家中的杂物。等到第二天早上，她只需要准备早餐，然后再简单做一些清洁工作就可以了。因此，我太太从来没有遇到过你的问题，因为她把一切都安排得很有秩序，而且她处理事情的效率也很高。”那位女士显然明白了我的话，因为她冲我做出了一个恍然大悟的表情。

女士们，合理地安排时间，有序地处理手头的工作是提高你的工作效率的最佳办法。只要工作效率提高了，那么拥有闲暇时间就不是一件不可能的事。如今，科学技术每天都在以惊人的速度发展，许多帮助人干活的机器都被发明出来。可能这些东西比较贵，比如电冰箱、洗衣机、吸尘器等，女士们会认为没有必要花钱购买。然而，我认为女士们大可不必这样想。如果让我花很少的钱来换取快乐的感觉，那么我会毫不犹豫地选择。倘若女士们非要算一笔经济账的话，这种投资也是很有价值的。道理很简单，这些机器为你节省了很多时间，使你能够得到充分的休息和放松。这样一来，你就会有愉快的心情和充沛的精力去迎接新的工作了。这无疑是一种最明智的选择。

不过，必须注意的是，并不是拥有了闲暇时间就达到我们所要的效果了。事实上，如果女士们不能把这些闲暇时间充分利用的话，那么还是无法起到事半功倍的效果。因此，有了闲暇时间之后，女士们面临的又一个问题就是如何充分合理的利用闲暇时间。

对于这一问题，我无法给女士们一个确切的答案，因为每个人的情况都是不一样的。不过，但凡那些在事业上取得成就的人，都有一个利用闲暇时间的秘诀。享有盛名的“奥林比亚科学院”是由爱因斯坦组织的，这个学院每天晚上都会召开一个例会，而这段开会的时间对于爱因斯坦来说就相当于是闲暇时间了。不过，爱因斯坦很聪明，经常在会上为参加者准备一些上好的茶。于是，他们这些科学界的泰斗在一起边品茶，边讨论，很多非常重要的科学创见都是在例会上产生的。

实际上，爱因斯坦是把闲暇时间转变为工作时间了，只不过是更换了工作场景。然而，虽然同样是工作，但爱因斯坦在例会上得到了放松，而且还受到了不少启发。应该说，爱因斯坦利用闲暇时间是成功的，因为他已经达到了自己的目的。

那么女士们究竟应该怎么做呢？很简单，找一些自己最感兴趣的事情。如果你喜欢文学，那么就利用闲暇时间多读读书；如果你喜欢音乐，那么就利用闲暇时间多听听歌；如果你喜欢诗歌，那么不妨在闲暇的时候写上一两首诗；如果你真的是太疲惫不堪了，那么你就不妨美美地睡上一觉。总之，利用闲暇时间的一个准则就是：让自己获得愉快享受。当然，如果你的行为可以让你从一个侧面充实自己的话，那就更加完美了。

让最得意的事常在脑海中萦绕

女士们，你们最得意的事情是什么？我想，大多数女士在听到这个问题之后，都会回答我说：“哦！这个应该让我想一想，你问我什么事情最得意，我还真不好说。”既然女士们认为回答这个问题有些困难，那就请你们先听听我的故事，也好借这个机会想一想。

有一次，我在英国伦敦的街道上遇见了我以前的老朋友贝迪女士。我们有很多年没见面了，所以我邀请她一起共进午餐，也借此机会叙叙旧。闲谈间，我发现贝迪女士变化很大。她以前是个十分忧虑的人，几乎每天都生活在痛苦和烦恼之中。而如今，坐在我对面的则完全是一个幸福快乐的女人，在她的脸上根本看不出一丝的不开心。当时，我已经有要写《人性的弱点》那本书的想法了，所以我就向贝迪女士征询好的方法，看她是怎么变得如此快乐的。

我问贝迪："我真不敢相信，你的表现让我大吃一惊。告诉我，是什么让你赶跑了忧虑？难道你最近几年都很得意？"贝迪笑了笑说："戴尔，你说得没错，这几年我真的都很得意。我几乎每天都在想那些得意的事。"

我说："那我真该祝贺你，因为你确实挺幸运的。"贝迪摇了摇头，说："不，并不是我幸运，而是因为我自己每天都要让那些最得意的事在我的脑海中萦绕。戴尔，你知道什么是我最得意的事吗？其实那些东西似乎并不值得称道。我现在很健康，而且还有一份不错的工作。另外，我有一个爱我的丈夫和可爱的女儿。这些东西都是我所得意的。"

我有些不解地问："我不明白，贝迪，这些东西看起来很平常，每个人都拥有，怎么能说是你最得意的事呢？"

贝迪若有所思地说："你知道，我以前一直生活在忧虑之中，特别是 1943 年刚开始的时候。那年春天，我经营的那家杂货店倒闭了。我不仅为此赔上了所有的积蓄，而且还欠下了很大的一笔债，最少也要7年才能还清。我当时认为我失去了一切，所以丧失了所有的斗志和信心。我像一只打了败仗的公鸡，垂头丧气地走在大街上。我本来打算到银行借点钱，然后为自己找一份工作。可是我当时真的没有勇气振作起来了，直到那个人的出现。”

我知道贝迪一定遇到什么特别的事了，所以赶忙追问：“到底发生了什么事？”

贝迪说：“那天我独自一人走在大街上，忽然间看到对面有一个没有双腿的人。他坐在一块安有溜冰鞋轮子的木板上，靠两根木棍来支撑和划动自己。当他艰难地来到我这边时，突然向我露出了真诚的一笑，说道：“早安，女士，今天的天气真不错。”我听得出来，他的话里没有一丝悲哀，反而是充满了朝气。我突然感到，我与他比起来真的幸福多了，至少我还有两条健康的腿，难道我不应该为此得意吗？从那以后，我终于振作起来，而且让自己不再觉得有任何的忧虑了。如今，我已经开了一家百货商店，这次到伦敦就是找厂商洽谈业务来的。”

我突然间觉得贝迪是个很伟大的女性，因为她已经领悟到了人生的真谛。女士们也应该向贝迪学习。现在，我应该公布开头那个问题的答案了。其实，人一生最得意的事就是满足于自己拥有而别人没有的东西。

从见过贝迪以后，我也告诉自己要像她那样。于是，我在浴室的镜子上贴了一段话：

当我还愚蠢地为自己没有一双漂亮的皮鞋而难过时，一个没有双脚的人出现了。

这样我每天早上洗漱的时候都可以看见，而那些所有的难过顿时都消失得无影无踪。

女士们，你们现在应该做什么？你们应该马上问问自己：“难道我得到的这些还不够吗？是什么让我每天都生活在烦恼之中？为什么我总是不能提起精神呢？”我可以和女士们打个赌，当你们问完自己这些问题后，你们多半会发现，其实很多事情都是那么的不值一提，那么的没有意义。

我承认，在生活中人总是会遇到这样或那样的麻烦，尤其是各位女士，你们的麻烦似乎比男士要多一些。然而，如果我们细心地观察会发现，实际上我们做的所有事绝大部分都是很顺利的，只有一小部分存在麻烦。因此，女士们，我要告诉你们一个快乐的秘诀，那就是将你的注意力集中在那些绝大部分顺利的事上，每天都盘算你所得到的恩惠，让最得意的事常在你的脑海中萦绕。

在这里，我有几句话送给各位女士，希望它们能对你们有所帮助。

在英国的很多教堂里，都可以看到“感恩”这两个字，我们应该把这两个字牢记在心。

乔纳森·斯威夫特（一位悲观的小说家,《格列佛游记》的作者）说过：“合理的饮食、快乐的心情是世界上最好的医生。”

哲学家叔本华说：“人往往总是把重心放在那些自己所没有

的东西上，而很少考虑自己已经拥有的。这种想法实在是比战争还可怕。”

女士们，我希望你们能够牢记这些话，因为它们的确是正确的。只要女士们愿意，你们完全可以把自己所拥有的一切变成巨大的财富，而且要比所罗门王的宝藏还要多。那样，你会比所有人都开心和满足。怎么？女士们不相信？那好，如果给你一百万美元来交换你的双眼，同意吗？或者拿出很多很多钱来交换你的双手、双脚、健康、孩子或是幸福的家庭。我想，即使我把全世界的财富都送给你，女士们也一定不会同意的，因为那样就失去了生命的意义。

我非常清楚，很多女士都对做家务深恶痛绝。那些烦琐的、没完没了的事情让她们很烦恼，而且这些事情即使做得再好，也似乎称不上什么得意的事情。其实，事实并不像女士们想象的那样，你同样可以在家务中体会到快乐。为了让女士们相信我的话，我给你们推荐一本名叫《我希望能看见》的书，作者是一位名叫达安的老妇人。

达安已经失明五十多年了。虽然她的左眼还能发挥作用，但上面布满了斑点。每当她想要看书的时候，必须离得很近很近。可是，达安从来没有灰心过，更没有去祈求别人的怜悯。她从小就很要强，靠着自己顽强的毅力，最后居然拿到了两所大学的学士学位。

后来，达安女士在新泽西州一家小村庄做教师，接着又到了南达科他州一家学院教授新闻学写作。她在那里教了 13 年的书，经常会参加各种俱乐部的演讲和集会。她曾经对别人说，自己知道无法克服失明给自己带来的恐惧，所以只好以积极乐观的态度面对一切。

就在 1943 年，52 岁的达安迎来了一生的转折。美国一家著名的眼科医院为她做了治疗手术，使她的视力恢复了很多。达安太兴奋了，每天都生活在快乐之中。她认为，自己目前的生活简直太幸福了。有了一定视力的她，看什么都觉得非常美丽，甚至于在池子边洗碗，也被认为是一件非常兴奋的事。

达安说：“我可以看到那些盘子上的泡沫，感谢上帝，我能看到它们。我轻轻捧起一个肥皂泡泡，把它拿到光下看。天啊！五颜六色，真是太美丽了。当感觉有些累的时候，我可以顺着厨房的窗户向外看，居然会偶尔看到飞翔的云雀。我真应该感谢命运，感谢万能的主，是他赐给我那么多美好的东西，使我享受到人间的快乐。”

女士们，你们可曾发现洗碗时盘子上的泡沫是美丽的吗？你们可曾为自己拥有这么舒适的生活而感谢上帝吗？不，你们没有过，因为你们认为这不是什么值得得意的事。我们都应该感到惭愧，因为我们每天都生活在美妙的童话中，却比达安太太的视力还差，因为我们看不到一丝的快乐与幸福。

几年前，我在学习新闻写作的时候认识了露西小姐。她给我讲了一段自己的亲身经历，一段因为烦恼而差一点酿成悲剧的经历。

露西是个很有能力的女性，每天的工作和生活都安排得很紧。她需要学习一些知识，还需要去主持演讲班，同时还要参加各种宴会和舞会，这种忙碌的生活直到那天早上才完全结束。医生告诉她，她已经累垮了身体，必须要卧床休息一年，否则她的健康将受到极大的损害。她崩溃了，因为对她来说，一年后自己就成为一个废人。她无法接受现实，更不能乐观地面对。她不得不按照医生的指示去做，尽管这对她来说是巨大的灾难。

这天，一位名叫鲁德福的艺术家前来看她。当她向鲁德福倾诉自己的苦衷时，鲁德福说："你觉得这一年是灾难吗？我不这样认为。你完全可以把它当成财富，因为你可以借助这个时间好好休息一下，然后静静地思考。我相信，12 个月以后，你会发现一个新的自己。"

露西做到了，她接受了鲁德福的建议。有一天，她从广播里听到了这样一句话："你所说的任何事都是对你内心的反映。"露西受到了前所未有的震动，她下定决心，只把心思放在那些她拥有的东西上，包括健康和快乐的思想。她为自己虽然卧床却没有痛苦而感到庆幸，为自己能够有精力去读书和接见朋友而高兴。最后，露西振奋起来了，也变得非常快乐。每当说起那段经历时，露西总是会说："那段时间太美好了，因为每天我都在为自己所拥有的一切而感到得意。"

女士们，世界上任何一笔财富都比不上快乐，然而能够把精力放在每件事理想的那一面，就是获得快乐生活的最佳途径。女士们，你们每天清晨都应该做一件事情，那就是清算一下自己所拥有的财产。当然，这些财产是你所拥有和得意的事。

生活不能太单调

在我的训练班上，有很多被忧虑困扰的女学员。她们总是向我抱怨说："天啊！我的生活太枯燥了，简直没有一丝快乐可言。我每天都在重复做着那些既无聊又琐碎的事情，这种平凡单调的生活我简直不能忍受了。"每当遇到这种情况，我总是会问她们："女士们，你们是如何支配你们的闲暇时间的呢？"这时，刚才那些还抱怨生活太单调的女士们马上就变得兴奋起来。她们有的说自己喜欢健身，有的说自己喜欢看电影，还有的说自己喜欢种一些花草。

有一位叫多莉的女士告诉我，她最大的爱好就是收藏有关介绍厨具的杂志。于是，我要求多莉女士给我介绍一下她的收藏成果。女士们，你们知道吗？这时候奇迹发生了。多莉女士没有再去抱怨什么单调的生活，而是非常兴奋和骄傲地给我介绍她所知道的有关厨具的知识。我清楚地记得，她那次说了很长时间，几乎给我介绍了世界各地的厨具。当介绍完的时候，多莉女士的脸上再也找不到忧虑的表情了，取而代之的是快乐、幸福和满足的表情。

我高兴地对多莉女士说："祝贺你，你已经战胜了忧虑，你现在可以不必再过那种单调的生活了。"多莉女士有些茫然地问我："卡耐基先生，我不明白你说的话，我更加不知道我做了什么。"我笑着对她说："我知道你的家境并不富裕，所以你没有足够的财力让你去享受娱乐，你的生活的确是很单调。我知道，作为一个已婚的女士有很多烦恼，诸如房子、食物和孩子等。

可是，当你把精力全都投入到你所喜爱的事情时，你还有时间去考虑那些令你烦心的事吗？你的生活还会觉得枯燥单调吗？”

多莉女士会心地笑了，因为她终于明白该怎样让自己不再被忧虑困扰了。女士们，不知道你们对我的意见有何看法。我认为，平淡、乏味、单调的生活，永远算不上幸福美满的生活。不管你们的身份是什么，也不管你们的职业是什么，总之，女士们，如果你想让自己快乐、幸福，那么你就必须把自己的生活变得不再单调，因为对你的生活、工作乃至于健康来说，单调都称得上是一个冷酷的杀手。

女士们，鼓起勇气吧，让你的生活变得丰富多彩，这会让你的大脑获得很多的新鲜养料。不过，很多女士并不知道怎样做才能让自己的生活变得丰富。我给女士们答案，那就是兴趣。

不管什么样的事，即使在别人眼里看起来很无聊，只要你对它有兴趣，那么它就一定会给你带来很多的乐趣。家庭主妇应该是生活得最无聊的人群了，因为她们每天的事情就是重复地做家务。可是，如果她们能够抽出一点时间去参加家庭以外的活动而不是守在电视机前观看肥皂剧的话，那么她们既可以使自己过得快乐，也可以让自己有一个更好的心情去完成家务。

在我的训练班上有一个叫卡夏的女孩子，她和其他的学员有很大的不同。其他人来我训练班的目的大都是帮自己排除忧虑，而卡夏的目的是为了充实自己，因为她从来没有忧虑过。我一直在注意观察她，发现她每天好像都很忙。

这天，我刚刚宣布下课，卡夏就又拿起自己的东西，准备离开教室。我叫住了她，很好奇地问她："卡夏小姐，你最近是不是在谈恋爱？我看你每天都好像急匆匆的。"卡夏笑了笑说："没有，先生，我只是要去上舞蹈课，晚上还要去学习绘画。"我有些吃惊地说："何必把自己的时间安排得这么紧？你这样不觉得太累吗？"卡夏对我说："不，卡耐基先生！每当我闲下来的时候，我总是不自觉地去胡思乱想一些东西。因此，我宁愿让自己忙碌、紧张一点，也不愿意去过那种单调无聊的日子。"说完，卡夏就和我道了别，转身离开了。

是的，卡夏小姐太明智了，她找到了一个使自己快乐的秘诀。正当我思考卡夏小姐的秘诀时，班上的另一位小姐奥立佛找到了我，对我说："卡耐基先生，我在您的训练班上也学习了一段时间，我已经按照您教我的那样做了，可我还是不能让自己快乐起来。我喜欢看电影，这也是我唯一的爱好。于是，我经常去电影院，可是每次回来之后都很伤感。为什么电影里的人每天都生活得那么精彩，而我注定要受单调生活的折磨？”

我觉得，卡夏的快乐秘诀是非常适合奥立佛小姐的，于是我对她说：“其实你的精彩就在你身边，只不过是你没有发现它们而已。虽然你喜欢看电影，可那却是你唯一的兴趣。正是这种单调的兴趣，才使得你如此不开心、不快乐，才使你不能从单调的生活中解脱出来。为什么要这样对自己呢？你为什么不去培养新的兴趣呢？只要你能让自己的兴趣广泛起来，那么你就根本不会再去忧虑什么了。”

奥立佛做到了，她开始培养自己的新兴趣。后来，每逢周日她都会约上几个志同道合的朋友，一起去登山，而且每次都能从中体会到前所未有的刺激。现在，奥立佛又对滑雪产生了浓厚的兴趣。虽然她还是个初学者，经常会因为技术不熟练而摔倒，但是她从没有喊过疼。有一次，我在大街上遇到她，问她现在还觉得生活单调和枯燥吗？奥立佛笑着说：“卡耐基先生，您可真会开玩笑！如今我哪里有时间去考虑那些烦心的事，我的要紧事还做不完呢。”

在我刚刚帮助完奥立佛小姐摆脱了忧虑之后，我的训练班上又来了一位作家，情况比奥立佛要糟糕得多。这是因为，奥立佛好歹还知道自己有个看电影的兴趣，可是这个作家根本不知道自己喜欢什么。她曾经试图让自己喜欢绘画，可是她画出来的东西连自己都觉得恶心；她也曾经试图让自己喜欢小提琴，可她拉出来的声音简直是对人耳朵的一种折磨；摄影、运动、收藏……几乎所有的事情她都试过了，可没有一个成功的。

我知道，卡夏小姐快乐的秘诀并不适合这个人，因为她不是没有兴趣，而是没有一个兴趣能让她获得满足感。后来，我介绍了一位钢琴师朋友给她，让她开始学习钢琴，而且要耐心地去学。很长时间过去了，虽然这位作家仅仅能弹奏出一首简单的曲子，但它毕竟是完整的。现在，每当工作烦闷时，她都会以弹钢琴来打发时间。现在，她的生活中除了稿纸和书，还有了音乐。因此她再也不觉得生活是那么单调无聊了。

此外，我还要告诉给女士，你们改变自己单调生活的同时，实际上也从客观上激发了你的潜能和活力。这一点，我是从我的邻居沃森太太身上发现的。

沃森太太上了年纪，丈夫也在几年前离她而去，孩子们也都不在身边。可是，沃森太太的生活并不像常人想象的那样枯燥乏味，单调无聊，相反她过得非常快乐和充实。丈夫死后，沃森太太把所有的精力都放在了培育鲜花上。现在，她已经拥有了一个自己的花园。每到晚上，邻居们都会来到她的院子里，和她一起欣赏那些美丽的鲜花。沃森太太听着别人对鲜花的称赞，享受着美丽的景色，内心十分满足。

不过，光有这些她还远不满足。不知怎么的，沃森太太居然迷上了桥牌。于是，每当周末或是空闲的时候，她总是会邀请一些同龄的邻居，和他们一起玩上几局。后来，沃森太太居然还组织了一个桥牌协会，并且由自己担任会长。如今，沃森太太的协会已经有十几个人参加了，而且还办得有声有色。

有一次，我对沃森太太说："真让人难以置信，沃森太太，您现在可比以前精神多了，而且还显得年轻了许多。"沃森太太笑着说：“谢谢你，亲爱的戴尔！当你到我这个年纪的时候，你就会明白的。如果我每天都愁眉苦脸的话，恐怕我早就跟随我的丈夫去了！你看，兴趣多了，生活也就自然有意思多了。”

女士们，你们还在等什么？难道你们不想改变单调的生活？行动起来吧，为单调的生活创造一些乐趣，试着给自己寻找一些新的兴趣。女士们，保持快乐是人生最幸福的事，然而最好的办法就是抓住生活中的每一个闪光点，让单调不再困扰你，让你能够愉快地享受生活。

我知道，很多女士都有这样一种想法，她们认为自己现在还没钱，不能去享受生活，最好的办法就是等到以后有了钱而且有时间的时候再去享受。女士们，这种想法既是错误的，也是可怕的。为什么我们要把快乐寄托在明天呢？难道快乐就必须要用金钱才能满足吗？一次轻松的旅游可能只需要花费你100美元，一件漂亮的衣服可能只需要花费你几十美元，一项小小的享受可能仅仅会花去你几美元，这些你们都做不到吗？不是的，女士们，你们完全可以做到，因此你们根本不必等待富贵之后再去说什么享受生活。

如果女士们还是不能从今天做起的话，那么即使你以后真的有了钱，也有了时间，你却不会享受快乐的生活了，因为你已经习惯了这种枯燥无味的单调生活。你没有了激情，也没有了那些雄心壮志，更不会有什么灵气。事实上，由于你常年压制自己的兴趣，如今的你已经用自己的快乐和健康换取了那些最不值钱的物质财富。

女士们，赶快行动起来吧，让自己拥有一个丰富多彩的、快乐幸福的生活。

不要把别人的批评太放在心上

我相信，每一位女士都不会认为自己是一个完美的人，因为不管是谁，都不可能是完美的。既然女士们并非完美，那么你们就一定会犯错误，而犯了错误就一定会受到别人的批评。事实上，有些时候即使你没有犯错误，也一样会受到别人的批评，因为这些批评是充满恶意的责难。如果我在这里问各位女士是否能够把别人的批评不再放在心上，大多数女士给我的答案都会是“不能”。

是的，每一位女士在生活中都曾经遭受过别人的批评，不管这种批评是善意的还是恶意的。大多数女士面对批评时，往往是不能接受的。她们常常会被这些批评搞得愤怒、懊恼、忧虑或是烦躁不安。

有一次，我的培训班上来了一位女学员，名叫爱丽丝·波恩纳。她是一个成功的女性，因为她是美国一家大公司的副总裁，这对于一个女性来说，已经是非常难得的了。可是，这位在别人眼里看来很成功的女士，却并没有在她的工作中体会到一丝的快乐。

“卡耐基先生，我请你帮帮我，因为我实在受不了现在的处境了。”爱丽丝痛苦地说，“我希望自己能够做得足够好，而实际上我已经非常努力了。可是，我还是不能让所有人满意，因为他们似乎都以挑剔的眼光看待我。”

通过一段时间的交流，我发现，爱丽丝是一个对别人的批评非常敏感的人。在公司里，她渴望做到尽善尽美，希望所有人都把她当成一个完美的领导。一旦有人对她提出批评的意见，哪怕是很小的一个批评，她也会为此烦恼上几天。

为了让所有人都不再批评自己，爱丽丝做了很多努力，但这些努力往往弄巧成拙。她常常为了取悦一个人而得罪另一个人，接下来又为了取悦第二个人而使其他人对她有意见。现在她发现，自己已经完全不能从别人的批评声中自拔了，因为为了不让别人批评她，她总是在取悦很多人的同时，又得罪了更多人。

我非常理解爱丽丝的心情，也非常同情她的处境。为了帮助她摆脱这种无尽的烦恼和痛苦，我决定用一些成功女性的事例来激励她。

于是，我对爱丽丝说："亲爱的爱丽丝女士，我有个问题想问您，您觉得您和罗斯福总统夫人比起来，哪一个更加成功？"

"您一定是在开玩笑，我怎么可能与总统夫人相比。"爱丽丝吃惊地说，"她在我的眼中是最成功的女性。"

我笑了笑，对她说："是吗？那太好了！你知道吗？罗斯福夫人完全可以算得上是拥有朋友最多以及拥有敌人也最多的白宫夫人。事实上，罗斯福夫人也是受到批评最多的白宫夫人。"

爱丽丝有些不相信我的话，问道："这不可能，像她这样的女性是不应该得到批评的。"

我说："可事实上是有的，我曾经采访过罗斯福夫人，问她是如何对待那些恶意的指责的。她告诉我，她曾经也是一个非常害羞而且害怕受到别人批评的女孩。那时候，她对别人的批

评有着很深的恐惧。有一次，她跑到她的姑妈那里，问她姑妈：‘姑妈，我很想做一些事情，却总是害怕被别人批评。’姑妈看了看她，对她说：‘不管做什么，只要你认为是对的，那就请你大胆地去做，根本没必要在乎别人的说法。’从那以后，罗斯福夫人就把这句话牢记在心，而且也把它变成了她在白宫岁月中的精神支柱。”

听到这儿，爱丽丝恍然大悟，马上明白自己以后该怎样处理那些批评声了。她高兴地对我说：“我明白了，我是领导，那就势必逃脱不掉被别人批评。与其把它们放在心上，还不如学着习惯和适应它们。只有这样，才能让自己快乐起来。”

事实证明，爱丽丝做到了，现在她已经是一名成功并且快乐的女性了。可是似乎很多女士并不能像爱丽丝那样明白这个道理，她们在面对别人的批评的时候总是会耿耿于怀，或者马上站起来反击。实际上，女士们的种种表现都说明了一点，那就是你们还无法做到不被批评的箭中伤。女士们，你们必须清楚，将别人的批评放在心上是一件非常危险的事。

我必须承认一点，那就是以前我也并没有做到将别人的批评不放在心上。那是几年前的事，一位《纽约太阳报》的记者参观了我的成人培训班。也许这名记者是有意的，但也许他是无心的，总之他在报纸上发表了一篇文章，对我的工作及我个人进行了攻击。我当时愤怒极了，怒火冲昏了头脑，我认为这是对我人格的一种侮辱。我给报社的主编打了电话，要求他必须马上再刊登一篇文章，内容是否定那篇攻击我的文章。我认为我有义务教会那名记者，犯错误是要受到惩罚的。

后来，报社主编按照我的意思去做了，而我当时也得到了心理上的满足。可是，当我现在再想起这件事的时候，心中并没有一丝得意，反而充满了愧疚。因为我现在才意识到，购买《纽约太阳报》的读者有一半可能根本不会看到那篇文章，而那些看到文章的读者又有一半的人根本不会用心去看它，就算那些很用心去看它的读者，估计也会在几周内将这件事忘得一干二净。

女士们，我并不是空口无凭地在这里说。我必须让女士们清楚，你们之所以会把别人的批评太放在心上，主要是因为你们过于高估自己在别人心目中的地位了。事实上，只有你自己才关注那些批评的话语，至于别人，他们只有时间去考虑自己，才不会浪费时间去思考你的事。对于他们来说，晚餐该准备点什么要远比你是死是活重要得多，因为没有人会去真正地关心别人的事情，你也一样。

我想我这么说已经够明白了，就拿爱丽丝举例。她认为别人对她的批评是公司里每个人都很在意的事，而实际上别人根本没有将这些事放在心上。结果，为了能够平息一些人的怨气，她又得罪了另一些人。就这样，她真的让所有人都对她的批评感兴趣了，因为她得罪了所有的人。

女士们，如果你们能够笑对那些批评，那么你们就真的能够过上快乐的生活了。这一经验，是我从海军少将巴斯勒那里学来的。

巴斯勒是美国海军中最会耍派头的一名少将。他告诉我，他以前年轻的时候也非常敏感，因为他十分渴望能够成名，所以很在乎自己给别人留下的印象。巴斯勒说，他以前真的太在乎别人对自己的评价了，哪怕是对他一丁点的批评，他也会好几天睡不好。在部队生活了几年之后，巴斯勒不仅磨炼出一身结实的肌肉，而且还培养了自己坚强的性格。少将笑着对我说："我以前真的很可怜，因为我曾经被人称为流浪狗、毒蛇和奇臭无比的臭鼬。夸张一点地说，所有能在英文词汇中找出来的肮脏的词语，别人都曾经在我身上用过。可是如今，当我听到有人辱骂我时，我连一点最基本的反应都懒得做。"

事实上，巴斯勒很快乐，因为任何批评之箭都无法伤害到他。可是女士们并不快乐，因为女士们的自尊心根本受不了那支利箭的伤害。女士们面对别人的批评或是辱骂时，根本不可能做到没有一丝的反应，她们或是非常难过，或是也以批评和辱骂作为还击。

相信很多喜欢听广播的女士对朱丽亚·罗斯并不陌生，因为她是有名的电台女主播。事实上，这名聪明的女主播不但擅长播音，而且心理素质还非常过硬。每周日下午，朱丽亚总是要主持一档音乐节目，并且还总是喜欢加上一段音乐评论。可是，有一次，一位听众给她写信说，她是一个不折不扣的骗子、白痴、毒蛇。面对这样的语言，朱丽亚并没有任何过激的举动，而是在下一次的节目中，把这封信念出来了。不想，这个观众不依不饶，紧接着又写了一封恶毒的信。而朱丽亚在广播中说："看来这位观众是改变不了对我的印象了，因为他坚持认为我是白痴和骗子。"

女士们，难道你们不佩服朱丽亚的真诚和大度吗？如果不是这样的话，她怎么可能如此轻松地对待别人对她的批评呢？事实上，如果女士们不能正视别人的批评，那么不仅会使自己的生活变得烦恼、忧虑，同时还不可能取得真正意义上的成功。

相信女士们都知道我是很崇拜林肯的，而且对他也有一定的研究。林肯是政界的领袖，如果他和女士们一样，把别人的批评看得非常严重的话，恐怕他早就精神失常了。美国的麦克阿瑟将军，英国的丘吉尔首相，他们都十分欣赏林肯的一句话："对于那些恶意的攻击，只要我不做出任何反应，那么这些责难就变得没有意义，而且事情也很快就会结束。"

各位亲爱的女士，我希望你们能够真正地弄明白林肯的话。你们记住，不管什么事，只要尽力就好了，永远不要让批评的箭刺伤你的心。我们在生活中总是会遇到各种各样的批评，既然批评无法避免，那么我们就别再放弃选择是否要受它干扰的权利了。

最后，我必须强调一下，我说女士们不应该把别人的批评放在心上，这些都只是针对那些恶意的批评。至于那些善意的，而且对我们有很大帮助的批评，我们也应该接受，因为那样才会促使我们成熟起来。

学会放松，解除疲劳

女士们，你们感到疲劳吗？在我的培训课上，有很多女士不止一次地向我抱怨说，她们太累了，每天都生活在疲劳之中。

一位名叫露易斯的女士曾经和我说："卡耐基先生，我真的不知道生活对我来说意味着什么。我每天都生活在疲劳之中。白天我需要去上班，而且要忍受着老板的责骂以及那些烦人的文件的折磨。晚上下班之后，我还要料理家务，照顾我的丈夫和孩子。我太累了，现在真的体会不到一丝的快乐。"

我问露易斯女士："你为什么会感到这么疲劳？你每天晚上不都是休息得很好吗？"

"天啊，卡耐基先生，您这简直是在开玩笑！"露易斯显然有些不高兴，说，"您难道认为那短短几个小时的休息可以弥补我这一整天的疲惫吗？"

当时，我真的替露易斯女士感到惋惜，因为到那时为止她都没有对疲劳这个东西有一个正确的认识。实际上，导致她如此疲劳的原因并不是来自外界，而是完全出自她自己。

女士们可能对我的说法不相信，认为这是一种不讲道理而且不近人情的说法。但是，不管你们相信不相信，事实就是这样。早在几年前，科学家们通过研究就已经得出这样的结论：不管你做什么工作，只要属于那些并不需要付出很大体力的工作，那么你就根本不可能会产生疲劳。我并不是没有凭据地在这里下结论，因为科学家们发现，当血液经过人类正在活动着的大脑时，是根本不会出现疲劳现象的。

我必须在这里解释清楚，我并不是否认人体会产生疲劳。如果你能够从一个正在从事体力劳动的人的血管中提取出一些血液样本，那么你就会发现在里面确实是充满了“疲劳素”，而这也导致那些人产生了真正疲劳的感觉。然而，如果你能够从正在聚精会神地搞研究的爱因斯坦的血管中提取出一些血液样本，那么你就会惊讶地发现，在里面根本找不到一丝的“疲劳素”。为什么？为什么用脑量如此之大的科学家爱因斯坦没有一丝的疲倦，而用脑量远远不及他的各位女士会每天都感觉那么疲倦？就像露易斯女士一样。

针对这一问题，我曾经请教过美国著名的精神病理学家唐纳德教授，他非常肯定地告诉我：“不管你承认不承认，那些健康状况良好的脑力工作者其实是根本不会疲倦的。如果他们真的感到疲倦，那么就一定是由于自身的心理因素导致的，或者也可以说是情绪因素。”我赞同唐纳德教授的话，因为有人早就提出过这一理论。女士们如果不相信，可以去翻看英国著名的精神病理学家哈德菲尔德的著作《权力心理学》，里面曾经说过：“精神因素是导致大部分疲劳产生的原因，真正的疲劳，也就是指那些因为生理消耗产生的疲劳，是非常少的。”

后来，我把我所知道的这些东西告诉了露易斯女士，希望对她能有帮助。露易斯告诉我：“您说得很对，我每天确实都很疲劳，而这些疲劳实际上产生于我的忧虑和烦躁。我对我的工作不满意，我对我的家庭不满意，于是我不开心、烦躁、忧虑，每天都是带着头疼回家的。卡耐基先生，我真的需要您的帮助。”

我知道，露易斯确实需要帮助，因为她在和我说话的时候就显得非常疲倦。这时，我给了她一张纸，那是一份纽约生命保险公司的宣传单。在这份宣传单上，印着这样几句话：不管你的工作多辛苦，实际上都很少会导致你产生疲劳，特别是那些经过了休息和睡眠之后依然不能解除的疲劳。你必须承认，紧张、忧虑以及心乱如麻才是导致你身心疲惫的主要原因。可是，很多人并不这样认为，因为他们常常把这些归罪于身体或是精神上的操劳。你们必须牢记，紧绷的肌肉本身就在工作，所以你们要想缓解疲劳的最好办法就是放松自己。

这些话其实并不是仅仅给露易斯女士一个人看的，因为很多女士也正面临着和露易斯一样的难题。女士们，你们现在应该做的是检查自己，看看自己是不是处于紧张、慌乱和忧虑之中。你们保持住现在的表情和姿态，照一照镜子，看看你们的眉头是不是正在紧皱，看看你们脸部的肌肉是不是都紧张地收缩在一起。你感觉一下，自己的双肩是不是绷得很紧，你又是不是很轻松地坐在椅子上。如果你现在没有感觉自己就像一只毛绒玩具那样松弛的话，那么说明你很紧张，很忧虑，很烦乱，也说明你正在给自己制造疲劳。

相信女士们已经明白我要说什么了，的确，紧张其实才是

导致疲倦的罪魁祸首，然而这种紧张是女士们自己的情绪造成的。当然，这些导致紧张的情绪不可能是那些积极的，而是厌烦、不满以及各种焦虑等消极情绪。它们在无形中消耗掉了女士们很大一部分精力，使你们的精力衰退、四肢无力，最后让你们变得身心疲惫，感到疲倦。因此，我们应该说，大部分所谓的疲劳，都指的是精神疲劳。

女士们现在一定迫切地想要知道如何才能缓解自己的精神疲劳。其实，那份保险宣传单就已经教会了我们方法，那就是放松！放松！再放松！不管在什么时候，都要学会放松自己。

我曾经采访过著名的小说家薇姬·鲍姆，闲谈间，她给我讲了一个她童年发生的趣事。有一次，调皮的薇姬一个人跑到野外去玩，结果半路上不小心摔伤了自己的膝盖。这时，有一位老人走过来，把她扶了起来。老人一边帮她掸去身上的土，一边和她聊天："小姑娘，我年轻的时候，曾经是一个马戏团里的小丑。你知道，小丑是要做出很多滑稽的动作来引别人发笑，而很多动作是很危险的。不过，我从来没有把自己弄伤过，因为我知道如何放松自己。小姑娘，你之所以会受伤，就是因为你不懂得如何放松。你应该把自己想象成一个很旧很旧的手帕。"

接着，老人教会了薇

姬如何放松自己的方法，而且临走前还特意叮嘱她说："记住，把你自己想象成一张很旧很旧的手帕，那样你就会真正地放松自己了。"

其实，很多智慧都是来自于普通人，就像这个老人一样。女士们，你们也完全可以按照老人的话去做。你们应该时时刻刻、随时随地地放松自己。但一定要记住，千万不要紧张地告诫自己要放松，因为那样你实际上又给自己制造了新的紧张。

学会放松并不是一件非常困难的事，尽管你可能会花上很长很长的时间来改变目前的坏习惯，但这种努力是绝对值得的。因为如果你真的学会放松自己，赶走疲劳的话，那么你的一生都有可能随之而改变。有的女士可能会问："我应该从什么地方开始呢？是从放松我的大脑开始，还是从放松我的精神开始？"不，女士们，这些都不是你们要做的。你们现在应该做的，是首先学会放松你们的肌肉。

我们还是来做个实验吧！女士们可以把放松的目标锁定在眼睛上，不过你还要紧张一会儿，因为你必须先看完这段文字。你把身体靠在椅子上，慢慢地、轻松地闭上你的眼睛，然后心里对自己说："放松，放松，不去皱那可恶的眉头，放松，放松，接着放松，再放松……"不要停，女士们，你们至少应该持续一分钟左右。

怎么样，女士们？是不是已经开始有感觉了？我有了，因为我也正在运用这一方法。我的眼部肌肉开始听话了，我的整个脸也不紧张了。我仿佛觉得有一只无形的手将所有的紧张都赶走了。我并不是随便地把眼睛选为试验的部位的，因为导致人产生疲劳的最主要的器官就是眼睛。华盛顿大学的埃瑞克·约翰逊博士曾经说过，一个人一旦能够放松自己眼部的肌肉，那么他就完全可以让自己免于忧烦的困扰。这是因为，人的眼部神经所消耗的能量约占全身神经消耗能量的四分之一。

女士们，接下来，你们完全可以按照这个方法去赶走你们脸上、颈部、双肩以及整个身体的紧张。

有一点我必须承认，这个方法并不是我总结出来的，而是女高音歌唱家嘎丽·卡西传授给我的。有一次我应邀去参观嘎丽的演出，开始前我到后台去看望她。不想，我看到嘎丽正坐在椅子上放松自己的肌肉，当时她的整个下颚都非常松弛地下垂。我问嘎丽为什么要这样做，她告诉我这是她出场前放松自己的最好办法，而且这使得她从来没有觉得累过。

我从嘎丽那里学来了经验，然后又告诉给了各位女士。后来，我为了让自己每天都生活得快乐，不至于被疲倦困扰，就在我的办公桌上摆了一条白色的旧手帕。每当我精神紧张的时候，我都会把它拿起来，反复体会它在手上软绵绵的感觉。这时，我就提醒自己，一定放松，放松，就像这条手帕一样。如果你是一名家庭主妇，你还可以找一只毛茸茸的懒猫，因为我从来没见过猫会因为紧张的情绪而精神崩溃。

当然，仅凭这一点是不够的，我还有一些其他建议送给女士们。

放松自己的方法

- 让自己随时保持轻松；
- 不让自己在紧张的环境下工作。

认识忧虑，抗拒忧虑

每个人的情况都是不同的，所以每个人的忧虑也都是各不相同的。就算是同一个人，处于不同时期，也会有不同的忧虑。因此，女士们要想让自己能够应对一切忧虑，那么就必须想办法认识忧虑的本质，从而抗拒忧虑。

从古至今，忧虑一直都是困扰人类的一个难题，因此很多古代学者也都在研究，古希腊哲学家亚里士多德就是其中之一。他告诉人们，当面对忧虑的时候，一定要学会三种分析问题的方法，因为这三个基本步骤可以帮助你们解决各种不同的忧虑。

抗拒忧虑的三个基本步骤

- 弄清事实的真相；
- 对事实进行分析；
- 做出决定，并按照决定进行。

女士们，这三个步骤是非常有效的，如果我们不想再忍受忧虑的逼迫和折磨，不想再让自己生活在地狱之中，那么我们就必须按照这个步骤来做。

我们先来弄清事实的真相。女士们可能会有疑问，为什么亚里士多德要将这一点放在第一的位置上？道理很简单，如果你连事实的真相都搞不清楚的话，那么你怎么可能会想出解决问题的明智方法？找不到事实的真相，那我们就相当于是在混乱中摸索。

不过，对这一点的认识并不是我发现的，而是哥伦比亚已故的教授哈勃特·赫基斯研究出来的。这位教授曾经帮助二十多万学生摆脱了忧虑的困扰。他曾经说过，世界上所有的忧虑差不多都是因为人们没有足够的知识去做决定而产生的。

在我和他聊天的过程中，他跟我说："戴尔，你知道吗？产生忧虑的主要原因就是混乱。我们打个比方，比如我有一个问题必须在下周二以前解决。那么，在到达规定时间以前，我是根本没有时间和精力去做任何决定的。在那段时间里，我所能做的只有集中全力去搜集和这个问题有关的信息。那时我不会被忧虑所困扰，因为我只是想着如何收集到更多的信息。如果在周二之前，我已经搞清了所有的事实，那么我就不会忧虑了，因为问题已经解决了。相反，如果我还没有搞清事实，那么恐怕我就该开始失眠、发愁和难过了。"

我点了点头，问赫基斯教授，这种做法是否可以让人们完全免受忧虑的侵扰。赫基斯也点了点头，说："是的，老实说，我现在真的一点也不忧虑。因为我发现，如果我们都能够以一种客观的、超然的态度去寻找事实的话，那么困扰我们的忧虑就一定会消失得无影无踪。"

的确，这是一个好办法。然而，大多数人是怎么做的呢？人们往往不愿意多思考，只想通过各种投机的手段来达到目的。即使人们真的去思考了，却往往像猎狗一样寻找那些已经知道的事情，而忽略了其他重要的事情。我们所寻找的东西往往根据一个标准：与我们的想法相同，符合我们对事物的偏见。安德烈·马若斯曾经指出："凡是那些和我们个人愿望相符合的东西，我们就会把它们看成是真理。如果不符合，那么就一定会招致我们的愤怒。”

一切问题的答案找到了，怪不得我们总是很难找到问题的答案。举个例子来说，如果你在脑子里认定了1加1等于3的话，那么恐怕你连一个会做数学题的小学生都不如。道理虽然简单，但很多人实际上都一直坚信1加1就是等于3，或者是等于300。结果，把自己和别人的日子都搞得不好过。

女士们，你们现在有什么想法？是不是觉得应该马上想办法解决？的确，不能再迟疑了。我们首先应该把思想中的感情因素排除出去，就如赫基斯教授所说的那样，以一种超然的、客观的态度去查清事实的真相。

当然，我也承认，在女士们已经被忧虑困扰的时候，做到这一点是相当不容易的，因为那时候我们的情绪往往很激动。不过，我在赫基斯的基础上又作了进一步研究，找到了两个帮助女士们认清事实的方法。

客观地认清事实的方法

- 女士们不妨把自己假设为第三者，以别人的身份来进行事实搜集。这样一来，我们就可以让自己保持客观、超然的态度了，同时也有助于女士们克制自己的情绪。
- 女士们可以把自己设置成对方律师的身份，然后再寻找和忧虑有关的事实。也就是说，女士们在搜集事实的时候也要搜集那些对你不利的，也就是和你希望相违背的或是你不愿意面对的事实。接着，你再把正反两方面的事实都写下来，你往往会发现，真相就在这一正一反之间。

上面就是我要说的弄清事实。的确，如果你不能搞清事实真相的话，那么就算你是科学家、伟人，美国最高法院也不会做出明智的决定。发明家爱迪生就十分懂得这个道理，因此人们在整理他所留下的2500个笔记本时发现，里面记满了他曾经面临的各种问题。

是不是把所有的事实都搞清楚就能认识忧虑了呢？不，女士们，这还远远不够。即使我们把世界上所有的事实都搜集过来，如果我们不对它们进行分析的话，恐怕也不会对我们有丝毫的帮助。

我曾经也受过忧虑的折磨，因此自己也总结出了一套认清忧虑的好办法。我总是先把所有的事情写下来，然后再逐一分析，这时

问题就变得简单多了。我自认为这个方法不错，因为如果我们把事实都写在纸上，那么我们就能够很快地找出一个最好的解决问题的方法。就像查尔斯·凯德里说的："如果你能把问题讲清楚，那么这个问题你就已经解决了一半。"

如果女士们还是不相信我的话，那么你们就看看下面这个故事。故事有些长，但我希望女士们能够耐心看完，因为这对你们帮助非常大。

艾黎女士是美国商界少有的女性"领袖"，如今她已经是一名非常成功的美国商人了。在第二次世界大战的时候，她曾经在中国的上海做亚洲人寿保险公司的经理。当时日本占领了上海。

这天，一个所谓的"军方清算员"闯进了艾黎的办公室，实际上他是一名海军军官。这位清算员要求艾黎配合他的工作，把他们公司的财产清算一下。在那种情况下，艾黎只有合作，否则就只有死路一条。不过，艾黎在清算财产的时候故意漏掉了 75 万美元，因为那些钱是香港分公司的，和在上海的这家分公司没有任何关系。尽管这样，艾黎还是十分担心，因为这件事如果被日本人发现了，那可不是闹着玩的。

不幸的是，日本人还是发现了。当时艾黎没在办公室，可她的会计主任在。主任告诉她，那个日本军官大发脾气，说她是个十足的强盗，侮辱了所谓的大日本皇军。艾黎心中十分清楚，自己一定会被他们关进那个被称为"人间地狱"的宪兵队。

日本的宪兵队相当于德国的盖世太保，他们是一家秘密警察机构。很多人宁愿选择死亡也不愿意去那个地方。很多美国人也被抓进去过，但在忍受了十天的酷刑之后，死在了那里。艾黎十分清楚，自己很有可能会被抓进去。

艾黎在得到这个消息的时候是礼拜天下午，也就是说她还有一下午的时间做准备。于是，她坐在打字机前，打下了这样两个问题：第一，我到底在担心什么？第二，我该怎么办？以前，艾黎总是习惯只打下问题，然后在心里思考问题的答案。不过这次，艾黎决定把答案打出来，因为那样可以使她的思路更加清晰。于是，她打下：

1. 我到底在担心什么？

我一直都在担心自己被关进宪兵队。

2. 我该怎么办？

第二个问题比较棘手，于是她花了很长时间来思考答案。最后，艾黎找到了四种方案：

（1）和日本军官解释。这显然不行，因为艾黎根本不懂日语。如果找个翻译来，那么就很有可能会弄巧成拙，把他惹火。

（2）选择逃走。这点的可行性不大，因为艾黎一直都在日本人的监视之下。如果艾黎从住处搬出去的话，一定会被他们抓住枪毙的。

（3）留在房间不出门，不去办公室。如果这样的话，一定会引起那个日本军官的怀疑，那样他就有可能派兵来抓艾黎，那样还是会进宪兵队。

（4）星期一照常上班。这一点看起来很危险，但那个日本军官很可能已经忘记了这件事。即使他想起来了，也有可能不再那么愤怒，也不会找艾黎的麻烦。如果那个家伙真的质问艾黎，那她还有一次向他解释的机会。这样一来，艾黎就有了两次逃过厄运的机会。这个办法应该是最佳的。

第二天早上，当艾黎走进办公室的时候，那个日本军官正在那坐着抽烟。不过，他只是看了艾黎一眼，并没有说什么。后来，那位日本军官被调回东京，而艾黎也最终逃过了一劫。

后来，当艾黎谈起这次经历时，总是会说："一旦我们做出了决定，那么就马上把它付诸行动，不要被那些责任和后果连累。"因此，当女士们找到了事情的真相并做出了分析之后，那就马上运用艾黎女士的方法来解决。

最后，我再送给女士们五种克服忧虑的方法，希望能够对女士们有所帮助。

克服忧虑的方法

- 让自己保持热忱和积极的心态；
- 找一本好书来读；
- 让自己多做运动；
- 使自己不被工作的压力困扰；
- 把问题交给时间和耐心来解决。

自尊自爱

"人一生可以说要诞生过两次：第一次是为生命而诞生，第二次则是为生活而诞生。正因为人诞生两次，所以人的自尊自爱也就发生两次：第一次的自尊自爱是相对于自然生命的，而第二次的自尊自爱则是相对于人的社会生命。如果你生命中的第一次自尊自爱没有发生的话，那么第二次自尊自爱也就无从说起了。但只有第一次自尊自爱的人也是不可能放出人性的光辉的。人诞生两次才能算是一个完整意义上的人，而自尊自爱也只有发生两次才能发展成为一个真正统一的、完美的人生。”

这段话出自卢梭之口，它深刻地揭示了人生的真谛。女士们，我想你们无一例外都想得到别人的尊重和爱，这是每一个有思维的人都渴望的。的确，只有从别人的身上体会到了尊重和爱，这样的人生才有意义，才是快乐。然而，很多女士在追求这种尊重和爱的时候往往忽略了一个非常重要的前提，那就是自尊自爱。

以前，我在密苏里州居住的时候，我们镇上有个女孩非常有名，大家都叫她“疯丫头”卡拉。那时卡拉还不到 20 岁，在一所中学念书。听人说，卡拉是个非常漂亮的女孩子，只可惜我从来没见过。关于卡拉的事，我都是从别人那里听来的。人们都说，卡拉是个性格豪爽、不拘小节的姑娘。虽然那时的我心智还不算成熟，但我听得出来那句话里含有讽刺的意思。

曾经有人这么说过：“这个小镇人杰地灵，出过很多优秀的男孩。可是，如果你没有成为过卡拉的男朋友，那么你就永远算不上这个镇上真正优秀的男孩。”据说，卡拉交的男朋友完全可以组建一个小的公司，而且这些人个个都很出色。卡拉从来没有认真对待过感情，因为在她看来，恋爱不过是场游戏罢了。她和每一个男朋友相处的时间都不会超过 3 个月。当感到厌烦的时候，她就会马上寻找一个新的目标。就这样，卡拉浑浑噩噩地度过了自己的青春期。

后来，卡拉到了谈婚论嫁的年龄。让她始料未及的是，居然没有一个人愿意娶她，就连一直对她都不死心的那些人也不愿意。他们告诉卡拉，她只适合当情人，而不适合当妻子。因为没有一个人会愿意娶一个不自爱的、没有尊严的女人。他们之所以疯狂地追求卡拉，不过是想寻找一下新鲜感和刺激罢了。至于结婚，他们和卡拉一样，根本就没有考虑过。

两年前，我回到了老家密苏里州。和儿时的伙伴聚会时，我们说起了卡拉。我问我的那位朋友："还记不记得镇上那个卡拉？虽然我没见过她，但听说她非常迷人，而且还有很多追求者。不知道这个'疯丫头'现在过得如何？"我的朋友摇了摇头说："卡拉现在的处境非常糟。因为她自己的原因，没有人愿意娶她。没办法，她只好嫁了个又穷又丑的男人。那个男人是个十足的恶棍，吸毒、赌博而且还酗酒。后来，男人为了满足自己的需要，居然逼卡拉去做妓女。当卡拉反抗时，那个男人居然说：'少在这里装清高，谁不知道你的老底？其实，你早就已经成为大家公认的妓女了。'卡拉虽然很伤心，但是她也别无选择，因为她也要生存。这一切能怪谁呢？只能怪卡拉自己。"

是的，这一切能怪谁呢？在现实生活里，女士们必须要养成自尊自爱的习惯。道理很简单，因为只有懂得自尊自爱的女人，在生活中才能树立起自信，才能自强不息。同时，只有懂得自尊自爱的女人，才能得到别人的尊重和爱。女士们只有懂得了自尊自爱，才能真正珍惜自己的生命和人格，才会真正意识到生命的价值，从而鼓起勇气面对人生。女士们有了自尊自爱，就一定可以维护自己的正当权利，并且勇敢地承担起做人的责任。

有一次，我的一位女学员来找我，希望我能够帮助她教育孩子。我对她说："对不起，女士，我并不是这方面的专家。如果你有需要，我可以给你介绍一位专门研究儿童教育的朋友。"那位女士并没有听我的劝告，还是希望我能帮她。没办法，我只好答应了。

那位女士对我说："我真不知道我的小杰克是怎么了，他居然会做出那种事，他今年才不过12岁而已。你知道，卡耐基先生，小孩子总是会犯错误的，因此挨批评也是难免的。可当我批评杰克时，他居然顶嘴说：'你没有资格批评我，你是个无耻的、没有尊严的人。我没有你这样的母亲，我为你而感到羞耻。'天啊，这是一个孩子应该说的吗？我一定是做错了什么，要不上帝为什么会这样惩罚我？"

当时我也很好奇，因为我不知道为什么这位女士的孩子会这样对待他的妈妈。于是，我叫这位女士把她的孩子带到了我家。经过我的一番努力，那位名叫杰克的孩子终于开口了。他对我说："我恨我的妈妈，因为她没有尊严。我妈妈很势利，见到有钱有权的人就想去巴结。有一次，我亲眼看见她把一个男人领回家，并向他大献殷勤。那个男人很正直，没有答应我妈妈，还说我妈妈不知自爱。后来我才知道，那个男人是爸爸公司的经理，妈妈那么做是想让他升爸爸的职。虽然我在心里很清楚，妈妈这么做是为了整个家，但我还是不能原谅她。后来，我爸爸被他们的经理解雇了，因为经理认为这一切都是我爸爸一手策划的。还有很多很多事，我妈妈的做法太令我失望了，我无法容忍一个不知自尊自爱的女人做我的母亲。"

女士们，也许你们的心灵已经被杰克的话震撼了。是的，就连一个小孩子也对不知自尊自爱的人抱有鄙视的态度，更不要说一个成年人了。女士们，我真心希望你们牢记本篇文章中的每一句话，因为你们只有做到自尊自爱，才会拥有快乐的人生。

自爱代表着自己爱自己，对自己好一点，从而将自己的生活变得美好、精彩，而且还很有品质和品位。不要因为受到一点点伤害就自暴自弃，也不要为了得到某些东西而妥协，更不要因为别人的不爱而放弃对自己的爱。对于一个女人来说，只有懂得了自爱，才能真正懂得如何去爱别人。

此外，女士们在社会中生活一定要有一种“平等”的心态。这种平等意味着两者之间在地位上、感情上没有高低贵贱之分，而创造平等的来源就是自尊。如果为了得到某些东西，哪怕是爱，而放弃自己最起码的做人尊严的话，那么你的人格也就荡然无存了。如此一来，你与对方相比，就已经是处于下风了。你不但得不到对方的认可或尊重，反而会成为对方眼中一个毫无尊严、卑躬屈膝的人。更加可怕的是，这种人格的尊严一旦失去了，就再也不可能找回来。

琳达在一次舞会上认识了罗杰。她对罗杰一见钟情，并认定他就是自己生命中的白马王子。两人的感情发展很快，并在认识的第一天晚上就同居了。在开始的那段时间，琳达和罗杰的确过了一段甜蜜的生活。

然而，好景不长，琳达很快就发现罗杰有事情瞒着她。最后她才得知，原来罗杰已经是个有家室的人了。很多人都劝琳达离开罗杰，可琳达根本听不进去。她坚持认为自己和罗杰是真心相爱的。后来，罗杰主动找到琳达，并和她提出分手。但此时的琳达已经陷得太深，根本无法自拔。不管罗杰怎么打骂她，琳达就是不同意。最后，罗杰告诉她，只要她能够拿出10万美金，那么他就愿意和妻子离婚。为了找到自己的“幸福”，琳达四处借钱，终于凑够了10万美元。然而，现实却跟她开了个不大不小的玩笑，罗杰在拿到钱以后就远走高飞了。

临走前，罗杰留下了一张字条，上面写道："这一切的结果都是你自己造成的。我认识你的时候正是最失意的时候，因为我和太太当时的感情很不好，而且已经决定离婚。本来，我还以为你是我的第二次真爱，可是事实却让我失望。我们才认识一天，你就和我同居，这让我感到你是一个轻薄放荡的女人。我已经和你说得很清楚了，我们不可能在一起，可你非要坚持，而且不管我怎么辱骂你，你从来都没有反抗过，甚至还愿意筹集那 10 万美元。这一切让我觉得你是一个没有自尊的女人。一个没有自尊且不自爱的女人有什么资格得到一个男人的爱？你不过是一个玩偶而已。"

琳达为自己的行为付出了代价，而且是非常惨痛的代价。我想，如果琳达想得到真正的幸福爱情，那么她就首先要学会自尊自爱。

在最后，我还有一点要提醒女士们，那就是自尊自爱并不等于傲慢无理、目空一切。所谓的自尊和自爱是指既尊重和爱自己，也尊重和爱别人。自尊自爱的目的是不让自己受太大的委屈，也不让自己放弃做人的尊严。想要让你的生命有意义，想要获得快乐的人生，那么女士们就必须首先学会自尊自爱。

第三章

做最有魅力的女人

举手投足尽显风雅

我曾经在德克萨斯州举办了一个培训班，主要讲授如何与人相处的课程。一天，我正独自一人坐在办公室思考问题，突然一阵急促的敲门声打断了我的思路。还没等我开口说“请进”，一位女士就风风火火地闯了进来。

只见这位女士大大咧咧地走到我的面前，顺手拉了一把椅子坐了下来，开口说道：“你是卡耐基先生吗？我有一些事情想请你帮忙。”我点了点头，笑着说：“是的，女士，不知道有什么可以为您效劳的。”女士对我说：“我以前学过文秘，应该说我十分适合做秘书。可我不明白，为什么到现在为止仍然没有人愿意雇用我？”在她和我说话的时候，我仔细观察了一下，发现这位女士在举止上有很多不妥的地方。比如，她靠在椅子上的身体是倾斜的，腿也在不停地抖动着，眼睛四处游离，双手也不知该放什么地方。最让人接受不了的是，这位女士还会偶尔做出挖耳朵的动作来。

听完女士的诉说后，我问道：“请问女士，您认为一个合格的秘书应该具备哪些素质？”女士有些满不在乎地说：“很简单，有能力、会打字，当然还要漂亮和有气质。”我顺着这位女士的回答说:“那您觉得什么是气质？”女士有些语塞，不过她还是说：“这……总之那是一种让人看起来很舒服的东西。嗨！卡耐基先生，你在做什么？你不觉得这个样子很不得体吗？”

原来，就在女士说话的时候，我把脚放到了办公桌上，心不在焉地听她讲话，而且还时不时地做出挖鼻孔的动作。那位女士显然到了忍无可忍的地步，大声说：“卡耐基先生，您是一个有身份的人，怎么可以做出这样的事情来？您要知道，您的一些小举动很可能会影响到您在别人心目中的良好印象。”这时，我马上回到了原来的样子，并对她说：“女士，您说得很对，相信没有人愿意要我这样的人做员工，因为我看起来让人生厌。不过女士，我不得不告诉您，我刚才的举动其实是向你学的。”女士听完我的话后没有说什么，因为她知道自己的确是有这方面的问题。她点了点头说：“谢谢你，卡耐基先生，我知道该怎么做了！”

据说，那位女士后来参加了一个礼仪和形体训练班。如今，她已经如愿以偿地成为一家大公司的秘书，而且做得还非常不错。

女士们，现在是你们思考问

题的时候了。为什么以前那位女士总是找不到合适的工作，而在她参加完礼仪和形体训练班之后就找到了呢？是因为她的能力有所提高了？显然不是，因为在礼仪和形体训练班上课不会教她如何当好一个秘书。事实上，正是因为女士改变了自己不得体的仪态，所以才最终改变了自己的命运。

我知道，很多女士都梦想着自己不管走到哪里都能获得所有人的青睐。为了做到这一点，她们不惜花费大量的金钱和精力来塑造自己的外表。化妆品、文胸、丝袜、漂亮的衣服、昂贵的首饰等，这些东西无疑都成为女士们的首选。在她们看来，穿着性感、珠光宝气、浓妆艳抹的女人才是最有魅力的。

其实，女士们的这种观念是错误的。我首先澄清，我并不是否认外表的重要性。事实上，一个漂亮迷人的女人的确要比一个相貌平平的女人更容易获得好感。然而，芝加哥大学心理学院的教授卢克斯·托勒说："每一个人对美的认识都是不一样的，因此每一个人的审美观念也不尽相同。然而，所有人在对事物进行评判的时候，都会考虑内在和外在两个方面。其实，很多人有一个错误的观念，那就是把人的内在美和外在美看成是两个互不相关的部分。实际上，内在美与外在美是密切相关的。在很多时候，人们完全可以通过外在的形式来展示自己的内在美，这也就是我们能通过外在的接触来感觉到对方的内在美。特别是对于女人，如果她们想要让自己充满魅力，外在的表现形式是非常重要的。当然，这不仅仅是通过化妆和穿衣。"

卢克斯教授的这番话是在一次演讲中提到的，我当时是台下的一名听众。等演讲结束之后，我专程拜访了卢克斯教授，并和他深入地探讨了有关“美”的问题。我问教授：“您在演讲中所说的那种用外在形式来表现内在美究竟是什么意思？”教授笑了笑，说：“怎么，戴尔？你不明白吗？其实，我说的那种内在美也可以称为气质，而那种外在的表现形式就是平时的一举一动，也可以说是举手投足。”

的确，卢克斯教授说的这一点很重要，但是它也往往会被女士们所忽视。实际上，真正能体现女士内在气质的关键，就是在这举手投足之间。英国著名演员卡瑟琳·罗伯茨是平民心目中的女王、贵妇人，因为她塑造的角色都是诸如王公贵妇、豪门千金这一类的角色。应该说这些角色很不好处理，因为她们要求演员必须能够演出那种高贵的气质。卡瑟琳·罗伯茨出生于一个普通的农民家庭，那么她是如何做到这一点的呢？

有一次，我到伦敦去采访这位著名演员。其间，我问她是如何成功地塑造出那么多尊贵的形象的。卡瑟琳回答说：“在进入影视圈以前，我不过是一个普通人而已。我没进入过上流社会，因此不可能成功地塑造角色。当我第一次接到这类角色的时候，心里害怕极了，因为我不知道自己该怎么演。如果我不能把握那些生活在上流社会的人的‘神’的话，那么观众有可能就会认为电影里那个人不过是一个穿着华丽衣服的乡下姑娘而已。为了让自己演得逼真，我开始留心观察那些贵妇人。”

“在最初的时候，我只是留心她们的衣装打扮、语言谈吐，但我发现那些根本帮不了我。因为我虽然已经尽力去模仿了，但在别人眼里我依然是个下层社会的人。后来，我开始更为细致地观察她们，发现那些贵妇人虽然有时候穿的是很普通的衣服，但同样能看得出她们来自上流社会。最后，我终于发现，原来这些人真正的魅力是体现在平时的举手投足之间。有时候，仅仅是一个非常细微的动作，却能够体现出无尽的风雅来。于是，我开始学习她们的一举一动，而且还特意参加了一些礼仪课程。现在，我终于能够将那些贵妇人演得活灵活现了。不过坦白说，与其说我是在演贵妇人，不如说就是在演自己的生活。”

卡瑟琳真的很聪明，因为她发现了一条让自己跻身上流社会的捷径。我们必须承认，贵族并不能单单以财富、金钱和地位来衡量。他们最显著的标志之一是其身上特有的气质。一个家族的气质并不是一两代人就能塑造出来的，那是经过几百年的沉淀积累而成。诚然，女士们不可能在短时间内学会人家这种经过几代演变的内涵，但我们可以通过训练使自己在举手投足之间显露出风雅来。女士们现在一定迫不及待地想要知道究竟该怎么做，我这里有一些小的意见和方法，也许会对女士们有帮助。

如何让自己做到魅力四射

- 培养自己的自信心；
- 让自己的身体保持柔软；
- 训练得体的坐姿；
- 经常散步；
- 注意形体与声音语言的搭配；
- 学学跳舞；
- 做一些形体训练；
- 补充足量的水分；

● 适当休息，让自己保持健康。

第一点是非常重要的，因为如果你想做一个有品位有气质的女人，那么你首先要做的就是相信自己。如果你没有自信，那么你就不可能有勇气和能力去面对现实，更加不会有心思去培养自己的魅力。第二点到第七点是教女士们如何做一些必要的训练。最后两点是教女士们如何做好自我保健。

女士们，要想真正成为众人眼中最耀眼的明星，要想让自己成为最受欢迎的人，那么请你们不要再为自己平庸的外貌感到忧虑。相信我，只要你们使自己拥有了非凡的品位和气质，那么你们就一定会成为世界上最有魅力的女人。

如果女士们觉得上面的方法太麻烦，自己也没有那么多空余时间去搞什么训练，那么，我再教女士们一种快捷的方法。首先，女士们要在心里告诉自己："我想要获得所有人的瞩目，我要成为最风雅的女士，因此我必须训练自己的仪态。"然后，女士们再买一本有关礼仪的书，把它从头到尾读一遍。接着，女士们要找一面镜子（要那种能照全身的镜子），在镜子面前做各种动作。这时，你们就要以书上写的为基本准则，只要发现自己有哪些不妥的地方就马上更正。这不会浪费你们很多时间，你只需在每天晚上睡觉前做半个小时就够了。

最后，我还要提醒各位女士，你们一定要在平时多留意自己的一些习惯性动作。有时候，这些小的动作会让你们远离"风雅"，比如挖耳朵。

我相信，只要女士们将自己的仪态训练得大方得体，那么你们就一定会成为一个风雅的女人。

做一个有格调的女人

几年前，我的一位朋友给我打电话，邀请我去参加他举办的晚宴，并一再要求我一定带上桃乐丝。我的这位朋友是位政界要员，因此他的宴会一定会有很多有身份、有地位的人。当我把这件事告诉给桃乐丝时，她表示不愿意和我一起去。我知道她拒绝的理由，因为她对自己没有信心。

坦白说，我的桃乐丝在外貌上并不出众，但我一直都认为她是世界上最有魅力的女人。原因很简单，我的桃乐丝非常有内涵，而且也十分懂得社交礼仪。可惜，桃乐丝自己却不这么认为，她始终觉得在我身边的女性应该是那种既漂亮又迷人的时尚女郎，而不应该是她这种平庸的家庭主妇（她当时是这么认为的）。最后，在我的一再劝说下，桃乐丝终于答应和我一同前去。不过，她和我打了招呼，说她尽量不和任何人说话，因为她怕会有失礼仪。

当我和桃乐丝到达时，宴会已经开始了。的确，来参加宴会的大都是政界的要员，而且他们身边的女伴也都很漂亮迷人。在这其中，有一位女士吸引了在场所有人的眼球。之所以这么说，一方面是因为这位女士的确长得非常迷人、漂亮，另一方面也是因为这位女士太“与众不同”了。

相信女士们都知道，如果有人邀请你们参加一场比较正式的宴会，那么你们在选择衣服的时候肯定会首先想到晚礼服。当然，并不是说不穿晚礼服就不能参加宴会，只是这样做会让女士们显得更加优雅、迷人。然而，这位女士却不这么认为。她上身穿着一件吊带衬衫，而且领口开得非常大，下身穿的则是一件超短裙，同时还不忘配一双挂满小饰品的长靴。

那天晚上，那位女士可谓“出尽风头”。她喝得酩酊大醉，用手拿着食物四处乱走。她几乎和所有在场的男士都碰了杯，也都和他们亲切地交谈过。这位女士很开放，因为所有人都注意到她有好几次都毫无顾忌地把腿抬高，也有几次很自然地倒在男士们的怀里。那场宴会大概是我参加过的最糟糕的宴会了，因为几乎在场的所有人都被这位疯狂的女士搅得没有了兴致。

晚宴结束后，我和桃乐丝回到了家。我问她：“亲爱的，你觉得今天晚上的那位女士漂亮吗？”桃乐丝点了点头，说：“是的，戴尔！我承认那位女士是一位少有的美人。可是，不知道是什么原因，我总不能把她和真正意义上的美联系起来。”我知道桃乐丝不愿意批评别人，因此就说：“的确，你想到的正是我要说的。那位女士虽然有着漂亮的外表，却没有充满魅力的灵魂。因此，那位女士不是最有魅力的女人，而我的妻子桃乐丝，格调优雅、仪态迷人，所以你才是今天晚上的女王。”

虽然我当时说的话一定程度上是在恭维我的桃乐丝，但它的确也是事实。女士们，我知道对于每一个女人来说，美这个东西永远是最令人向往的。的确，对于所有人来说，美都会使他们心旷神怡，而女人也同样会让人心旷神怡。想一想，那些艺术家们无一不津津乐道于用女性的身体和各种形式来表现美。对于一个女人来说，拥有美丽的外表、迷人的姿态固然重要，但是只有拥有了高雅的风姿才会给人留下真正的视觉美感，才会让别人觉得你是最有品位的。

对于女士来说，我想没有一个人会不渴望自己能够成为众人眼中的“佼佼者”，这是女人的天性。我非常清楚，女士们都希望能够得到异性的称赞和同性的羡慕。可是，很多女人始终认为自己没有这个能力，因为她们的外表和我妻子一样平凡。我要说的是，女士们无法选择自己的外表，因为那是父母留给我们的，但却可以通过训练让自己魅力四射。事实上，一个真正迷人的女人并不一定拥有漂亮的脸蛋，却一定要拥有最迷人的风姿和最高雅的格调。女士们如果不相信我的话，可以再从头看一遍上面的例子，我想没有人会认为那位“豪放”的女士是有魅力的。女士们，我首先要告诉你们的就是，不要太在乎自己的外表。相信我，只要你们让自己拥有了迷人的气质、高雅的格调，那么你们就一定会成为最有魅力的女人。

可能有些女士会说，自己不过是一名最底层的小职员或是家庭主妇，因此她们不需要培养什么魅力，也没必要搞什么格调。对于她们来说，每天的生活都十分枯燥乏味，根本没有用到所谓格调的时候。不，女士们，如果你们有这种想法那就犯了一个严重的错误。事实上，只有那些有气质、有魅力、有格调的女人才会受到人们的欢迎，才能取得事业上的成功。

戴维斯先生是美国一家大公司的公关礼仪顾问，他曾经说：“我给很多公司培训过公关人员。最初的时候，我发现差不多所有的人都认为拥有漂亮的脸蛋、迷人的身段对于一位公关人员来说是最重要的事，因为所有人都喜欢和一个容貌姣好的人打交道。我不完全否认这种说法，但是我认为，一个公关人员最重要的素质并不是外在的美貌，而是她们内在的气质。如果你遇到一个漂亮却不懂礼数、说话粗俗、举止轻浮的公关员，那么相信你绝对不会对她产生好感。相反，如果对方虽然相貌平庸，却有着非凡的魅力、不俗的谈吐，那么我相信你绝对乐意与她打交道。”

卡洛琳女士是纽约一家保险公司的高级讲师。对于一个只有28岁的年轻姑娘来说，拥有一份年薪10万美元的工作的确令人羡慕。然而，让所有人都很难相信的是，这位卡洛琳居然只有中学学历，而且也没有任何可以炫耀的家庭背景。至于说她的长相，真的很难恭维。个子不高，皮肤黝黑，脸上长满了雀斑，牙齿也显得有些发黄，鼻子、嘴巴、眼睛和眉毛之间的搭配也并没有任何特殊之处。真难想象，她

是怎么用半年时间从一个普通的业务员变成一名高级讲师的。

我对卡洛琳女士成功的过程非常感兴趣，因此我特意采访了那家保险公司的一些主管以及听过卡洛琳讲课的一些人。当我问卡洛琳是用什么使他们着迷时，这些人几乎给我的都是一个答案："卡洛琳女士虽然不漂亮，但是她有着迷人的魅力。坦白说，如果单从她讲课的内容来看，并没有什么地方值得我们如此痴迷。不过，我们总是能从卡洛琳身上体会到一些很奇特的东西。是的，很奇特。她的一举一动，举手投足，都让我们体会到什么叫气质，什么叫美感。事实上，听她讲课并不感觉是在接受什么知识，反而觉得是在和她做一件非常愉快的事情。获得这种感觉的时间很短，仅仅两三分钟而已。也许，正是这种感觉才让我们不再有那种对保险业务的厌恶和警惕之心。"

当我问卡洛琳是怎么看待这一问题时，她回答说："卡耐基先生，我一直都这么认为，美丽的外表对于一个女人来说不过是一个涂上绚丽色彩的瓶子而已。我承认，初见的时候，它会给人一种美感，也会让人有那种怦然心动的感觉。然而，如果瓶子里装的是污水或秽物的话，那么就会马上让人们有一种大倒胃口的感觉。如果这个瓶子里装的是沁人心脾的美酒的话，就一定会让人陶醉其中。我们的外表是花瓶，而气质就是花瓶中所装的东西。如果我们能够拥有温文尔雅的仪态、得体大方的气质，那么一定会让所有人都产生爱慕之情的，其中也包括同性。此外，这种仪态和气质还会让你获得一种非凡的品位。"

卡洛琳女士说得一点都没错，一个能拥有高雅格调的女人一定能够获得别人的好感，取得他人的信任。如果女士们做不到这一点，让别人把你看成是一只没有内涵的花瓶的话，恐怕想受到别人的欢迎将会是一件很困难的事。

曾经有一位漂亮的女孩找到我，告诉我她的梦想就是成为一名模特。我打量了这个女孩一番，发现单从外观条件来说，她的确适合做模特，可是我总觉得她身上缺少点什么。这时，女孩对我说："卡耐基先生，我真的苦恼死了！为了实现我的梦想，我做出了很多牺牲。可我不明白，为什么没有一个人愿意要我给他们做模特呢？他们总是说，我没有格调，所以不能做模特。"女孩的话提醒了我，于是我说："尊敬的小姐，也许他们的意见是对的。虽然我的眼光不太高明，但我觉得你现在穿的这身衣服并不适合你。"女孩很不解地问："这难道是问题吗？模特不是只需要穿着衣服在台上走来走去就可以了吗？"很显然，这位女士对什么是美并没有一个正确的认识。我告诉她，模特没有她说的那么简单。如果她没有高雅的格调，那么她就不会对穿在自己身上的衣服有深层次的认识。这时，不管外在条件有多好，她依然不能把衣服穿出"神"来。其实，对于一名模特来说，格调要远远比迷人的外表重要得多。

女士们，其实你们每一个人都是模特。只不过那些专业模特是在T台上展示风采，而你们则是在生活的舞台上展示。如果女士们没有格调，那么你们就不可能让你的生活变得神采飞扬、绚丽多彩。人们都说女人天生爱浪漫。可见，一个不懂、不会浪漫的女人是最可悲的。

好性格使你幸运

一天晚上，我的好朋友查理·约翰逊突然到我家来拜访，他现在是纽约一家心理诊所的主治医师。对于他的到来我感到非常高兴，因为我们的确有很长时间没见面了。我让桃乐丝给我们准备一顿丰盛的晚宴，因为我要和查理好好叙叙旧。

闲谈间，我告诉查理自己正打算给女性写一本有关心理学方面的书，希望他这位专家能给我提一点建议。查理想了想，对我说："性格，戴尔，你应该研究一下性格对人一生的影响。以我的经验来看，凡是成功的人都有自己成功的性格。事实上，好性格会使人幸运，也会让人成功，对女人来说也是一样。"

当时的我并不太同意查理的话，于是我说："查理，你可能对自己的感觉和经验太自信了。虽然我知道性格对于一个人来说很重要，但我一直都认为人的成功是和机遇、社会环境、个人素质等因素有关的。实际上，性格不过是和成功有关的很小的一个因素罢了。"

查理似乎早就料到我会这么说，所以他很平静地对我说：“好，戴尔，我们假设你的说法是正确的。那么同样是机会，为什么有的人就能抓住，有的就抓不住？不管处于什么社会环境下，为什么总有少数人能获得成功，却有相当一部分人过着平庸的生活？还有，为什么具备同样能力的人命运却不尽相同？戴尔，请你解释一下这是为什么。”

我真的哑口无言了，因为查理说的的确都是事实。我绞尽脑汁，想找一些例子来驳倒查理，却怎么也找不到。没办法，最后我只能承认查理是胜利者。

女士们，如果你们当时在场的话，会选择站在哪一边？我希望你们支持查理，因为无数的事实都已经证明，查理的观点是正确的。

我想，对于每一位女士来说，善良都是她们的天性。曾经有人说过：“女性的善良是和母爱有着密切联系的。”女人之所以不喜欢争斗，是因为她们不愿意看到有人受伤害。有时候，为了满足别人，她们宁愿牺牲自己。

第二次世界大战开始不久，法国就被德国占领了。那时候，很多法国人为了躲避战争都逃亡到国外。苏丽的家人都死于德军的炮火之下，她只好孤身一人逃到了英国的一个小村庄。在那里，一位善良的老妇人收容了她。同时，这位老妇人也收容了另外几名不幸的女孩子。

老妇人对这几位远来的客人非常热情，甚至到了疼爱的地步。时间一长，其他几位姑娘看出了一些端倪，都陆陆续续离开了那里，只有苏丽留下了，因为她不愿意再忍受漂泊之苦。终于有一天，那位老妇人对苏丽提出，希望她能够答应嫁给自己弱智的儿子。苏丽虽然心中并不愿意，但最终还是答应了她的请求，因为她不想伤害到老妇人的心。当然，女士们一定都能够猜到苏丽最后的命运将会是怎样。

有些女士会对我有些不满，甚至可能会质问我："怎么？卡耐基先生，难道你认为苏丽应该选择离开？你认为苏丽应该做个忘恩负义的家伙？"是的，女士们，我认为苏丽应该拒绝老妇人的要求，因为这关乎她一生的幸福。她的确应该对老妇人感恩戴德，但报恩的形式有很多种，不一定非要选择那种。我承认，苏丽女士是善良的，但她的这种善良超过了底线。其实，与其说苏丽女士性格善良，还不如说她的性格软弱。苏丽不懂得拒绝别人，更不想拒绝别人，因为她不愿意看到任何人受到伤害。然而，在这件事中，唯一受到伤害的就是苏丽自己。也许我们应该同情苏丽的遭遇，但我们无能为力，因为这一切都是由她的性格造成的。

如今，我已经对查理的话深信不疑了，因为我以前的邻居罗斯姐妹印证了它的正确性。罗斯姐妹是一对双胞胎，两人长得非常像。在很小的时候，父母对这对姐妹一视同仁，从来没有表现出偏爱某一个。然而，随着年龄的增长，情况发生了变化。

姐姐露丝性格耿直，总是想到什么就说什么，而妹妹姬丝则性格乖巧，总是会想各种办法来讨父母的欢心。坦白说，露丝做的要比妹妹好，可是似乎她总是得不到父母的喜爱。罗斯夫妇感情很好，不过他们也像其他夫妻一样会吵架。每当这个时候，露丝总是会站出来批评有错的一方，而姬丝总是想办法逗生气的父母开心。虽然露丝经常会买一些礼物送给父母，但是父母似乎只惦记着妹妹。最后，罗斯夫妇在他们的遗嘱中清楚地写道，他们所有的财产全部都归姬丝所有。

虽然露丝和她妹妹的感情非常好，但她始终不能理解为什么自己的父母会如此偏心。于是，她找到了我，希望从我这里得到一丝安慰。听完她的叙述，我问露丝："你为什么不能像你妹妹那样讨好你的父母呢？"露丝有些苦恼地说："我并不是没有尝试过，但是我根本做不到。当我向父母献殷勤的时候，连我自己都觉得太做作了。我就是我，根本没办法成为姬丝。"我马上想起了查理的话，就对她说："露丝，这一切都是由你的性格造成的。"露丝在听完我的话后，也表现出一副恍然大悟的样子。

老实说，我非常同情露丝，因为她真的没有做错什么，而她的父母也不应该对她有任何意见。可是，事情已经发生了，而且一切都是顺理成章的。

那么，究竟什么样的性格才算好的性格，什么样的性格算是不好的性格呢？纽约著名的心理学研究专家汉斯曾经说："对于一个人来说，拥有诸如坚韧、勇敢、冷静、理智、独立等性格，无疑就等同于拥有了一笔巨大财富。坚韧会让你在困难面前永不低头，勇敢则让你能够面对一切挫折，冷静和理智会让你永远保持清醒，独立则会让你不受他人的摆布。相反，如果一个人的性格懦弱、胆怯、冲动、依赖性强的话，那么恐怕他一生都将一事无成。”

我知道，并不是所有的女士都有事业心。她们不渴望成功，也从没奢望过会有什么轰轰烈烈的大事发生在自己身上。在她们眼里，嫁一个好丈夫，做一名合格的家庭主妇就是最终目标。因此，很多女士并不认为拥有好的性格对她们有多重要。

然而，事实并非如此。如果你的性格懦弱，那么在面对丈夫的无理要求时，你是无论如何也不会拒绝的；如果你的性格胆怯，那么不管丈夫做了什么，你都不敢出声；如果你的性格冲动，那么一点小矛盾都可能在你们之间引发一场大的战争；如果你依赖性很强，那么就无疑会给自己的丈夫增加一份负担。

因此，不管女士们给自己的一生制订了什么样的计划，拥有好的性格对你们来说都是一件非常重要的事。特别是对于那些至今还没有被幸运女神垂青过的女士，你们应该赶快行动，改变自己性格中的缺陷。不过，在改变性格之前，女士们首先要弄清楚，性格究竟是怎么形成的。

美国心理学协会前任主席拉帕克·道格拉斯曾经说：“性格是指导人行事的准则。实际上，人在刚出生的时候并没有形成真正意义上的性格，性格往往是后天培养出来的。每个人都有不同的思维方式，因此每个人也都有不同的行为习惯。这种行为习惯长期支配着人们，久而久之就变成了性格。举个简单的例子来说，一个人如果认为世界太冷漠，人情太冷漠，那么他就会养成不与人交往的行为习惯。在这种行为习惯的支配下，这个人就很容易形成孤僻的性格。”

由此，我们可以看出，一个人的性格是由他的思维方式决定的。因此，要想改变自己的性格，首先就要改变自己的思维方式。女士们在改变自己的思维方式的时候，一定会遇到很多困难，因为人的思维方式一旦形成，是很难改变的。不过，女士们可以试一试我的这个方法：反向思维。

反向思维的意思就是，女士们遇到什么事的时候总是会根据思维习惯做出判断。这时你们不要马上行动，而是朝着先前做出的判断的反方向思考问题。比如说，苏丽在听到老妇人的邀请后，马上做出不能拒绝的判断。因为她的思维习惯告诉她，如果她拒绝，那么就一定会让老妇人很伤心。这时候，苏丽就应该想，这件事是可以拒绝的，因为那样做会让自己获得幸福。这就是我说的反向思维。相信，如果苏丽当时知道这一方法的话，也不会选择留下。

当然，单靠着一种方法是不能改变一个人的性格的，还需要女士们自身做出很多努力。

改变性格的方法

- 使自己树立改变性格的决心；
- 广交朋友，特别是多交一些拥有好的性格的朋友；

- 到处走走，感受一些不同的环境；
- 多读书，让自己对性格有深层次的认识。

虽然我不敢肯定上面的方法一定能够帮助女士们改变自己的性格，但它至少给女士们提供了一些参考意见。不管怎样，拥有一个好的性格对于女士们来说都不是一件坏事。因此，我建议，女士们不妨试一试我的那些方法，说不定真的会给你们带来意想不到的收获。

做自己情绪的主人

那是很多年前的事了，那时候我的事业才刚刚起步。女士们都知道，创业初期是很累人的，每天似乎都有忙不完的事。于是，为了减轻自己的负担，我决定请一个女秘书。后来，在一位朋友的介绍下，我雇用了一位名叫丽莎的小姑娘。我必须承认，丽莎的能力很强，的确让我轻松了很多。然而，只要是人就一定会犯错误，丽莎也不会例外。

这天，我在检查文件的时候发现，丽莎居然粗心地把一份很重要的文件搞错了。当时的我也并不成熟，所以就狠狠地批评了丽莎一顿。冷静下来后，我觉得自己的做法有些不妥，于是又向丽莎道了歉。

本来，我以为这件事很快就会过去，然而并非如此，丽莎从此变得一蹶不振。她是个挺细心的姑娘，平时很少出错，可从那以后，她的工作频频出错。不光这样，我还发现她工作的时候常常心不在焉，有时候我连叫几声她都听不见。我不知道丽莎是怎么了，难道就是因为我批评了她？不，我觉得不应该是，因为被别人批评是一件很平常的事，不应该给她造成这么大的影响。

几天以后，我的那位朋友打电话给我，问我丽莎最近是不是出了什么事。我把丽莎的工作情况简单说了一下，并问他是如何知道的。朋友告诉我，丽莎的父母找到他，说丽莎最近变得沉默寡言，而且还非常容易发脾气，常常因为一件小事就和父母大吵一架。我似乎已经明白了其中的原因，于是在挂掉电话以后，我把丽莎叫到了办公室。

我问丽莎："有什么可以帮你的吗？我知道你最近的情绪很不好！首先，我为我那天的行为道歉，因为我的行为受到了情绪的控制。真是对不起！"

丽莎对我说："不，卡耐基先生，这和你没有什么关系！即使你今天不找我，我也正打算向您辞职。实际上，从那次您批评我之后，我就对自己丧失了信心。现在，我根本没有办法集中精神工作，因为我老是担心出错。可我发现，我越是担心就越出错。不光这样，每天回到家的时候，我不愿意和父母多说话，而且心情非常烦躁，常常和父母吵架。对不起，卡耐基先生，我真的做不下去了，因此我还是决定辞职。"

老实说，当时我真的很想帮助丽莎，可是我想不出一个好的办法。无奈，我只好同意了她的请求。事后，我专程前往华盛顿，到那里去拜访美国著名的心理学家约翰·华莱士，希望从他那里得到一些好的建议。

华莱士告诉我："丽莎这种做法是典型的情绪失控，而戴尔你也差一点做出同样的蠢事。从严格意义上讲，情绪不过是一种心理活动而已，但你千万不能小看它。事实上，它和一个人的学习、工作、生活等各个方面都息息相关。如果一个人的情绪是积极的、乐观的、向上的，那么这无疑就有益于他的身心健康、智力发展以及个人水平的发挥。反过来，如果一个人的情绪是消极的、悲观的、不思进取的，那么这无疑就会影响到他的身心健康，阻碍他智力水平的发展以及正常水平的发挥。"

我同意他的说法，于是追问道："那有什么办法能够解决这个问题吗？"

华莱士笑了笑："很简单，做自己情绪的主人。"

女士们，不知道你们读完上面的故事以后有什么感想。是不是觉得自己有时候也和丽莎一样？有人曾经说，女人是最情绪化的生物。我对这句话有些意见，因为它的言外之意就是说女士们都无法控制自己的情绪，都是情绪的奴隶。虽然不愿意承认这是真的，事实却让我哑口无言。很多女士都被自己的情绪所拖累，似乎所有的烦恼、忧闷、失落、压抑和痛苦等全都降临到自己的身上。她们的生活没有了快乐，开始抱怨这个不公的世界。她们每天都祈祷上帝，希望他能早一天将快乐降到自己身上。

其实，女士们何必如此呢！人是世界上感情最丰富的动物，也是情绪最多的动物。喜、怒、哀、乐对于每一个人来说都是再正常不过的事情了，何必让那些小事打扰了我们正常的生活呢？其实，女士们只要进行一定的自我调整，是能够让自己成为情绪的主人的。可是为什么还是有很多女士做不到这一点呢？

答案就在下面的这个例子中。

有一次，我的培训班上来了一位非常苦恼的女士。她对我说："卡耐基先生，帮帮我好吗？我真的难过死了！"我问她究竟发生了什么事。她回答我说："是这样的，我真的受不了自己的脾气了（请注意，她是说自己的脾气，而不是情绪。显然，她没有认识到本质的问题）。我不明白，为什么身为一个女人我竟然会如此的情绪化？我管不住我的脾气，经常会因为一些鸡毛蒜皮的小事大发脾气，有时候还又哭又闹。我知道这样做不好，可我也没办法。"我说："既然你知道自己的问题所在，为什么不试着控制它呢？"女士显然有些激动，大声说："我怎么没有控制？我试过了，可那根本不管用！一切都发生得太快了，我还没来得及多想就已经做出了判断。事实上，这一切都不是出自我的本意。"

女士们，你们找到答案了吗？实际上，人之所以会被情绪控制

自己，主要是因为当人们周围的环境变化得过快时，人们的潜意识会告诉自己："不，决不能让自己受到伤害，我一定要保护自己。"的确，这时候人的情绪就会指导人将自己变成一只蜷缩好的、准备战斗的刺猬，会毫不留情地攻击对你施加伤害的人。这也就是我们所说的情绪失控。

其实，很多女士都知道控制情绪的重要性，不过她们在遇到具体的问题的时候却往往会败下阵来。她们会说："我知道控制情绪的重要性，也梦想着成为情绪的主人。可是，控制情绪实在是一件太困难的事情了。"显然，她们是在向别人表示："我做不到，我真的无法控制自己的情绪。"还有的女士习惯于抱怨生活，她们总是说："我大概是世界上最倒霉的人了，为什么生活会对我如此不公？"言外之意就是在对别人说："这不能怪我，是生活环境逼迫我这样做的。"正是这些看似合理的借口使女士们放弃了主宰自己情绪的权力。她们在这些借口中得到安慰和解脱，从而没有勇气去面对失控的情绪。

因此，女士们如果想主宰自己的情绪，成为情绪的主人，首先就要让自己有这样的信念：我相信自己一定可以摆脱情绪的控制，无论如何我都要试一试。只有这样，女士们的主动性才能被启动，从而真正战胜情绪。的确，让自己拥有自我控制意识，是打赢这场战争的最关键的一步。

罗琳是位情绪化非常严重的女士，经常会和身边的朋友大吵大闹。其实，她对此事也非常苦恼，因为这使她失去了很多朋友。为了能够帮助自己，罗琳报名参加了我的培训课。然而，几天下来，罗琳似乎并没有得到她想要的东西。于是，她在私下里找到了我。

她问我："卡耐基先生，你说的那些道理我都明白，可是我到现在还是不知道该如何解决我的问题。事实上，你的课程并没有给我提供很大的帮助。"

我回答说："是吗？好，那我首先要弄明白你是否愿意改正你的缺点？"

罗琳又开始激动了，她没好气地说："你在说什么？难道我不想改正吗？如果是那样的话，我就不会来到这里听你讲课了。你以为改变一个人真的那么容易吗？我现在已经坚信我不可能改正这个错误了。"

我笑着对她说："是吗？罗琳女士！你认为你不可能改变自己？可我不这么认为。我觉得你之所以没有成功，完全是因为你对自己没有信心。你没有勇气去面对你的情绪化，你更加没有信心战胜它，所以你不会成功。"

尽管罗琳女士当时表现得满不在乎，但我知道她已经相信了我的话。后来发生的事情证实了我的猜测，因为罗琳女士正在一点点地改变自己。

其实，控制自己的情绪并不是一件非常困难的事，只要女士们掌握了一定的方法，还是完全可以做到的。

在这里，我还有一个小技巧要教给女士们，那就是当你们心中产生不良情绪的时候，不如选择暂时避开，把自己所有的精力、注意力和兴趣都投入到其他活动之中。这样就可以减少不良情绪对自己的冲击。

卡瑟琳有一段时间非常失意，因为她经营的一家小杂货店破产了。很多人都为她担心，怕她做出什么傻事，因为那家杂货店倾注了她太多的心血。谁知，卡瑟琳非但没有垂头丧气，反而对她的朋友说：“现在我已经欠了银行几百美元，所以我必须到外面去避避难。”就这样，卡瑟琳独自一人到外面去旅游，并借此打发掉了心中的烦闷。

女士们，我们的先人曾经为了自由战斗过，而今天你们依然是在为自由而战。你们的对手是自己的情绪，只有你们战胜了，成为情绪的主人，才能让你们获得真正的自由之身，才能过得幸福快乐。

保持快乐与活力

不管是职业女性还是家庭主妇，她们都有各自不同的烦恼。对于职业女性来说，工作上的压力让她们觉得有些喘不过气来，而对于家庭主妇来说，婚姻的问题、家庭的烦恼是一直困扰着她们的难题。曾经不止一位女士向我抱怨过：“卡耐基先生，为什么我的生活总是不能丰富多彩？为什么我与快乐永远无缘？难道说是我做错了什么？为什么上帝要如此惩罚我？”当我问她们为什么不让自己保持快乐与活力的时候，这些女士往往会大喊道：“什么？你以为我们不想吗？可是生活、工作上的压力让我们无法抬头，更别说是有闲心去玩乐了。”

其实，女士们有这样的想法不奇怪，但我却不赞同。实际上，很多男人要比女士们聪明一些，因为他们知道如何让自己保持快乐与活力的方法。你看，他们经常会把一些时间花费在自己的嗜好上，这样当他们重返工作岗位的时候就精神焕发了。那么，女士们为什么不让自己保持快乐与活力呢？你们不妨效仿男人，找时间做一些家庭以外的事情。这种方法很有效，它可以调节你的心境，使你能够有更好的心态去处理工作和家务。

我让女士们这么做并不是没有理由的，事实上，并不是繁重的工作和家务使女士们感到疲惫不堪。真正的罪魁祸首其实是生活中的单调、无聊和烦闷。其实，很多聪明人会花费大量的时间来游戏，而且游戏的时间一点都不比工作时间少。他们这么做就是为了让自己的生活内容有所改变，从而让自己有新鲜和有趣的感觉。

拿职业女性来说，很多职业女性都把自己的时间看得非常宝贵，因为她们每一天、每一周的大部分时间都是在公司度过的。当你让她们去做一些工作以外的事情时，她们总是会说："不，那不可能，我必须抓紧一切时间来好好休息一下，因为我太累了。"我不这么认为，其实女士们不如利用周末的时间去听听音乐，要不就去孤儿院帮忙，或者做一些其他能够展现你们个性的事情。别小看它们，它们往往可以给你带来很多新的观念。

我的邻居乌尔特·芬克太太结婚后一直都在工作，因为她有三个孩子要养。不过，她一直都利用周末的时间去附近的一所教会学校教书。虽然这份工作是义务的，乌尔特太太却乐此不疲。当有人问她为什么热衷于此时，乌尔特太太说："的确，这对我来说应该算是一份额外的工作，但它又不是一份工作。我之所以这么说，是因为这份工作给我带来了无限的快乐。你知道，和孩子打交道是一件让人兴奋的事情，我从他们的身上得到了活力。如今，我每天都让自己生活在快乐与活力之中，因为很多以前难办的事情都得到了解决。那时，由于工作压力很大，所以我对我的家人有些冷淡，而且还很苛刻。现在就不同了，我已经把眼光放得很开了。我可以快乐地对待每一天的生活，充满活力地对待每一天的工作。”

家住德克萨斯州的罗兰女士也有一套让自己保持快乐与活力的方法。她把自己一周的时间都安排得满满当当：星期三晚上和丈夫一起去打球，因为那是他们共同的爱好；星期四要召开一个讨论会议，这样做一举两得。至于剩下的那三天时间，罗兰女士则会选择去听课。

当我们谈到这些工作的时候，罗兰女士说：“实际上，我从中获得了很多让人意想不到的收获。每当我们一家人聚在一起吃晚餐的时候，我们就会把有关这些工作的话题拿出来谈论，这使我们每个人都过得非常愉快。正是这些工作给我和我的家人注入了快乐与活力，因此才让我们从未因无聊和烦恼而发生争吵一类的事情。”

的确，保持快乐与活力能够让人忘记很多不愉快的事情。相反，如果我们总是让一些不愉快的、令人生厌的、死气沉沉的事情陪伴左右的话，那么我们的生活将会变得一团糟。我记得有这样的一篇文章，它讲述了一个精神病患者的故事。这位精神病患者有一个不快乐的童年。在他小的时候，父母经常会把有关金钱、生活和其他不愉快的事情搬到餐桌上来争论。这种做法让这个可怜的孩子很难受，因为他每次都有一种想把吃进去的食物呕吐出来的感觉。

于是，我在看完这篇文章之后，就在家里立下一个规矩，那就是只要是在吃饭的时候，谈论的话题必须是有趣的、愉快的。就这样，每天的晚餐时间成为我和家人互相联系感情的重要时间，每个成员都可以在这时享受快乐的滋味。在我的记忆中，我和桃乐丝很少发生争吵，因为我们为了让自己每天都保持快乐和活力而总是找一些有趣的话题来交谈。

女士们，就算你们忘记了前两条，也一定要牢牢地记住第三条，因为健康对于每一个人来说都是最宝贵的。华盛顿健康中心的道尔博士经过研究发现，人如果每天都生活在痛苦、烦恼、沮丧和不安中，那么他们患上疾病的概率要远比那些终日充满活力，感到快乐的人大得多。博士进一步解释说，快乐是指情绪上的。如果你每天都能保持快乐的情绪，那么你就不会有压力。这样，你患胃溃疡、头疼等病的概率就小了很多。而活力则是支配人做事的动力，如果你每天都充满了活力，那么你就不会觉得生活和工作的压力很大。相反，你会觉得处理一切都是得心应手的。

没错，女士们，如果你们可以找一些事情让自己每天都保持快乐与活力的话，那么你们就可以有清醒的头脑去判断事物的价值了。道理很简单，女士们如果以乐观向上的态度把你们的精力放在那些值得做的事情上的话，那么你们就不会重视那些终日给你制造麻烦的琐碎小事。这样一来，你们的精力就会集中起来，也会让你的家变成梦想中的快乐之园。每一个生活在园中的成员都能够公平地得到愉悦。

那我们究竟该怎么做才能让自己永远保持快乐与活力呢？其实很简单，那就是结合自己的性格，培养一种或几种爱好。女士们不妨这样做，你们可以先想想是不是有什么事自己一直都想做，或是曾经很想做。这并不难，因为如果你自己细心观察的话就会发现，其实在你身边有很多活动都非常有价值，即使你只是住在一个小小的村庄里也是一样。如果女士们真的实在想不到自己到底喜欢什么，那么你们就买本介绍各种俱乐部或机构的杂志，说不定能从那里找到答案。

我妻子就是这样安排她的生活的。因为工作的原因，我每周都会有一段时间不能在家里陪她。开始的时候，桃乐丝对这种生活很不适应。后来，她的思想发生了转变，她对自己说："何必呢？为什么要每天都生活在痛苦和沮丧之中呢？快乐是一天，不快乐也是一天，何苦折磨自己呢？戴尔很忙，他没有那么多时间陪我，可我为什么不能自己想办法呢？我可以做到的，也一定会让自己快乐的。”

这是桃乐丝后来和我说的，当然她也确实做到了。我妻子在年轻的时候就很喜欢莎士比亚，因此她通过杂志找到了一个莎士比亚俱乐部。于是，她成为俱乐部的会员，而且总是会定期参加他们举行的活动。这个俱乐部属于研究型的文学团体，经常会讨论一些非常有意义的话题。我的桃乐丝很喜欢这些话题，也愿意和他们一起回到四百多年前的世界。

有一次，桃乐丝对我说："戴尔，你知道吗？我现在每天都觉得很快乐，因为我可以在那个俱乐部里获得很多新鲜感。现在我每天都充满活力，因为我可以在做家务的时候背诵一下莎士比亚的诗。那真是太美妙了！现在，我好像真的已经不知道什么叫烦恼，什么叫忧愁了！”

我的桃乐丝倒是找到了乐趣，可我却足足过了一段独守空房的日子。不过，我也不是一个甘愿忍受“痛苦”的人。每当桃乐丝不在家的时候，我就会找很多有关亚伯拉罕·林肯的资料来读，因为我对这位美国总统的一生很感兴趣。这样一来，我每天也都可以让自己快乐而且活力无限了。

不光这样，我还会经常和桃乐丝进行讨论，话题主要是围绕着双方的偶像。当然，我们在讨论问题的时候也难免会争执，但因为有了快乐和活力的前提，所以气氛一直都是很愉快的。这样一来，我们不仅解决了自己郁闷的生活，而且还互相拓展了对方的眼界。其实，这要比那种两人拥有完全相同的兴趣好得多。

《快乐生活指南》这本书的作者克拉泽曾经在一次公开的演讲中说："我们必须承认，不管做什么事情，当它失去新鲜感之后，那么就会变得毫无意思。如果我们能够在生活中找一些新的兴趣和爱好，那么就可以给我原本枯燥乏味的生活带来非常大的变化，也会让我们的工作和家庭关系永远保持新鲜感和乐趣。至于这么做的好处，我想没必要多说。"

我的观点和克拉泽完全一样。如果女士们如今已经感到生活毫无兴趣可言，终日都觉得枯燥、无聊的话，那么女士们就赶快找一些感兴趣的事，并且尽力把它做好。这无非是想让女士们每天都保持快乐与活力，当然这也是一件有百利而无一害的事情。

恰当的衣着和化妆

我在前面两篇文章中都和女士们强调了这一点，那就是外表对于一个女人来说并不是最重要的，只要女士们有内涵、有气质，就一定可以成为众人眼中最有魅力的女人。对于这一点，我希望女士们要牢记，而且一定要努力去做。不过，这并不代表我就否认个人仪表的重要性。虽然我们在评价一个人是不是有品位和涵养的时候，仪表仅仅是一个很小的方面，但它又的确是最直接的因素。女士们的穿着打扮、发型化妆或仅仅是一块手表、一对耳环都会直接折射出你对生活品质的追求。仪表就像是一面镜子，可以将你内心的情趣、修养以及格调等清楚地反映出来。

美国铁路局董事郝伯特·沃里兰以前只不过是一名普通的路段工人。在一次演讲中，郝伯特说：“恰当的衣着对于一个人的成功也是很重要的。我承认，一件衣服并不能造就一个人，但是一身好的衣服却可以让你找到一份不错的工作。如果你身上只有50美元，那么你就应该花上30美元买一件好衣服，再花10美元买一双鞋，剩下的钱你还需要买刮胡刀、领带等东西。等做完这些事情以后，你再去找工作。记住，千万别怀揣着50美元，穿着一身破烂的衣服去面试。”

纽约职业分析机构的沃森先生也曾经说：“几乎所有的大公司都不会雇用那些不懂得穿着和化妆的女职员，因为他们觉得一个不懂得穿衣打扮的女人

一定也不懂得如何处理好手上的工作。”华盛顿一家大型零售店的人事经理也曾经说：“我在招聘的时候有些原则是必须严格遵守的，决定任何一个应聘者能否经得住考验的先决条件就是他的仪表。”

女士们是不是觉得这有些荒谬？的确，一个应聘者能力的多少确实和他是否能够恰当地穿衣和化妆没有多大关系。然而，任何人都有对美的追求，公司的主管也不例外。我想，不会有人愿意看到在自己公司工作的是一群邋里邋遢的员工。

仪表作为求职敲门砖这一原则已经在全美通行，《纽约布商》杂志曾经对这一原则大加赞赏，而且还做出了分析。它是这样说的：“一个人如果非常注意个人清洁卫生和穿衣打扮的话，那么他就一定会非常仔细地完成自己的工作。相反，如果一个人在生活中不修边幅，那么他对待工作也就势必马马虎虎。凡是注重仪表的人都会同样注重工作。”

英国的莎士比亚曾经说：“仪表就是一个人的门面。”这位文学巨匠的说法得到了全世界的认可。在我们身边经常会看到有人因为不得体的衣

着和化妆而受到人们的指责。女士们可能会和我争辩说："天啊，卡耐基，你怎么是如此肤浅的一个人。难道仅仅是因为没有漂亮的外表你就断定他是一个没有修养和内涵的人吗？"我承认，如果仅凭仪表就去判断一个人确实有些草率，然而无数的经验和事实都已经证明，仪表的确可以直接反映出一个人的品位和自尊感。那些渴望成功的人，那些希望自己魅力四射的人，无一不会精心挑选他的衣装。曾经有一位哲学家说过："如果你把一个妇女一生所穿的衣服拿来给我看，那么我就可以根据想象写出一部有关她的传记。"

心理学家斯德尼·史密斯曾经说："如果你对一个女孩说她很漂亮，那么她一定会心花怒放。如果你敢随便地批评她，说她的衣着一无是处、化妆糟糕透顶的话，她一定会大发雷霆。的确，漂亮对于女人来说简直太重要了。一个女人，她可能将自己一生的希望和幸福都寄托在一件漂亮的新裙子或是一顶合适的帽子上。如果女士们稍稍有一点常识，那么你们就一定会明白这一点的。如果你想帮助一个陷入困境的女士，那么最好的选择就应该

是帮助她了解到仪表的价值所在。”

我们不妨将斯德尼的话和郝伯特的话联系起来。是的，虽然衣着和化妆并不能造就出一个人，但是它的的确确会给我们的生活带来深远的影响。全美礼仪协会主席普斯蒂斯·穆俄夫德就曾经说：“一个人的仪表是能够影响到他的精神面貌的。这不是危言耸听，也不是言过其实，你们可以想象仪表究竟对你们有多大的影响就可以了。”

在这里我还要和女士们强调一点，那就是与化妆比起来，衣着对于你们更为重要。我们会在大街上看到一个穿着整齐却没有化妆的女人，可是我们绝不会看到一个化着漂亮的妆却穿着一件邋遢衣服的女士。

如果我们让一位女士穿上一件破旧不堪的大衣，那么这势必就会影响到她的整个心情。即使这位女士以前是一个非常讲究的人，这时也会变得不修边幅。她的心里会想：“反正自己已经穿了一件这样的大衣，而且这也没什么不好的，那还何必去在乎头发是不是脏了，脸和手是不是干净，或者鞋子是不是已经破烂？”这只是外在的影响，这件大衣还会让女士的步态、风度以及情感发生变化，当然这是潜移默化的。

相反，如果我们给这位女士换上一件漂亮的风衣，那么情况就大不一样了。她会在心里想：“我一定要把自己打扮得漂漂亮亮的，因为只有这样才能配得上这件风衣。”于是，女士会把自己的头发梳理得很顺畅，脸和手也会洗得干干净净，而且还会化上漂亮的妆。这位女士会想办法挑选那些与风衣相配的衣服来穿，就连袜子都必须相宜。更进一步的是，这位女士的思想也会发生改变，会对那些衣冠整洁的人更加尊敬，同时也会远离那些穿衣邋遢的人。

我相信女士们现在一定明白仪表对于你们的重要性。可是我敢说，并不是所有的女士都知道该如何打扮自己。很多女士都认为，花大价钱买那些既贵又时髦的衣服就是最好的选择，浪费一个月的薪水去买那些让人生畏的化妆品就是最棒的。其实，这是一种非常严重的错误观念。

想必女士们都知道英国著名的花花公子伯·布鲁麦尔。这个有钱人居然每年会花费 4000 美金去做一件衣服，仅仅扎一个领结就要花上几个小时。这种过分注重自己仪表的做法其实比完全忽视还糟糕。这种人对衣着太讲究了，把所有的心思全扑在对仪表的研究上，从而忽略了内心的修养和自身的责任。从我的角度看，如果你能够在穿衣打扮上量入为出，做到与自己的身份相匹配，那么无疑是一种最实际的节俭做法。

很多女士，特别是一些年轻的女士，她们都把“仪表得体”误认为就是买贵重的衣服和名牌的化妆品。实际上，这种做法与忽视仪表同样都是错误的。她们本该将自己的时间和心思放在陶冶情操、净化心灵和学习知识上，然而她们却把大量的时间、金钱和精力浪费在了梳妆打扮上。这些女士每天都在心里盘算着，自己究竟怎样计划才能用那微薄的收入来买昂贵的帽子、裙子或是大衣。如果她们无论如何也做不到这一点的话，那么就会把眼光放在那些粗糙、便宜的假货上。结果是适得其反，她们自己反落得个遭人嘲笑。卡拉尔曾经辛辣地讽刺这类人说：“对于某些人来说，他们的工作和生活就是穿衣打扮。他们将自己的精神、灵魂以及金钱全都献给了这项事业。他们生命的目的就是穿衣打扮，所以根本没有时间去学习，当然也没有精力去努力工作。”

其实，对于大多数普通的女士来说，我倒是有一条不错的建议，那就是穿上得体的衣服，化适宜自己的妆，但这并不需要大量的金钱。实际上，朴素的衣装同样有着很大的魅力。在市面上有很多物美价廉的衣服可供女士们选择，而且我们也能够花少部分的钱买到不错的衣服。

女士们千万不要有这样的错觉，“寒酸”的衣服并不一定会让人反感，相反邋遢才是最让人生厌的。只要女士们懂得如何恰当地穿衣和化妆，那么不管你有没有钱，都可以让自己魅力非凡。只要女士们尽量让自己保持干净整洁，那么就会给你赢来别人的尊重。

很多女士曾经问过我，我所说的恰当的衣着和化妆到底是怎么回事？要怎样做才能达到要求？其实，这是一门比较深的学问，并不是马上就能够学会的。不过，我倒是有些建议送给女士们，虽然不一定能让女士们马上改变，但可以给女士提供改变的方向。

得体穿衣的七个原则

- 不要盲目跟风，一定要选择适合自己的；
- 提高自己的文化素养，培养自己的内在气质；
- 训练自己的举手投足，让自己随处可见风雅；
- 学一些有关色彩的知识，让自己懂得如何进行搭配；
- 款式不一定要新潮，但一定要能突出你的优点；

- 可以适当选择一些饰物搭配；
- 对衣服的质料要求高一点。

至于说化妆，这可不是我的强项，因为我毕竟不是女人。为了能够找到问题的答案，我专门去请教了我的朋友露茜，她可是一位美容专家。露茜送给了我一些建议，现在我把它们转送给各位女士。

恰当化妆的四个原则

- 买一瓶适合自己的香水，记住，不同年龄的需要也不同；
- 保护好自己的皮肤，让它随时都能得到呵护；
- 浓妆并不一定就是最好，要根据你的需要来选择口红和眉笔；
- 千万不要忘记对手指甲和脚趾甲的护理。

我不知道上面的建议是不是会取得立竿见影的效果。但我敢肯定，只要女士们用心留意自己的衣着打扮，那就一定可以让自己魅力四射。

会说话，会办事

我心里一直都认为，不管出于什么原因，解雇一个人始终都不是一件令人愉快的事情。因此，我很少会主动解雇帮我做事的职员，除非他们已经找到了更好的出路。然而，三年前，我却亲自解雇了一个为我工作了三个月的秘书。当然，我也是很不情愿才这样做的。

在这里，我不想提起这位小姐的名字，因为这可能会伤害到她，所以我们就称她为 H 小姐。坦白说，这位 H 小姐很有能力，会英语、法语、西班牙语和德语四门语言，而且还写得一手漂亮的好字。不光这样，H 小姐还有着迷人的外表、高贵的气质。单从这些条件来说，H 小姐应该算得上是最棒的秘书了。的确，我必须承认，H 小姐把自己手头的工作都处理得井井有条，从没出现过差错。然而，H 小姐却有一个致命的缺点，这也是我解雇她的原因。

有一次，我因为有事外出不在公司，恰巧这时我的老朋友约翰·查尔顿来公司找我。约翰并不知道我已经雇用了秘书，所以他像往常一样直接走进我的办公室。这时，H 小姐从后面赶上来，很气愤地说："嗨，你这个人怎么如此无礼？难道你不知道到公司找人是有规矩的吗？你应该首先和我这个秘书打一下

招呼。”约翰是个很有修养的人，赶忙说:“对不起，是我疏忽了。是这样的，我并不知道我的老朋友卡耐基雇了秘书，所以就很贸然地闯了进来，希望你能够原谅。”H小姐看了看约翰，很傲慢地说:“不要以为是老朋友就可以不讲礼貌，这里是公司，每个人都必须遵守规矩，你也不例外。既然你看到卡耐基先生不在，那么就请你回去吧！”约翰当时有些生气，但是他并没有发作，而是说:“哦，真抱歉，我有点急事找他，你能帮我联系一下吗？”H小姐很不耐烦地说:“难道你不知道做秘书的是不能随便透露自己老板行踪的吗？真搞不懂，我的老板怎么会有你这样的朋友！”约翰再也忍不住了，大声喊道:“是吗？小姐，难道你就不能说话客气一点吗？我真搞不明白，卡耐基怎么会雇你这样的秘书。”说完之后，约翰气愤地走了。

后来，约翰把这件事告诉了我。于是，我找H小姐谈了一次话。当我说起这件事的时候，H小姐显得很生气，说:“什么？那个无礼的家伙居然还到你这里来告状？真是太可恶了。”我心平气和地对她说:“H，难道你不应该对这件事反思吗？事实上，你在处理这件事的时候有很多地方做得并不妥当。”我的话显然激怒了H小姐，她大声说:“难道您也认为我的做法是错误的？难道那不是一个秘书应该做的事情？天啊！我做了自己的本职工作，居然还要受到责备。”我知道H小姐根本没有认识到自己的错误，于是对她说:“H，事实上这已经不是第一次了。很多人跟我反映，他们无法与你沟通，因为你说起话来总是不给别人留余地，还经常伤害到别人的自尊。其实，有很多事情你完全可以换一种说法，那样的话事情就变得容易得多。我希望你能够改正自己的缺点。”

很遗憾，直到最后我也没能说服H小姐。没办法，我只好选择将她辞退，因为我不能为了她一个人而使很多人不开心。

很多女士为了让自己魅力十足，把大量的时间、精力和金钱都花费在了打扮自己这方面。其中，更高明一点的女士还会注意训练自己的举手投足、培养自己的格调，让自己更有内涵和气质。的确，女士们的这些做法都是正确的，也是应该的。然而，如果女士们忽略了说话办事这一点，那么当你与人交往的时候，会给人一种很不愉快的感觉。

其实，对女士来说，不管你是职业女性还是家庭主妇，会说话、会办事都是非常重要的。你在这方面是否有魅力会直接影响到你是否能够给对方产生很强的吸引力，也关系到你是否可以获得别人的喜欢。同时，如果女士们能够掌握说话办事的技巧，那么你们就无疑能够在与人相处的时候表现出自信，让别人被你的魅力所折服。

人际关系学家查理·休伯特在他的著作《论女人的魅力》中曾经说：“对于一个女人来说，漂亮的脸蛋、姣好的身材、脱俗的气质等是让她们魅力十足的先决条件。可是，如果一个女人满口脏话，出言不逊的话，那么恐怕也不会得到别人的喜欢。语言是上帝赐给人类的礼物，一个风采迷人、魅力四射的女人必须懂得如何说话、如何办事。事实上，如果一个女人能够掌握说话办事的技巧，那么她就可以很容易地弥补一些自己先天性的缺陷。”

然而，有些女士似乎并不认为会说话、会办事是非常重要的。

在她们看来，只要自己够漂亮、有品位，那就一定会征服所有的人。至于怎么说话，那不需要学，也不需要关注，因为说话和办事只要是达到目的就可以了，根本不需要学习什么技巧。

唐·邦德是美国著名的影视演员经纪人，我们曾经在一起吃过晚餐。席间，唐问我："卡耐基先生，你觉得挑选演员的标准应该是什么？"我想了想回答说："迷人的外表、优雅的气质、高超的演技，这些东西应该是最重要的吧？"唐笑了笑，说："不，你错了！事实上，我在挑选演员的时候很看重他的谈吐，特别是女演员。有些女孩子很漂亮，也很有气质，可惜她们不知道该如何说话办事。可能你认为对于一个演员来说，演好戏才是最重要的。至于说话办事，那只是一种日常人际交往的技巧罢了。"我点了点头说："是的，唐，我一直都这么认为。"唐接着说："你知道吗？要想做一个好演员，必须要有征服观众的魅力。即使你的外表再漂亮，即使你的演技再高超，如果你不懂得如何说话办事的话，也是一件非常麻烦的事。举个例子来说，演员总是要和观众沟通的，不懂得与观众交流、相处的演员永远不会成功。试想，如果一个演员老是用言语伤害观众，使观众对她产生一种厌恶感，那么她怎么可能会出名，怎么可能会成功？一个不会说话办事的演员没有魅力，没有魅力的演员不会成功。"

的确，唐·邦德给我们揭示了一个容易被忽视的道理。其实，以前我也没有把魅力和会说话、会办事联系起来，直到我认识了卡拉女士。

卡拉女士在一家汽车轮胎公司任经理，我对她的了解是通过别人的描述得来的。华盛顿轮胎销售商卡尔对我说：“和卡拉女士谈判简直是一种享受，虽然我们都在为各自的利益着想，但是从未发生过争吵。卡拉女士的每一句话都让人觉得非常舒服，总让我有一种非与她合作不可的感觉。”一家生产橡胶的公司的销售经理也说：“卡拉有一种让人无法抗拒的魅力，每次和她谈判的时候都有一种愉快的感觉。按理说，作为公司的经理，我应该完全替本公司着想。可是，卡拉总是有办法让我知道他们的难处，理解他们的困难。虽然我知道有些时候她是在玩弄一些小把戏，我却情不自禁地钻进她所设下的圈套。”

我对卡拉女士产生了强烈的好奇心，于是亲自去拜访了她一次。当见到卡拉女士的时候，我大吃了一惊，因为她与我想象中的形象完全不一样。卡拉女士个子不高，身材也有些发胖，长相也非常普通。说实话，我当时很难把她与“魅力四射”这个词联系起来。

然而，我和卡拉女士交谈以后却发现，自己已经完全被她征服了，因为卡拉女士深知与人交谈的技巧。她说什么话都会给自己留下一点余地，而且也不在我面前摆什么经理的架子。我能感觉到，面对我的提问，卡拉有所保留，因为她不想那么快亮出底牌。此外，卡拉女士很礼貌，也很有耐心，似乎一直等待你一点点地跟着她走。当然，必要的时候她也会大兵压境，甚至让你有喘不过气的感觉。不过，每当这个时候她又会适时地停止进攻。

当我们的谈话结束时，我对卡拉女士说："真不可思议，您大概是我见过的最有魅力的女士了。"卡拉有些不好意思地笑了，说："您过奖了，卡耐基先生，我不过是懂得一点说话办事的技巧罢了，没什么魅力可言。"

我知道这是卡拉女士自谦的说法，因为从她嘴里轻松说出的所谓技巧的确能够让很多人折服。回去之后，我对卡拉女士所说的话进行了分析，终于总结出了几点经验。

说话办事时应掌握的技巧

- 掌握时机，恰当地运用感谢的词语；
- 与别人交谈的时候一定要多说愉快的事情；
- 多多赞美别人的优点；
- 表达不同意见的时候要给对方留足面子；
- 学会听别人讲话；
- 合理利用身体语言；
- 尽量用高雅简洁的词；
- 千万不可自大、自夸；
- 玩笑要开得适可而止；
- 平时注意充实自己。

其实，要想学会说话办事，并不是一朝一夕就可以成功的。不过女士们要有足够的信心和决心，然后再看一些有关这方面的书籍。不管女士们是不是都渴望自己成功，是不是都希望自己成为“万人迷”，学会说话办事总是一件好事情。

给别人说自己得意事情的机会

女士们，你们知道什么方法最能够让别人接受你吗？有的女士可能会告诉我：“这很简单，把我的优点全部告诉他们，我要用我的语言使他们感受到我的魅力。”如果你真是这样想的，亲爱的女士，那么你就大错特错了。事实上，这种说太多话的做法往往会使别人感到厌烦，尤其是你故意夸大你的优点。因此，如果你想成为一名充满魅力的女士，那么你就应该让别人多说话，尤其要给别人说出自己得意事情的机会。

你们可能想不到，这种做法虽然看起来有些“软弱”，但实际上充满了智慧，往往可以给你带来意想不到的收获。

汤潘女士是一家大型汽车坐垫生产厂家的销售代表。几年前，全美最大的汽车公司准备购买全年所需的汽车坐垫，这也是这家公司每年年初都要进行的大型采购项目。为了能够获得这项大的订单，很多生产厂家都纷纷寄出了自己的样品。经过层层筛选，只有三家厂商进入了最后的竞标，汤潘女士所在的厂家就是其中之一。

说实话，汤潘女士对这次谈判没有多少信心，因为另外两家的实力也都是非常强的，也就是说汤潘女士成功的概率仅有30%。然而，就在竞标开始的那天，汤潘女士居然得了咽喉炎，而且相当严重，嗓子沙哑得连声音都发不出来。汤潘女士有些灰心，认为这次肯定会失败。可是，明知失败也要试一下，于是她还是进了会议室，和那家公司的采购经理、质检员以及总经理见了面。

她见到总经理时，很想向他问好，可是她根本发不出声音来。没办法，汤潘女士只好在纸上写道："对不起各位，我今天嗓子坏了，根本不能说话。"这时，坐在她对面的总经理笑了笑，说道："女士，我在这一行也有很多年了，我想我替你介绍你们的产品，你不会有什么意见吧？"汤潘女士点了点头，表示愿意接受总经理的建议。

当时的场景简直太令人惊讶了，这家公司的总经理俨然成了汤潘女士的代言人。他站在汤潘的立场上，分析了她们厂生产的产品的优点，并和其他生产厂商的产品进行了比较。在整个过程中，汤潘女士没说一句话，只是微笑着点头称是。经过一阵激烈的讨论后，汤潘女士居然拿到了订单，那可是价值 160 万美元的订单啊！

后来，汤潘女士对我说："我真的感觉上帝在帮我，因为如果那天我的嗓子没哑的话，恐怕我根本拿不到这份订单。现在我终于明白，给别人说话的机会是一件多么重要的事情。那位总经理当时很得意，因为他认为，对于鉴别汽车坐垫质量的好坏来说，他简直是专家。我清楚地记得，他神采飞扬，滔滔不绝，完全把介绍我们的产品当成了自己的事。从那以后，每当我和客户交谈时，总是尽量让他们说话，而且最好是让他们说自己得意的事情。"

对于这一点，并不是只有汤潘女士认识到了它的重要性，另一家电器公司的业务经理卡洛琳女士也对这种做法的魅力深有体会。

那是前几年的事情了，卡洛琳女士受公司老板的委托，来到宾夕法尼亚州的一处农业区进行考察。当她经过一家非常干净整洁的农舍时，对陪同的销售代表说："先生，请你告诉我好吗？这里的人为什么都不用电器？"销售代表以前显然碰过钉子，所以有些赌气地说："住在这里的人都是荷兰移民，他们有钱！可是他们是典型的铁公鸡、守财奴，根本不可能购买我们的任何东西。而且，这些乡下人还对我们这种公司很反感，我已经被拒绝过很多次了。"卡洛琳女士不太相信他的话，决定亲自试一试，于是她很有礼貌地敲开了一家农舍的门。

门只开了一条很小的缝，有一位妇人探出了头。还没等卡洛琳开口，妇人就白了她一眼，

重重地关上了门。卡洛琳没有生气，而是又一次敲门，说道："请别误会，夫人，我并不是来这里推销什么东西的，而只是想从您这里购买一打鸡蛋。"门开得大了一点，不过妇人的眼神中依然充满了怀疑。

卡洛琳笑着说："我敢打赌，您的那群鸡一定是多敏尼科鸡。"

妇人有些好奇地问："你是怎么知道的？"

卡洛琳说："因为我家也养鸡，而且从来没见过比你的这群多敏尼科鸡更棒的鸡。"

老妇人的警惕性还是很高，继续问道："恭维是没有用的，既然你家也养鸡，那么何必还来我这里买？"

卡洛琳回答说："很简单，我养的是莱格何鸡，它们只能生出白色的蛋来，而多敏尼科鸡却能生出褐色的蛋来。您一定精通于烹饪之道，相信您也知道，用白色的鸡蛋做出的蛋糕要远远逊色于用褐色鸡蛋做出的蛋糕，我一直是这样认为的。"

妇人完全没有了戒心，她来到了走廊中，高兴地说："是的，我也这么认为。哦，姑娘，我想要请你参观一下我的家。"

于是，卡洛琳终于有机会仔细地看一看这位妇人的家了。这时，卡洛琳说："夫人，我注意到你家有一个漂亮的牛棚，那一定是你的丈夫养的。我敢保证，他养牛挣的钱一定不如你养鸡挣得多。"

"噢！当然，你说得太对了！"老妇人兴奋地说，"真该让那个自负的家伙听听这些话，省得他一天到晚总是不承认。"

接下来，老妇人邀请卡洛琳参观了她的鸡舍，而且表示希望从她那里得到一些好的建议。当然，女士们肯定都猜到了卡洛琳会给这位妇人什么建议。

一个星期以后，卡洛琳视察的这一地区都安上了她们公司生产的电器。卡洛琳对那个失败的销售代表说：“你知道吗？我并没有像专家一样上来就建议她买什么电器。我只是想要知道她养鸡的情况，因为那是她最得意的事情。在取得了她的信任之后，我是以朋友的身份建议她买电器的。朋友是不会欺骗朋友的，所以她才决定买我们的东西。”

女士们，我不得不承认，这是我所见过的最有魅力、最成功也是最有效的推销方法。当然，你完全可以把它运用到你的日常生活中。

女士们，你们知道这是为什么吗？这是因为当别人觉得胜过我们时，他们就会产生一种自尊感和自重感，这一点也是我一再强调的。有了这种自尊感和自重感，他们必然愿意向我们敞开心扉，愿意和我们交朋友。相反，当他们觉得我们胜过他们时，他们就会产生一种自卑感，随之而来的则是嫉妒和猜忌。

各位女士，你们知道如何获得一个成功人士对你的青睐，从而为自己谋得一份不错的职业吗？我可以告诉你们，最好的办法就是让他们讲一讲他们的创业史，因为那是他们认为最得意的事情。

有一次，美国一家著名的大公司在报纸上刊登了一则招聘广告，说是想要招聘一位非常有才能而且经验也很丰富的人来做公司的中层管理人员。可是，虽然有很多人前来应聘，但似乎没有一个被老板看中。

这天，有一位年轻的女士前来应聘，事实上她已经是一位已婚的女士了。应该说，她的条件并不是很好，因为她毕竟已经结婚，而且也谈不上经验丰富。

老板显然有些轻视这位女士，问道："能告诉我你有什么能力吗？"

女士很镇静地说："尊敬的先生，我不打算在您的面前吹嘘。事实上，我一直都很敬佩您。我知道，您是一位白手起家的企业家。您凭借着几百美元和一份详细周密的计划以及自己不懈的努力终于取得了今天的成就，您是我心目中真正的英雄。"

老板的眼睛亮了起来，很高兴地说："是吗？可那些毕竟都是过去的事了。"

女士说道："可那对我们这些后辈来说却非常有意义。我不奢望能够获得这份工作，但我想从您那里学到更为宝贵的经验。"

这场面试整整进行了三个多小时，老板把他自己如何从一个穷小子变成今天的百万富翁的经历全都讲述给了这位女士。最后，老板笑呵呵地说："今天是我这些年来最开心的一天。那些应聘者从来没有让我有过这样的感觉，他们老是在那里夸夸其谈，说他们是如何如何有能力。事实上，他们的这些功绩在我眼里简直一文不值。女士，欢迎你加入我们的公司。"

女士们，看到了吧，这就是这种技巧的魔力。可能有些女士会问："作为女性，和那些成功人士打交道的机会毕竟很少，大多数人根本没有辉煌的过去，我不知道该如何让他们说出得意的事。"女士们，如果你们这样想，那就又犯了一个错误。事实上，每个人都有他最得意的事情，关键看你能不能发现。我可以举一个简单的例子，女士们认为对于一对父母来说什么才是他们最得意的事情呢？对了，答案就是他们的孩子。如果你想和一个已婚的而且有了孩子的人成为朋友，那么与其虚伪地称赞他们，还不如发自真心地去和他们谈论一下他们的孩子。因为对于他们来说，孩子就是他们未来的希望，也是他们最值得骄傲的事情。

我记得有一位哲人曾经说过："胜过你的朋友，这是获得敌人的最好办法；让你的朋友胜过你，这是获得朋友的最好办法。"的确，女士们，我们为什么不能谦虚一下呢？为什么不能给别人说出自己最得意的事的机会呢？相信我，女士们，只要你这样去做了，那你一定会成为最受欢迎而且最有魅力的女士。

微笑是给人良好印象的最好方法

那是很多年前的事了，那时候第二次世界大战还没开始，我的一位法国朋友邀请我到巴黎去，并且带我参观了著名的卢浮宫。我真的为人类的智慧所折服，因为那些艺术家们给人类留下了如此之多的艺术瑰宝。

当我们经过达·芬奇的名作《蒙娜丽莎的微笑》时，我的朋友对我说："看，戴尔，这就是卢浮宫的镇馆之宝。"我说道："我知道它是人类艺术品中名头最响的杰作，但我似乎并不能领会到它的真正价值。"我的朋友说："戴尔，你不觉得达·芬奇所描绘的女子很奇异吗？事实上，这幅画真正让世人为之痴迷的正是画中女子矜持的微笑。她的微笑太迷人了，以至于让很多学者都潜心研究蒙娜丽莎微笑的秘密。”

微笑的力量真是太神奇了，简直是妙不可言。人类是上帝最眷顾的宠儿，因此上帝也把笑赐给了人类，使它成为人类所拥有的特权。

有一次，我在飞机上遇到了一件事情，而这件事使我更加坚信微笑的力量是无穷的。

在飞机还没有起飞之前，我身边的一位乘客叫来了空姐，希望空姐能给他倒杯水，因为他需要服药。空姐都是训练有素的，所以很礼貌地说：“先生，实在对不起，为了安全起见，我必须等待飞机平稳飞行后才能给您倒水，请您稍等

一会儿。”

飞机准时起飞了，可是那位空姐却将这件事忘得一干二净。当空姐被急促的铃声叫过来时，那位要水的乘客已经怒不可遏了。

“看看你都干了些什么？难道你们就是这样对待乘客的吗？”那位乘客生气地说，“我真不知道你们公司为什么会选你这样的人做空姐。”

空姐知道自己确实是做错了，赶忙微笑着说：“对不起，先生，这都是我的疏忽造成的，对此我感到非常抱歉。”

“抱歉？难道这就足够了吗？”乘客显然不愿意原谅空姐，继续说道，“难道仅仅一句抱歉就可以弥补你所犯下的错误？我不想和你争吵，我一定要投诉你。”

尽管空姐一次又一次地把微笑送给这位乘客，并表示愿意给他提供任何帮助，但那位乘客就是不领情。当飞机就要到达目的地的时候，乘客冷冰冰地对空姐说：“小姐，请你把你们的留言簿给我，我有些话想让你和你的上司知道。”

空姐的内心十分委屈，因为她已经为自己的这次疏忽道了无数次的歉。不过，最后她还是微笑着对这位乘客说：“先生，请您再一次接受我最最真诚的道歉。您要投诉我，我愿意接受，因为这本身就是我的错。”乘客看了看她，并没有说什么，而是很认真地在留言簿上写着什么。飞机到达机场以后，那位乘客马上就离开了自己的座位。

我对这件事有些好奇，因为我还从来没有见过一个人面对别人多次真诚的道歉而不接受的。于是，我找到了那位空姐，并希望她能够允许我看一看那位乘客的留言。空姐同意了我的要求，很紧张地打开了留言簿。然而，令我们两个都感到惊奇的是，留言簿上并不是一封投诉信，而是一封表扬信。其中，有一句话我印象很深：很抱歉发生了这样不愉快的事，但在整个过程中，你都能保持甜美的微笑。当我看到你的第八次微笑时，我就已经下决心将投诉信改成表扬信了。

空姐的微笑无疑给那位乘客留下了最良好的印象，以至于乘客不再去计较她所犯下的“不可饶恕”的错误。事实上，我想要告诉女士们的是，并不是只有做服务行业的女士需要微笑着面对每个人，其实所有的女士都需要微笑，因为只有这样才能让别人觉得你魅力无穷。

前段时间我去纽约参加了一次盛大的晚宴，席间，有一位非常漂亮的女客人，她的容貌和身材绝不亚于那些空姐。她刚刚继承了一大笔遗产，因此算得上是一个有钱人。我知道，她是急于给别人留下良好和深刻的印象的，因此她花费了大量金钱打扮自己。可是，虽然貂皮大衣、钻石戒指等东西使得这位女客人显得雍容华贵，但是她那冷冰冰的样子却让人唯恐避之不及。

其实，这位女士和空姐比起来，还是有很大优势的。但是她之所以没有成为最受欢迎的人，主要是因为她不明白，对于女士来说，脸上微笑的表情要远比那些冷冰冰的衣服重要得多。

钢铁大王安德鲁·卡内基手下最得力的助手斯瓦伯曾经骄傲地和我说：“我之所以能够成为全美薪水最高的人，主要是因为我有着迷人的魅力。我的人格、我的品德以及我与人相处的秘诀，这些都是我取得成功的原因。然而，我最迷人的地方还是那发自内心的微笑，我的微笑绝对价值 100 万美元。”

女士们，你们一定要记住，甜美的微笑是比任何花哨的言语都更具说服力的。作为一位女士，不管是不是外表迷人，只要你能够向别人微笑，那么你无疑就是向别人表示：“知道吗？我非常喜欢你，是你给我带来了快乐，能够见到你我非常高兴。”

一位大公司的总经理曾经和我说：“我宁愿住进那些虽然有些破旧却可以随时见到微笑的乡村旅店，也绝不愿意走进一家虽然有着一流的设备，却看不见一丝微笑的高级宾馆。”美国一家著名的百货公司的人事部主任也对我说：“我从不看重文凭，因为我宁愿去雇用一个笑容满面却没上完小学的乡下姑娘，也不愿意去雇用一个冷若冰霜的经济学博士。”

的确，任何人都不能抗拒微笑的力量，因为所有人都希望别人喜欢自己。心理学家研究表明，微笑与人的形象有着奇妙的关系。虽然微笑不过是一种面部表情，但它却反映出了人的内在精神状态。

如果女士们不相信，可以想一下为什么狗这种动物能够如此招人喜爱？其实很简单，就是因为它们首先向我们表示出喜欢，自然地流露出一种兴奋之情。在这种喜欢的感染下，人类自然把它们当成最忠实的朋友。因此，我应该告诉各位女士，如果你们渴望其他人能够非常高兴地看见你，那么你首先要做的就是非常高兴地看见别人。

不过，我必须要告诉各位女士，我所说的微笑并不仅仅是简单地做出面部表情，而是要求女士们发出真诚的、由衷的微笑。如果女士们在不情愿的情况下做出了机械的、虚伪的微笑，那么只会招来别人的厌恶和反感。

有一次，我采访美国最大的橡胶公司的总裁，问起他用人的经验。这位总裁微笑着对我说：“卡耐基先生，当我决定是否用一个人的时候，往往从见第一面以后就得出了结果。我见过很多人，有成功的也有失败的。如今，我已经悟出了这样一个道理：一个人，不管做什么事，如果他愉快地去做的话，那么他就一定可以成功；如果他不开心地去做的话，那么他就一定不会成功。在我所认识的人中，他们成功的原因就在于乐于经营他们的事业。后来，有些人对他们的事业失去了兴趣，开始变得苦闷，最后走向了失败。”

莎士比亚曾经说：“事情本没有善恶，而思想也是一样。”我最崇拜的林肯也曾经说过：“大多数人得到的快乐往往和他们想要得到的差不多。”是的，女士们，你们必须清楚，我希望你们能够微笑着面对别人，这并不仅仅是想让你成为最受欢迎的女士。事实上，这也是让你每天都生活在快乐之中的最好方法。

有一次，我正在纽约的长岛车站的阶梯上走，突然看到前面有很多身体残疾的儿童正拄着拐杖勉强地上阶梯。虽然他们一个个都显得十分艰难，但脸上却并不显得痛苦，反而是挂满了快乐的神情。于是，我就找到他们的管理人员，问这是为什么。管理人员说：“你观察得没错，他们的确并不痛苦。因为当一个孩子知道自己注定终身残废以后，他首先会恐慌。但恐慌过后，这些孩子会顺其自然，因此他们和那些正常的孩子一样快乐。”

最后，我面对着那些远去的孩子们敬了一个礼，因为他们给了我一笔财富，让我永远记住内心微笑地面对每一天是一件多么重要的事情。

女士们，我有一样礼物要送给你们。这是一些非常好的建议，你们应该细细品读，也许对你们有很大的帮助。

每当你要外出的时候，都应该对着镜子看看自己是不是愁眉不展。然后你应该抬起你的头，挺起你的胸，深深吸一口气，让清新的空气充满你的胸膛。在路上，不管遇到谁，只要是你认识的，你都要微笑着面对他们。如果需要握手，你还必须要集中精神。

没有什么可忧虑的，误会、怨愤、仇恨，这些都不值得一提。当你遇到那些所谓的敌人时，整一整帽子，动一动裙子，然后微笑着向他走去，发自真心地说一句："你好！"

女士们，记住，欲望是一切事情的根源，只要你真心地祈求，那么你就一定会得到。你们的心里最关注的是什么，那么你就一定会得到什么。记住，女士们，放松你们的脸，抬起你们的头，微笑着面对所有人，你将成为明天最美丽的天使。

我真心希望各位女士能够按照我建议的去做，因为那可以让你大受欢迎，而且还能让你快乐无比。古代东方的中国人是非常聪明的，他们深知人情世故。中国人之间流传着一句非常有名的格言，我认为女士们应该把它写在一张纸上，每天都装在身边。这句格言的大体意思是：只有笑着做生意，才能赚到钱。

女士们，想让别人喜欢你，想让你魅力焕发，那么就微笑起来吧。

善解人意，体贴他人

相信很多女士都曾遇到过这样的问题：有些人明知道自己错了，而且他们的确是错了，但就是不肯承认错误。面对这种情形，女士们大多是选择责备，然而结果却是丝毫不见效，甚至还会起到相反的作用。其实，女士们完全可以采用另一种方法，那就是理解他，从他的角度看问题，也就是我所说的善解人意、体贴他人。

要想掌握这一技巧，女士们首先要知道对方为什么会固执地坚持自己的意见。很显然，他那么做一定是有原因的，只要女士们找到背后的秘密，那么就相当于找到了体谅他、理解他的钥匙。

我的培训班上曾经有一位名叫凯莉的女士。她告诉我，她的丈夫不务正业，不但不把心思花在工作上，反而每周都要拿出 3 天的时间来修理家中的那些花草。在凯莉女士看来，那些经丈夫精心修剪的花草并不比他们结婚时更好看，因此她总是批评丈夫。当然，凯莉的丈夫在面对批评时也不甘示弱，因此家中经常爆发“战争”。

听完她的描述，我知道这是一位不懂得体贴他人的女士，于是我对她说：“你为什么不换个角度考虑？何不尝试一下站在他的角度思考问题？”我的话显然打动了凯莉女士，她沉默了一会儿说：“是的，我知道丈夫一直都很喜欢花草。记得我们在恋爱的时候，他经常会送给我几朵他自己种的花。那时候我还常常称赞他有情趣。也许，这次真的是我错了。的确，我丈夫太喜欢花草了，他能在修剪花草的过程中体会到快乐，而我却要剥夺他这种快乐。”

女士们，你们知道以后发生什么事了吗？那太神奇了。当丈夫再一次修剪花草时，凯莉兴冲冲地走过去说：“嗨！亲爱的，我今天才发现原来你种的花是这么的漂亮。我相信，如果我们两个一起经营的话，我们的家会变得更美。”“是吗？亲爱的，你真的这么认为？”凯莉的丈夫几乎是眼含热泪地说：“我很久没听到你这么说了。事实上，你一直都反对我这么做。”凯莉笑着说：“可我现在改变主意了。能在工作之余管理自己的花草，这也是一件非常惬意的事情。当然，工作是不能落下的。好了，我们开始吧！”

从那以后，凯莉再也没有责备过丈夫，反而会经常帮他干活。如果实在没时间，那么在丈夫干完活后她也会重重地表扬他一番。就这样，凯莉一家每天都过得很愉快。

看完这个例子之后，有些女士可能会说：“卡耐基真的是一个聪明人，居然能够想到这么好的方法来解决人与人之间的摩擦和矛盾。可惜我不够聪明，要不然我一定也会很好地运用这一技巧的。”女士们，千万不要这样想。我懂得这一技巧并不是因为我比女士们聪明，而是因为我曾经得到过教训。

一直以来，我都喜欢到离我家不远的公园里骑马、散步，这是一种很不错的休闲方式。公园中有很多橡树，那是我最喜欢的植物。当我看到那些可怜的小树被无情的大火烧坏时，我感到非常痛心。事实上，这些火并不是由那些粗心者的烟头引起的，而是由在公园野炊的调皮的孩子们所致。有些时候，那火简直大得吓人，甚至必须要叫来消防队才能扑灭。

其实，这件事早就引起了政府的重视，因此他们在公园里面树立了一块牌子，上面写着：严禁在公园用各种形式引火，否则必将受到罚款或拘禁的处罚。可能是工作人员一时疏忽，这块牌子居然被放在了一个很不显眼的位置上，所以很少有人能看到它。此外，虽然政府在公园里设置了一个骑马巡视的警察，但他好像对自己的职责不太感兴趣，因此火灾还是时常发生。

有一次，我急匆匆地跑到那位警察那里，告诉他公园里发生了一场可怕的火灾，应该马上通知消防队。不想，他却冷冰冰地说：“这关我什么事？要知道，现在的火还没有烧到我所管辖的区域。”当时我非常生气，并决定从此以后义务担当起森林管理员的角色。于是，我每天都会骑着马在公园里巡视。

那时候，虽然我的出发点是好的，但是我却并没有理解到善

解人意的重要性。当我看到一群孩子在树下玩火的时候，非常的气愤，一定会想各种办法来阻止他们。我会走上前，恶言恶语地警告他们，命令他们将火扑灭。如果他们胆敢拒绝我，那我就会吓唬他们说，我一定会把他们交到警察手里的。这一方法也有效，那些孩子听从了我的话，不过是带着厌恶和反感心理听从的。只要我一离开，他们就又会生起火来，而且恨不得将整个公园烧得一干二净。

很多年以后，我已经学会了一些与人相处的技巧了。这时我才发现，当初自己的做法是多么的愚蠢。于是，当我再一次在公园中看到那些淘气的孩子时，我会对他们说："孩子们，这真是太棒了，是不是？让我看看你们在做什么。午餐吗？事实上，当我还是个孩子的时候也很喜欢在外面野炊，直到现在也是。不过我从来不在公园中玩火，因为那是一件非常危险的事。虽然我可以肯定地说，你们一定会非常小心的，但我却不能保证别的孩子也同样小心。那些粗心的孩子看到你们在生火，他们也一定会跟着学，而且在回家的时候还不将火扑灭，然后公园里就会发生一场可怕的火灾。仅仅因为不小心，我们将失去这个美丽的公园，而那些调皮的小家伙们也会因为生火而被捕入狱。我从没打算要制止你们做什么，我也希望你们能从中体会到快乐。不过，快乐地享受一番后，你们千万不要忘记把那些树叶扔得离火远一点。还有，在离开之前，你们一定要把火用土盖起来。对了，我还有一个很好的建议，你们下次可以到山丘那边的沙滩上生火，那不会有任何危险。祝你们好运，我的孩子们！"

这些调皮的孩子这次也听了我的话，不过是心甘情愿的。他们觉得，我是从他们的立场上考虑问题，我是一个善解人意的人。孩子们得到了自尊，也没有了反感，所以他们不会抱怨，更不会抵触。因为在他们看来，我是一个值得信赖的人，也就是说，我用我的魅力打动了他们。

这又和魅力扯上什么关系了？其实，女士们不妨想一想，什么叫魅力？魅力的表现形式是什么？当我们称赞一个人有魅力的时候，是不是也是在说："我真喜欢他！"对，你只有让别人喜欢你、敬佩你、欢迎你，才叫充满魅力。也就是说，做一个善解人意、体贴他人的女人是魅力无穷的。

肯德斯在美国一家杂志社做编辑。他是个十足的"酒徒"，每天都要喝上几杯才肯罢休。后来，酒精使肯德斯生了病，并且不得不在家养上半年。当时，爱丽丝女士正好担任编辑部主任。她是一个对酒精深恶痛绝的人。杂志社中有人对肯德斯非常不满，于是就到爱丽丝那里打小报告，说肯德斯是个酒鬼，而且因为喝酒也耽误了很多事。后来，这些风言风语传到了肯德斯的耳朵里。他害怕极了，真怕自己的上司因为这件事而辞退他。

有一天，爱丽丝女士打电话给肯德斯，邀请他一起吃午饭。餐桌上，肯德斯战战兢兢，不知道该如何是好。爱丽丝看了看他，对服务生说："请给我们上两瓶香槟酒！"肯德斯简直不敢相信自己的耳朵，问道："什么？爱丽丝女士，您不是一直都很讨厌酒的吗？怎么今天……"爱丽丝笑着说："我知道，有时候工作压力太大，或是生活太无聊，来上几杯香槟的确是一件让人感到非常舒服的事情。不过，这只能当一种消遣来做，千万不能沉迷于里面。来，让我们为了你的健康而干杯！”

从那以后，肯德斯再也没有因为喝酒而误事。事实上，正是爱丽丝女士以她自身的魅力感动了肯德斯。因为她让肯德斯知道，自己是十分理解下属的。

如果说肯德斯被爱丽丝征服还多少存在一些“敬畏”的原因的话，那么罗曼莎女士则完全是凭借自己的实力。罗曼莎是纽约一家大型剧院的总经理，是一个不太善言谈的人。有一次，剧院要上演一场非常不错的戏剧，前来观看的人很多，因此票价从原来的3美元涨到了后来的10美元。这当然会引起那些顾客的不满，所以经常发生顾客与售票员争吵的事。

有一次，一位顾客对售票员说：“居然涨了这么多，简直太不像话了。”那售票员抬起了头，说：“是的，太不像话了！”这下轮到顾客傻了，不知道该说些什么好。过了一会儿，顾客问道：“刚才那个售票员是谁啊？真的很不错。”店员回答说：“先生，那是我们的老板罗曼莎女士。”

罗曼莎女士正是凭借自己的善解人意，才使得对方放弃了争论，因为顾客感到自己的想法被理解，而他也开始理解剧院的难处。

女士们，相信你们一定迫不及待地想要知道自己到底该怎么做才能善解人意，到底什么样才算体贴他人。我这里有一些建议送给女士们，希望你们牢牢记住。

善解人意的好处

- 消除对方对你的敌意；
- 让对方接受你的观点；

- 使对方从你的角度思考问题；
- 顺利地实现你的目的。

如何做到善解人意

- 站在别人的立场上考虑问题；
- 要真诚地向他们表示理解；
- 委婉地表达出你的观点。

“糊涂”女人最可爱

很多女士在看到这篇文章的题目的时候一定很不理解，说不定她们还会反问我说：“卡耐基先生，你是不是疯了？难道你认为一个女人天生就应该是愚蠢的吗？难道你也和某些男人一样，认为女人只有是个糊涂蛋才是最好的吗？你在书中一直宣称自己是尊重女性、理解女性的，可你为什么还要写一篇这样的文章来侮辱女性呢？”女士们这样想的话，那可真就冤枉了我。事实上，我所说的“糊涂”并不是指一般意义上的糊涂，而是一种将聪明发挥到极致的“糊涂”。

我之所以会想到要给女士们写一篇这样的文章，完全是受我的一位朋友的启发。他叫爱弥尔·劳伦，是一位充满激情的诗人。他曾经送给我一首哲理诗，诗是这样写的：

糊涂最难得，
真正的糊涂是最高明的。
那是一种将自己的才智升华后的智慧；

那是一种虽知晓却不点破的涵养；

那是一种不入世俗的气量；

那是一种让自己远离纷争的快乐；

那是一种豁达的胸怀；

那是一种让自己免于危险的方法。

不管是男人女人，只要他能做到这一切，

他的一生将可以放出绚丽的色彩。

女士们是否已经体会到了这首诗的含义呢？是的，我所说的糊涂不是那种无思想、无意识、无主见的糊涂，而是一种以豁达、宽容的眼光去看待事物的糊涂。虽然世上所有的人都梦想着成为智者，但是如果我们凡事都较真的话，那么自己也就会陷入无边的痛苦之中。女士们不妨想一想，是不是很多事情你越清楚就越烦恼呢？我们打个比方，世界上真正被病魔夺去生命的人其实并不多，更多的人是被病魔吓死的，因为他们太“聪明”了，所以心中非常清楚疾病对他们来说有多么的可怕。

小的时候，我和邻居家的几个小孩子都非常喜欢到达克先生家去玩，因为那里有个慈祥和蔼还很会讲故事的老奶奶。有一次，老奶奶给我们讲了一个“可笑的主妇”的寓言故事。

从前，有一位住在农场的主妇，老是自以为是、自作聪明，很喜欢与人抬杠。有一天，这个主妇正在家中煮饭，突然邻居告诉她，说是街上来了一位算命很准的吉卜赛人，叫她一块儿去看看。这个主妇一向不相信什么算命的说法，认为那个吉卜赛人不过是想借机骗钱罢了。因此，主妇暗下决心要好好惩治一下那个骗子。

当她赶到时，吉卜赛人的面前已经围了很多人。主妇二话不说，马上挤到跟前说："嗨，你算算我叫什么名字？现在正在做什么？算对的话我给你一个金币。"吉卜赛人回答说："你的名字叫琳达，你现在正在煮饭。"主妇吃了一惊，因为她的确是叫琳达，而且也正在煮饭。不过，她还是不相信吉卜赛人会算命，认为这一定是有人事先告诉她了。于是，她回家换了身衣服，改了个发型，又要求吉卜赛人给她算命。结果吉卜赛人给的答案还是一样。就这样，主妇来回换了几次衣服都没有骗过吉卜赛人。不过，当她最后一次去问的时候，吉卜赛人说："你的名字叫琳达，不过你煮的饭已经焦了。"

我清楚地记得，当时我们几个小伙伴笑得前仰后合，都说这个主妇真是可笑，喜欢耍小聪明。那时候，我从这个故事里得到的唯一的道理就是：吉卜赛人是会算命的。

然而，今天我重温这个寓言故事的时候，却发现里面还揭示了很多深刻的道理。其实，在现实生活中，很多人都和这位主妇一样，喜欢耍小聪明，明知道某些事情的真相，却非要去较真，一定要找出里面的错误。结果呢？他们苦心经营的"饭"变焦了，自己也尝到了苦果。

很多女士之所以不幸，很大程度上就是因为她们太过"聪明"。的确，这些女士智商很高，社会阅历也很深，因此任何问题、任何事情都瞒不过她们的眼睛。于是，她们不允许别人欺骗她们，不能容忍别人占她们的便宜，更加不能原谅那些妄图在她们面前瞒天过海的人。她们毫不留情地当面拆穿了别人的"诡计"，挖空心思地想办法去报复他们。结果，她们自己累得筋疲力尽，而别人也不愿意再去理睬她们。

人际关系学大师海拉尔·乔森顿曾经在他的著作《如何让你成为受欢迎的人》中写道：“在与人相处的过程中，太过较真是最大的忌讳。我一直都认为，撒谎是人类的天性，因为有些时候说谎也是必需的。然而，每个人在内心深处都有一种自我防御的心理。当察觉别人在欺骗他们的时候，他们的自尊心马上就做出反应。在他们看来，这些人的做法无疑是在愚弄他们，是对他们的一种侮辱。于是，他们会想出各种办法进行反击。然而，事实上有些时候谎言并没有那么可怕，只不过是当事人将它看得太严重而已，结果搞得自己和别人都很不愉快。其实，如果人们可以忽略一些谎言的话，那么每个人都可以过得轻松许多。”是的，我们何不来一次糊涂呢？

我们不妨对待工作糊涂些。当然，我并不是让女士们不认真对待工作。我的意思是不要太去计较那些工作中遇到的问题。你的上司可能最近老是冲你发脾气，你不要认为他是在故意找你的茬，说不定他只是心情不好而已。你每天工作 8 小时，给公司创造了很多利益，可仅仅拿到那一点微薄的薪水。你不应该有这种想法，公司拿出更多的钱是理所当然的，因为你不是老板，更何况他还要拿很大一部分来供养像你一样的员工。你的同事整天聚在一起说你的坏话，这让你难以忍受。其实，你大可不必担心，因为他们只不过是嫉妒你罢了。

我们不妨对待朋友“糊涂”些。你的朋友可能为了某些利益而伤害了你，千万不要因此去怨恨他，因为换成是你也会这么做的。你的朋友曾经在背后说过你的坏话，不要在意，因为那可能是你真的有问题。况且，在背后谈论他人是人类最大的嗜好。也许你的朋友明明有钱却不愿借给身处困难的你，不要埋怨他，可能他还有更大的用处。

我们不妨对待家庭“糊涂”些。你的丈夫可能对你撒谎说在单位加班，其实他是偷偷跑出去喝酒。你不要责怪他，因为男人也需要偶尔的放纵。你丈夫拿着一枚廉价的戒指和你说:“这是正宗的钻石戒指。”请不要拆穿他，那是代表了他的心意。你的孩子把弄脏的床单藏在了衣柜里面，你千万不要手拿床单狠狠地训斥他，因为你小的时候也犯过同样的错误。

女士们，我真的希望你们在遇到上面那些问题的时候表现得“糊涂”一点，这可是人生的大学问。曾经有一位哲人说：“聪明的最低境界是糊涂，而它的最高境界依然是糊涂。”每一位女士都不愿做最低境界的糊涂虫，因为那是一种懒懒散散、玩世不恭、胸无大志的表现。于是，女士们看书、看报、留心观察，逐渐将自己变成了聪明人。我承认，这是一种飞跃，质的飞跃。然而，如果我让女士们再从聪明变回糊涂的话，恐怕就很少有人愿意了。

实际上，女士们之所以不愿意从智者变为糊涂者，是因为你们认为但凡糊涂者都是可悲的、可笑的甚至是愚蠢的。可是，女士们，你们有没有想过，这种“糊涂”有时候恰恰可以帮你们排解生活中的烦恼，让你们不为任何事担忧。这种“糊涂”并非不明事理，也不是看不清现实，而是一种让自己免受世事困扰的做法。一位哲人曾说：“上帝要折磨一个人，首先就赐予他完整的思想。”对于那些太有思想的人来说，痛苦与他们是永远相伴的。相反，那些头脑简单的人却每天都可以过得很快乐。

有些女士太“聪明”了，看清了世上所有的一切。于是，她们开始觉得世界太冷酷了，人与人之间没有感情可言。她们觉得孤独，觉得冷，因为这个世界没有一丝温暖可言。这就结束了吗？不，还远不止这些。“聪明”给你带来的最可怕的后果就是失去朋友、失去亲人、失去生活。没人愿意和一个太“聪明”的人一起相处，每一个人都希望保留住自己的尊严，守住自己的一点小秘密。然而，“聪明”的女士却让这些人失去了尊严，失去了秘密。

因此，女士们，请听一听我的劝告，让自己变得头脑简单一些，让自己对人对事“糊涂”一些。这样一来，你不但不会成为别人眼中的傻瓜，反而会成为他们心目中的女王。

不过，在最后我还必须提醒女士们，如果你们真的还没有从最低境界的糊涂上升到聪明的境界的话，那么就千万不要去追求最高境界的“糊涂”。我说过，最高境界的“糊涂”是以聪明为基础的，它是一种智慧的体现。而如果女士们没有达到聪明的要求的话，那么你们追求的可就是真正的糊涂了，那种让人变得一塌糊涂的糊涂。

第四章

让中意的男人喜欢你

做有情调的女人

我想在这篇文章的开头问女士们一个问题："你们认为什么样的女人才是男人最喜欢的？"我想，大多数女士会这样回答说："卡耐基先生，你是不是在开玩笑啊？上面那整整一章不都是在说这个问题吗？答案其实很简单，男人当然是最喜欢有魅力的女人了。"我承认，女士们说出的答案是有道理的，男人的确是喜欢魅力十足的女人。可是，要想获得男人的爱，光有魅力是不够的，女士们还需要让自己有情调。

几天前，我的老朋友达勒·赫斯特突然来到我家，同时还带来一位我从未见过的女士。一进门，达勒就兴奋地说："嗨！戴尔，这是我的未婚妻安蒂。告诉你一个好消息，再过三个月我们就要结婚了！"虽然在事前我已经有些预感，但达勒的话还是让我大吃一惊。

达勒是英国人，按照他的说法，他是一个有着高贵血统的英国贵族。他这个人很奇怪，尤其对感情特别挑剔。在这之前，有很多女士都曾经追求过他，其中不乏漂亮的、富有的和有身份的，可是我们这位达勒没有一个看得上眼。用他自己的话来说："我是一个贵族后裔，只有那种让我有怦然心动的感觉的人才能做我的妻子。"

因此，我真的很奇怪，那位叫安蒂的女士究竟是怎样征服他的。事实上，安蒂说不上漂亮，更谈不上有什么高贵的气质。我真的不明白，达勒这个一向狂傲的家伙怎么会选择她。于是，吃晚饭的时候，我问达勒："老朋友，你能给我讲述一下你们的恋爱史吗？”达勒满脸幸福地说：“我们是在一次舞会上认识的，我第一眼看到安蒂的时候，我就觉得她与众不同。你知道，那些参加舞会的女人都想出风头。她们在脖子上、手指上、耳朵上挂满了首饰，身上穿着价格不菲却俗气到极点的晚礼服，脸上的浓妆足以让人望而生畏。说实话，每当我看到她们的时候，都有一种想呕吐的感觉。”我知道我的这位朋友一向自命清高，因此从他嘴里说出这样的话来并不奇怪。达勒接着说：“可是安蒂不一样。她那天只化了淡淡的妆，也没有戴太多的首饰。最吸引我的还是她那套晚礼服，明显是手工制作的，却给人一种清新脱俗的感觉。于是，我来到了安蒂身边，和她攀谈起来。一个小时之后，我发现我已经深深爱上了她，因为安蒂对生活的品位简直太独到了。她把那些物质的东西

看得很淡，认为只要自己喜欢，什么样的生活都可以变得很快乐。她告诉我，她喜欢自己做衣服，因为那会让她有一种自主的感觉。她最喜欢的是一件睡衣，还说她喜欢穿着睡衣坐在餐厅吃晚餐的那种感觉。正是安蒂这种特有的情调让我对她着迷，所以我决定和她结婚。”

不知道女士们从这个例子中得到什么样的启发。安蒂并不是买不起一身像样的晚礼服，但她认为那样的生活太过俗套。安蒂对生活有着自己独特的品位，因此她想尽办法让自己的生活充满情调。正是安蒂的这种情调，才最终俘虏了达勒的心。

的确，有情调的女人最能打动男人的心，因为男人在粗犷的外表下同样有一颗渴望浪漫的心。情调虽然不能与浪漫等同，但情调却能制造出浪漫。情调其实是一种对生活品质的追求，要求注重个人的享乐，而且还要有品位地进行文化消费。

那么，究竟怎么做才算有情调呢？坐在高级餐厅，品红酒、听音乐是情调；安静地坐在音乐厅欣赏交响乐是情调；悠闲地坐在咖啡馆喝着咖啡，风雅地抽着女士香烟也是情调……女士们可能又会抱怨说：“卡耐基先生，你说的这些都是有钱的千金小姐或是阔太太才能享受到的事。对于普通人家的女孩来说，我们可不愿意花去半个月的薪水来做一回什么有情调的女人。”

我知道，很多女士都把情调和上面那些高级场所联系起来，认为情调是一种奢侈的享受，永远与普通人无缘。事实上，女士们这种想法是错误的，情调是一个女人对生活的品位，是一种思想感情所表现出来的格调。女士们应该清楚，情调与金钱、地位其实没有一点关系。

就在几天前，我的远房表弟卡尔从老家密苏里赶到纽约，他此行的目的就是向我诉苦。卡尔沮丧地对我说："表哥，我失恋了。"我知道，每一个年轻人都对爱情有着强烈的向往，因此我安慰他说："没关系，卡尔，失恋也是一种经历。不过我不明白，你为什么会和娜塔（我表弟之前的女朋友，我曾经见过一次）分手？在我的印象中，娜塔是个漂亮的女孩，而且很善良，还善解人意。"卡尔回答我说："是的，表哥，我知道娜塔有很多优点，但我和她在一起真的很不开心，她的生活简直没有一点情调。约会的时候，我常常提议去一些格调高雅一点的餐厅，因为那样才显得浪漫一些。可娜塔却说，与其花很多钱在餐厅吃，还不如自己买一些东西在家里吃。其实，在家里和喜欢的人一起吃晚饭也可以是一件让人感到愉快的事情，可娜塔却让我的希望落空。她总是胡乱地煮一些东西，然后很随便地把食物放在盘子里。我提议何不关上灯来一次烛光晚餐，可她却说那样太黑不利于吃东西。吃完饭后我提议跳一支舞，可她却说还有很多家务等着做。我提议将房间布置得温馨浪漫一点，可她却说那是在花冤枉钱。我真的受不了了，虽然我很爱她，但我还是选择了放弃。"

女士们，这不得不说是一场悲剧，一对本来相爱的青年却因为爱情以外的因素而分开。坦白说，娜塔的做法并没有错，应该说她所做的一切都是为卡尔着想。因为在她看来，能不花的钱最好还是省下。可是，她没有想到，她的这种好心却伤害了卡尔，因为卡尔希望自己有一段浪漫的恋爱经历。

美国著名的心理学家唐纳德•卡特在接受我的采访时说："现代人面临的压力越来越大，很多人都不堪忍受。因此，不管是男人还是女人，都需要找到一种方法来缓解这些压力。我认为，最好的也是最有效的方法就是以情调来调节生活。情调能让生活变得多彩，也能让你从中体会到快乐。当然，这些不需要花费你很多钱。”

英国顶级服装设计师乔治·德莱尔也说过：“情调其实并不是一种奢侈的东西，只要你愿意，每个人每天都可以过得很有情调。举个例子，假如我给你一筐梨，里面有一些是烂的，那么你该怎么处理？有人会说先吃烂的，因为那样可以给自己节省下一部分。可是，当你吃完烂梨的时候，发现原先好的又变烂了。这样，你吃到的永远是烂的。也有人说先吃好的，因为那样可以让自己享受到美味。可是，当你吃完好梨的时候，那些烂梨已经没法要了。这样，你就浪费了很多。其实，你只要动动脑筋就可以了。为什么不把烂的那部分挖掉，然后煮成梨糖水，并在这个过程中把那部分好梨吃掉？这可是一举两得的好办法。显然，这不会花费你很多的时间和金钱，却可以让你的生活变得有情调起来。”

女士们，只要你们有一颗热爱生活的心，那么你们就一定可以通过情调来让自己的生活发生改变，也同样能用情调获得男人的爱。女士们一生要扮演很多角色，女儿、女友、妻子、母亲，而如果你们能够将每个角色都做得尽善尽美，让自己的生活充满情调的话，那么你的心情将明媚许多，你身边的人的心情也会明媚许多。

有情调的女人深知自己最需要的是什么，她们会安排好自己的生活，也会维护好自己生命中最重要的东西。只有懂得情调的女人才能真正地爱别人，也才能让自己真正地快乐起来。

而只有女人自己快乐了，她身边的男人才会快乐。爱情虽然是个很难说清楚的问题，快乐却是爱情中不可缺少的因素。

上面所说的内容都是告诉女士们制造情调生活的重要性。实际上，要想获得一份永恒的爱，懂得制造有情调的爱情也是很重要的。很多女士认为爱情就是两个人互相喜欢、互相帮助，然后组建一个家庭，生儿育女。的确，现实中的生活就是这样，然而爱情是一个浪漫的词语，它无时无刻不需要情调来调剂。没有情调的爱情将是枯燥乏味的。

经营你的情调爱情

- 时常挑选一些精美的小礼物送给他；
- 邀请他吃晚饭的时候一定选择布置得别具一格的餐馆；
- 如果你想请他到家中做客，那么就将自己的房间精心地打扮一番；
- 偶尔发发小脾气，让爱情中充满酸甜苦辣；
- 不要让你们的距离靠得太近，保持神秘感更有魅力；
- 要学会如何给他制造惊喜。

其实，要想真正成为一个有情调的女人，仅凭我上面所说的几点是完全不够的。不过，女士们权且把它当作一种建议，然后自己逐渐地摸索。不过，女士们必须清楚，男人喜欢有情调的生活，更渴望有情调的爱情。因此，如果女士们想让你中意的男人喜欢你，那么你们就一定要做个情调女人。

为悦己者容

女士们在赶赴约会之前都会做哪些准备呢？是坐在家中默默等待约会的到来，还是抓紧一切时间精心打扮一下自己？我想大多数女士会选择后者，因为她们都想让自己喜欢的男人看到自己漂亮的一面。这不是虚荣，更不是虚伪，而是一种正常的心理。事实上，很多女人都以在男人面前“炫耀”魅力为荣。

对于后者，我们暂且不说，先说说那些不愿打扮的女性。这种女性往往独立和自主性比较强。在她们看来，取悦男人是一件耻辱的事情。特别是一些女权主义者，她们更不会为了男人而去梳妆打扮，用她们的话说：“我穿什么衣服，化不化妆，这都是我自己的事，和任何一个男人都丝毫没有关系，即使是我所爱的男人。”

如果女士们有这种想法，那么我奉劝你们最好早点儿放弃，因为你们还没有做好争取爱的准备。的确，爱是不能以外表来衡量的，虚有其表的爱情不是真爱。然而，女士们不得不承认，男女之间产生爱情的第一步就是感官上的认识，主要是视觉和听觉。试想一下，如果你没有给一位男人留下很好的第一印象的话，那么想要和他继续交往将是件很困难的事。

美国职业婚姻介绍所所长艾瑞克•庞德在一次演讲中说：“我们曾经安排过几千对男女约会。根据我的经验，那些双方都很重视约会，并且愿意为约会而精心打扮一番的男女的成功率要远比那些一方或双方都不愿打扮的男女的成功率高得多。其中，如果女方在约会的时候没有修饰自己的话，那么第一次约会的成功率几乎很小。这并不是说男人都很好色，而是因为如果一个女人不化妆，穿着很随便的衣服去约会的话，那么男人就会觉得她是在轻视自己，从而放弃与她交往的想法。”

我觉得艾瑞克最后一句说得非常好，相信女士们还记得，在前面的文章中我多次提到过“深具重要性”这个词。是的，男人是一种自尊心很强的动物，特别是当他们与女人交往的时候，更希望满足自己的自尊。因此，女士们穿上自己精心挑选的衣服，化上适宜的妆的做法并不是取悦男人，而是满足男人的自尊心。满足了男人的自尊心以后，女士们实际上就已经把男人征服了一半。其实，男人就是这么简单的动物，他们找妻子有时候就是为了满足自己的自尊心。

因此，女士们，我奉劝你们放下自己的“自尊心”，不要把为了男人而打扮看成是一件非常可耻的事情。事实上，你们这样的做法非但不会让男人轻视你们，反而会赢得男人更多的青睐，因为他们喜欢你们重视他。

有一次，我和妻子在我家附近的一家餐馆吃饭。其间，我听到坐在不远处的一对青年男女正在争吵，很显然，他们是一对热恋中的情侣。那个男的说：“难道你就不能换一个发型吗？我说过了我讨厌这种爆炸式的发型。”女的有些委屈地说：“怎么？你为什么不喜欢？你凭什么不喜欢？这可是今年最流行的。”男的有些激动，说道:“什么流行不流行，我更喜欢以前长发披肩的你。还有，你再看看你的这身衣服，难道就不能穿得淑女一点吗？干吗把自己打扮得像个舞女一样？”小伙子的话的确有些过分，所以那个女的也生气地回敬道：“我像个舞女？那你为什么还和一个舞女待在一起？你这个不知好歹的家伙。你知道吗？为了这次约会，我准备了整整一个星期，就是想给你一个惊喜。可你呢？不但不称赞人家一句，反而还要污辱我！”男人也不示弱，说道：“惊喜？是够惊喜的！难道你不知道我喜欢淑女类型的吗？你以前不是挺好的吗？干吗要穿成这样？上帝，我怎么会喜欢这样一个女人？”最后，这对恋人的午餐不欢而散。

回到家后，我和桃乐丝谈论起这件事情，我问她：“你觉得导致这场争吵爆发的主要责任在哪一方？”桃乐丝笑了笑，说道：“哪一方也不是，其实这些问题在你的书中都提到过。那个男孩应该站在女孩的角度考虑问题，而那个女孩则应该根据男孩的喜好打扮自己。他们真应该去上你的辅导课，学习一下究竟该如何与

对方相处。”我笑了，说：“是的，但我认为更应该改变的是那个女孩。我并不是说一定要女人为男人付出，但要想解决问题必须要有一方做出让步。事实上，以我的眼光来看，那个女孩的确更适合淑女装。既然她本身适合而且男朋友也喜欢，那么为什么不改变自己呢？要想得到一个男人的心，有时候做一下‘牺牲’也是必要的。”

女士们，正因为我的这本书是写给你们的，所以我才要求女士们改变自己。这是因为，我写下这本书的目的就是教会女士们如何主动出击，为自己获得一份渴求已久的爱情。其实，很多女士都有这样一个错误的观念，那就是她们认为精心打扮是自己的事，只要是自己喜欢的，那么对方也一定会喜欢。每个人的审美观念都是不一样的，特别是男人在看待女性的时候往往有一套他们自己的审美观念。如果女士们不顾男士们的想法，执意要根据自己的意愿来梳妆打扮的话，那么结果肯定是会让每一次约会都不欢而散。

人际关系方面的专家约翰·查尔顿在《少男少女》杂志上曾经这样写道：“青年男女恋爱成功的第一个前提就是让对方有一种愉悦感。这一点对于女士们更为重要。作为女性，你们不妨按照男人的意愿来打扮自己。虽然那会让你们觉得有一点委屈，却可以让你心中理想的对象更加爱你。从心理学角度来说，男人看到一个女人愿意为了自己而改变，那么他就会认为这个女人十分的爱他。通常情况下，男人在面对这种女人的时候都会紧抓不放，因为他们希望自己有一个懂事的妻子。”

亨利是个年轻帅气的小伙子，而且还是华盛顿一家大公司的总经理。这样，亨利自然就成了女性的抢手货，因此追求他的女性不计其数。可是，这个亨利却是出了名的“冷酷汉”，不管什么样的女人都不能打动他的心。他曾经对外宣称，自己终生都不会娶妻，因为没有一个女人值得他去爱。

然而，就在几天前，《华盛顿邮报》以醒目的标题刊登了一篇名为《昔日单身贵族，今朝将要结婚》的文章。一时间，所有人都议论纷纷，都想知道这位神奇的姑娘到底是什么样子。当时，人们都猜想这个姑娘一定美若天仙，说不定还是出身贵族。然而，当婚礼举行的时候，所有的人都大吃了一惊，亨利的妻子虽然漂亮，但是并不是十分超群。而且，她以前不过是亨利手下的一个小职员而已。

当说起这段感情时，亨利直言不讳地说：“正是她的一片真诚打动了我。”原来，那位姑娘以前只不过是个打字员。她和其他人一样，早就对亨利有了倾慕之情。不过，她知道自己绝不可能和亨利在一起，因此从来没有向任何人透露过自己的秘密。

不过，这位姑娘心中深爱着亨利，因此一直都想为亨利做点什么。由于和亨利在一起工作，所以她多少知道一些亨利的喜好。亨利不喜欢太瘦的女孩子，因为他认为那样看起来弱不禁风。于是，这位姑娘就拼命地猛吃，让自己的体重增加了十几斤。亨利不喜欢化浓妆的女孩子，所以她每天就给自己淡淡地涂上一些妆。此外，她还留心观察亨利喜欢她穿什么样的衣服。只要亨利说一句不错，那么她就会一口气买下很多件这个类型的衣服。有一次，亨利突然说姑娘脸上的一颗黑痣影响了美观，结果她回家之后居然用刀把痣割掉。结果，她的脸上落下了一个疤。亨利知道这一切以后，他的心向她敞开了，因为他觉得遇到一个肯为自己改变这么多的女人真是太难得了。就这样，两个人终于走进了婚姻的殿堂。

可能有些女士会大喊委屈，因为她们为了追求亨利也都曾经刻意装扮过自己。她们不明白，为什么一个打字员可以成功，她们却不行。事实上，这些女士都犯了一个严重的错误，那就是没有站在亨利的立场上考虑问题。她们的确是打扮自己了，可那是按照她们的意愿进行的。有的女士为了吸引亨利的注意，拼命地减肥，因为她觉得男人都喜欢苗条的女人。有的女士化上很浓的妆，因为她觉得男人都喜欢妖娆的女孩子。有的女士居然还穿上了暴露的服装，因为她觉得男人都喜欢性感的女人。事实呢？她们的做法恰恰与亨利的想法背道而驰，不但得不到亨利的爱，反而招来他的反感。

因此，在这里我有几个建议送给女士们，在你们决定和一个男士相处之前，请你们牢牢把它们记住。

为悦己者容的好处

- 使男人获得自重感；
- 吸引男人的目光；
- 让男人愿意与你相处；
- 使你在男人心中的形象更美。

为心爱的男人打扮的原则

- 千万不要认为打扮自己是一件浪费时间和金钱的事情；
- 要站在男人的角度看问题，按照他理想中的形象去打扮；

• 为男人付出要有一定的底线。

我需要对最后一点进行说明。我希望女士们能够为自己的男人打扮，那是因为这样做可以让你们获得男人的爱。不过，这种付出是有底线的，也是有前提的。并不是说女士们为了让男人开心就需要完全按照他的意思去做。有时候，一些不幸的女士会遇到有特殊癖好的人，如果女士不知道拒绝他们的话，那么恐怕婚后的生活也不会有幸福可言。

眼神效应

多伦多大学心理学教授劳雷斯·科尔曾经在一次公开演讲中讲道："一直以来，人们都把'直观'的表达方式看成是最有效的传递信息的方法。因此，现在的人们都热衷于参加口才培训班、礼仪培训班。在大多数人看来，声音和肢体语言才是人类进行交流的最重要途径，其他的不过是辅助措施而已。事实上，这种想法是错误的。人可以说谎话，也能做出一些与自己真实想法相违背的动作和表情，却很难掩饰自己的眼神。大多数情况下，人们的内心活动都是通过自己的眼神反映出来的。"

女士们，你们是不是同样忽视了眼神效应呢？当你心仪的男人向你投来表示爱的目光的时候，你是如何回应的呢？如果女士们没有认识到眼神效应的重要性，那么我敢说，你们一定错过了很多绝佳的机会。

两性心理学专家克顿·帕沃尔曾经说："很多女士都忽视了

眼神效应的重要性。她们认为，在面对男人的好感时，回应的方式只能是通过语言或肢体。然而，很多女士因为害羞而不好意思做出明确的回应，所以她们自己错过了很多抓住爱情的机会。其实，女士们大可不必低估男人的智商，很多时候，只要你们通过眼神做出相应的反应，那么男人就可以心领神会了。”

唐纳先生是纽约一家大证券公司的经理。由于工作的原因，他很少有机会接触到公司以外的女性。因此，为了解决自己的婚姻问题，唐纳先生经常去参加一些专为单身男女准备的派对，而他也正是在这种派对上结识了现在的妻子凯瑞。

当我问起他们是怎么走到一起的时候，唐纳先生说："事实上，我们第一次见面的时候一句话都没有说。"我觉得很奇怪，问道："没说一句话？那你们凭什么确定彼此对对方都有好感？"唐纳笑了笑说："眼神！整个派对我们都是在用眼神交流。老实说，我是一个腼腆的人，所以我虽然去参加了派对，却很少主动和姑娘们搭讪。那天，我独自一个人站在靠门口不远的地方喝着香槟酒，带着几丝嫉妒的眼神看着那些谈得热火朝天的男女们。这时，我感觉有人在注视我。卡耐基先生，你相信这种感觉吗？我想你也一定有过。我环顾四周，发现在房间东南角处坐着的一位年轻漂亮的姑娘正在注视我。当我发现以后，她并没有退缩，而是依旧看着我。从她的眼神中，我看出她对我有好感，因为那不是普通的注视。于是，我们会意地朝对方点了点头。接下来的事情不用说了，从那天起，我们就开始恋爱了。"

这件事引起了我很大的兴趣，因为我还是头一次在现实生活中听说人与人之间用眼神交流。我现在已经知道了唐纳先生当时的心理活动了，所以我还要去问一下凯瑞女士，因为我想知道她当时是怎么想的。凯瑞告诉我，她和唐纳一样，也是一个性格内向的人，再加上工作繁忙，所以婚姻问题一直没能解决。虽然她也参加过很多次单身派对，却从未成功过，因为她也从不和任何人搭讪，即使有男士主动上前。那天，当她第一眼看到唐纳的时候就对他有了好感。当唐纳发现她在注视他的时候，凯瑞告诉自己，千万不能放过这次机会，一定要让对方知道自己的心思。于是，她大胆地与唐纳对视，并向她表明自己也很中意他。最后，两人心领神会，终于走到了一起。

我想，唐纳夫妇的故事完全可以被改编成一部浪漫的言情小说。是的，这的确让人有些难以置信，但它确实是发生了。女士们，他们的成功告诉你们，要想获得真爱就必须抓住机会。你们想要向对方表达你的爱意，并不一定非要直截了当地告诉他。事实上，如果你们将放松、大方的目光投向他们，再配上自己真诚、甜美甚至性感的微笑，那么男人就会觉得，你为了让你们的双目碰撞到一起，已经做出了非常大的努力了。这时，你千万不要胆小，也不要放弃，绝对不能是“蜻蜓点水”后就环顾四周。你们不要浪费自己苦心经营起来的充满爱的目光，要让它在男人的眼睛里停留六七秒。这样，男人的脑子就会成为一堆“糨糊”，完全处于一种飘飘然的状态。接着，你再报以非常肯定的目光，告诉他，他并没有理解错。这时,他就完全明白过来了,也理解了你的意思。于是，你最美好的形象就深深地留在了他的心中。当然，这还没有大功告成，千万不要前功尽弃，因为这只是打开爱的大门的一把钥匙。

不过，女士们必须牢记一点，那就是这种放松大方的眼神并不是适合所有的人。曾经有一个男人在相亲以后和别人说:“天啊，那个女人真是太可怕了，我可不敢和这样的女人相处。谁都知道，初次见面的男女都是很害羞的，所以我们谁也不说话。可你们知道吗？当我偷偷用眼光观察她的时候，发现她居然正在看着我，而且丝毫不躲避我的目光。我姑妈明明告诉我她是一个害羞的女孩,可我当时反倒觉得她有些不正经。一个女孩子，怎么可以毫无顾忌地去看一个男人呢？上帝，真是太可怕了。”

女士们,应对这种“古董”式的男人显然不能用上面的方法。在他们看来，女性的美就体现在温柔、羞涩和腼腆之中。因此，如果想要博得这种男人的青睐，那么最好的方法就是让自己的眼光“敏感”起来。也就是说，当男人将目光投向你的时候，你不妨快速地躲开他，然后再试探性地看他一眼。这时，男人会觉得你的眼睛里充满了楚楚动人的目光，而且还向他传递着模棱两可的信息。他们会觉得，你们的目光非常的迷人，而你也是世界上最美丽的姑娘。

此外，我有三个原则送给女士们，希望能够帮助女士们更好地运用眼神效应。

运用眼神效应的三个原则

- 要对他有所了解；
- 利用他不同的心情；
- 选择最佳的环境。

关于这三个原则，我要给女士们一一解释一下，先说后面两个比较简单的。其实利用男人不同的心情这一点不难。男人在高兴的时候希望有人能和他分享，男人在痛苦的时候希望有人和他共同承担，男人在身体不适的时候希望得到别人的照顾。因此，女士们在面对男人不同心情的时候一定要懂得对症下药。当男人高兴时，你的眼神要表现出兴奋；当男人痛苦时，你的眼神要表现出同情；当男人生病时，你的眼神要表现出关切。一个人在心理倾向很明显的时候，精神会非常敏感。我敢保证，只要你们按照我的说法去做，他们一定会对你的眼神和你“感激不尽”。

至于说选择最佳的环境，这也不是一件很困难的事。因为谁都知道，没有人喜欢在一个恶劣的环境中谈情说爱。想象一下，明媚的阳光、清新的空气、鲜花、绿草……再加上你妩媚的眼神，我想任何一个正常的男人都不可能抗拒得了这种美景的诱惑。我相信，你心目中的男人一定会为你而倾倒的。

最后，我们再来看看第一个原则。这应该算是比较难的，因为了解一个人不是一件很容易的事。如果你和中意的男人在以前就有过接触的话，那么情况还要好处理一些。可是，如果你所喜欢的男人是一个你从来没有接触过的又该怎么办呢？遇到这种情况，那么女士们就必须学会从对方的眼神中分析出他的情况。

我在之前已经说过，眼神是最能反映出一个人的内心世界的。因此，女士们如果想更好地运用眼神效应，那么就必须先学会读懂男人的眼神。如果一个男人对你所拥有的是一种真正的爱的感觉的话，那么他的眼神就一定非常的纯洁和坦荡。同时，你可以从他面部的微笑和表情上感觉到他的真诚和自然。这时，女士们就不应该再犹豫了，必须马上向对方抛出你充满爱的眼神。你要对方感觉到，你知道他喜欢你，明白他所传递的信息。同时，你还要通过眼神向他表达，你接受他的爱意，并且也对他有同样的感觉。

另外一种眼神是属于欣赏性的。这种欣赏性的眼神往往给女士传递出他对你有好感的信息，但这并不代表他会接受你的爱意。应该说，这种欣赏性的眼神会让女士们有些左右为难，因为如果把握不好的话很可能会给对方留下你是在自作多情的感觉。因此，遇到这种情况的时候，女士们可以选择主动出击，但最好是经过仔细的考虑。

女士们一定要慎重对待最后一种眼神，那就是不怀好意的眼神。男人的这种眼神是最令女人接受不了的，因为女士们会感觉到浑身不自在。如果给这个男人再配上令人生厌的面部表情以及一些使人难堪的言辞和行为的话，那么女士们最好不要去招惹他们，还是早走为妙。如果女士们不愿意逃避的话，那么你们就应该用坚定的、不容侵犯的眼神告诉他，他不轨的念头是绝对不会得逞的。

不过，女士们千万不能被个别的不怀好意的男人动摇了你们的信心。事实上，只要你们大胆、灵活地使用眼神效应，向自己心仪的男人表达自己的爱意，那么就一定可以得到自己梦寐以求的爱情。

用柔情结网

芝加哥著名的心理学家麦克·肯特曾经说过："聪明的女人都懂得如何运用她们的温柔。事实上，不管是男人还是女人，都对女性的温柔有着一种天生的好感。女人的温柔无疑会给周围的环境增添一些亮色和温暖，她会让对方的情感找到归依。"人际关系学大师斯蒂芬·霍尔曼也曾经直言不讳地说："相信没有人会喜欢一个自私、贪婪、任性的女人，可是如果这个女人学会了温柔，那么她一样可以交到很多朋友。相反，即使女人身上有千个万个人类的美德，只要她没有温柔，那么就不会成为受欢迎的人。我虽然没有找到最根本的原因，但是我知道所有的人都喜欢温柔的女人，这是不争的事实。"

我同意他们所说的话，因为我就曾经有过一次很不愉快的经历，直到今日还记忆犹新。那是一天早上，我独自一人坐在办公室思考问题。突然，一阵急促的敲门声打断了我的思路，我赶忙起身开门。门外站着一位女士，应该说是一位漂亮迷人的女士，而且还很有气质。说实话，当时我很难把眼前这位美丽的女士与刚才粗鲁的敲门声联系起来，我宁愿相信那是我的秘书做的。

还没等我开口，那位女士就大声说道:“您是卡耐基先生吧？您好，我叫露易斯，是一家汽车公司的推销员。我想问您需不需要汽车？”我摇了摇头说:“谢谢您，可是很抱歉，我……”“哦，卡耐基先生，不要这样好吗？”她突然大声叫了起来，说实话把我吓了一跳。她接着说：“我们的汽车很好的，一定很适合您的。”我定了定神，说道:“谢谢您，可我真的不需要。”“什么？”那位女士又大叫了一声，让我在一天之内受到了几次惊吓。“请您不要这么快就拒绝我好吗？”女士显然有些激动，“您再考虑一下吧！我们的汽车真的很不错，而且我还能给您很高的优惠。这对您来说是件好事。”这时，走廊里聚集了很多人，因为大家都以为我是在和那位女士吵架。当时的我很尴尬，于是就对她说:“小姐，对不起，我还是不需要。”最后，在我的一再坚持下，那位女士终于离开了。

说真的，发生那件事以后，我一整天的心情都糟透了。虽然我知道自己不应该被这样的小事搞得心烦意乱，却怎么也不能把它忘掉。后来，我听说那位女士换了很多份工作，但始终没有一次成功的。

小的时候，每当学校放暑假我都会去我姑妈家住上几天。这一方面是因为我姑妈做的土豆泥和烤牛排味道非常棒，另一方面是因为姑妈经常会给我讲一些好听的且富含哲理的故事。记得有一次，我突发奇想地问姑妈，要想得到自己心仪的东西，最好的方法是什么。于是，姑妈就给我讲了一个年轻人的故事。

很久以前，在一个小村庄里住着一个年轻人。这个年轻人非常喜欢吃鱼，可是由于家庭不富裕，他根本买不起。后来，他就常常一个人跑到村外的小河边，看着河里来回游动的鱼说："亲爱的鱼啊！我该用什么样的方法让你们跳到我的餐桌上呢？"一天，一个长者看到他在河边发呆，就问他："年轻人，你站在这里干什么？"年轻人说："我喜欢吃鱼，所以在观察它们，希望能找到捕鱼的方法。"长者笑了笑说："要想得到鱼就必须行动起来！与其在这里傻傻地看鱼，还不如回家编织一张渔网来捕鱼。"

很多年后的今天，我对这个故事依然记忆犹新。当我准备给女士们写点东西的时候，马上就想到了这个故事。我不知道我的比喻恰不恰当，但我认为女士们中意的男人就是"鱼"，而女士们就是想要得到鱼的人。与其坐在那里终日空想如何得到男人的爱情，还不如回家行动起来，编一张能抓住男人心的"网"。

那么，究竟用什么才能编织出最好的网呢？答案是柔情。在前面的文章中我已经提到过，温柔的女人是最可爱的，也是最受欢迎的。的确，如果女士们想成为所有人眼中的魅力天使，那么温柔是必不可少的。同样，如果女士们想获得男人的青睐，那么温柔则更加重要。

美国家庭委员会主席德勒克·塔克博士曾经对1000多名单身男性进行过调查，问他们心目中最理想的女性是什么样的。其中，有不到10%的人说是漂亮、性感，而剩下90%的男人则都回答说："温柔的女人。"曾经有一个单身汉直言不讳地说，如果有两个女人让他选择，一个漂亮、性感、忠诚却脾气暴躁，而另一个则外表平庸、容易红杏出墙但温柔体贴，那么他将毫不犹豫地选择后者。这个回答的确太让人难以置信，因此我追问单身汉为什么有这样的想法。单身汉回答说："外貌并不重要，红杏出墙也是因为你做得不够好，所以这两点对于一个男人来说都无关紧要。可是，如果让我每天对着一个喜欢大吵大闹的妻子的话，那么我宁可打一辈子光棍。我可不想让自己每天都生活在地狱烈火的煎熬之中。"

几年前，我的培训班上来了一位异常痛苦的女士。她告诉我，自己现在几乎没有生存下去的勇气，想要通过死来使自己得到解脱。凭借多年的经验，我马上判断出这是一位被情所困的女士，

因此我对她说："想开点，女士，一切都会过去的。"那位女士摇了摇头说："不，不可能，我始终忘不了罗兰（很显然，罗兰先生就是这位女士心仪的对象）。事实上，我真的已经做出很大的努力了。卡耐基先生，在此之前，我听过您的课，而且也照着上面的方法去做了，可我依然不能打动罗兰的心。"我问她："那您是如何做的呢？"女士回答我说："我特意打扮了自己，而且还注意培养自己的情调。我也运用了您所说的眼神效应和羞涩，但一点作用都没有。除此之外，我对罗兰体贴入微、关怀备至，只要我能做的我都做了。我虽然称不上漂亮，但也还过得去吧！可我真的不明白为什么罗兰始终对我不冷不热。"当时的我觉得很奇怪，因为如果真照女士所说的那样，那位罗兰先生应该会动心的，可为什么会出现这样的情况呢？于是，我要了罗兰先生的联系方式，并邀请他和我共进午餐。

我和罗兰先生是在一家小餐馆见的面。的确，罗兰绝对有理由让那位女士痴狂。这位年轻的小伙子不仅相貌出众，而且还风度翩翩。当我说明我的来意以后，罗兰摇了摇头说："其实，我承认她为我做了很多事，而且她也是一位非常不错的女孩子。可是，我根本对她没有感觉，这和外表、气质等没有任何关系，主要是因为她不懂得温柔。虽然她对我好，但她从没有温柔地和我说过话，这让我难以忍受。此外，她根本不知道该如何与一个男人相处，因为在我看来她的所有行为始终都与粗鲁相连，尽管她的出发点是好的。卡耐基先生，我要为我的长远做打算。也许，在新婚的头几年我们还能相安无事。可是，一旦婚姻的新鲜感失去，那么有一个不懂得温柔的妻子陪在身旁将是一件非常痛苦的事。因此，为了不让我以后痛苦，我现在只得选择放弃。”

事后，我没有直接把罗兰先生的意思转达给那位女士，因为我怕伤了她的心。不过，我写了一张字条给那位女士，上面写道：“用柔情结网是捕获男人心的最好方法。”

我不知道后来的结果怎样，但我想，如果那位女士按照我所说的去改变自己的话，相信她现在已经找到了属于自己的爱。

田纳西州立大学心理学教授布拉德·卡莫尔曾经说：“女人的温柔是最令男人无法抗拒的。在男人眼里，温柔的女士是最美丽、最迷人的。男人可以忍受女人自私、无礼、贪财、任性，但绝对不可能忍受女人不温柔。事实上，男人在寻找伴侣的时候，并不想给自己找一个领导、火药桶或是监工。他们希望自己的伴侣能够理解他们，关心他们，并且让他们的心理得到安慰，而这一切都是以温柔为基础的。”

杰希卡女士在一家公司做打字员。坦白说，杰希卡是一个外貌普通得不能再普通的女士了。然而，让任何人都想不到的是，追求杰希卡的男士非常多，其中不乏相貌英俊、事业有成的人。当我问她使用什么方法抓住男人的心的时候，杰希卡不好意思地说：“我也不知道。我只是按照我的一贯作风去做的。”为了找到问题的答案，我调查了几位杰希卡的追求者，询问他们究竟喜欢杰希卡哪一点。答案果然和我想的一样，那几位追求者异口同声地告诉我：“杰希卡太温柔了。”

那几位男士告诉我，他们和杰希卡在一起有一种非常舒服的感觉，那种感觉无法用言语来形容。杰希卡从来没大声和他们说过话，也很少抱怨或唠叨，更不会随便地因为某些事就和人发生争吵。在他们的印象中，杰希卡好像从来就没有发过脾气，更别说和某个人大打出手。在那些人眼中，杰希卡就是女神，就是他们一直都梦寐以求的理想女性。

我想，女士们即使不想成为像杰希卡一样的大众情人，也不会不愿意让自己心仪的男人喜欢自己。所以，你们最好的选择就是学会温柔，用柔情结网。

保持独特魅力，让男人着迷

“潮流”大概是女士们最敏感的词语了。的确，我们身边不乏那些追赶潮流的人，特别是女性。当然，追赶潮流并不是一件错事，毕竟爱美之心人皆有之，更何况爱美还是女人的天性。然而，一些女士却是在毫无理智的情况下盲目追求潮流，结果不仅弄得自己身心疲惫，还得不偿失。

女士们，我并非要剥夺你们爱美的权利，也不是要阻止你们去赢得男人的心。只不过，我看过太多实例，一些女士为了讨自己心仪的男人的欢心，不惜花费大量的金钱和精力去追赶潮流。然而，潮流的变化似乎太快，还没等女士们反应过来就已经发生改变。于是，很多女士在追赶潮流的过程中实在体力不支，只得败下阵来。

苏菲亚小姐是个时髦女郎，同时也是个痴情种子。为了让自己和男友的爱情永保“新鲜感”，她每月都会将自己薪水的绝大部分花在梳妆打扮上。女士们都知道，一些新款服装在刚上市的时候价格总是很贵的，所以很多精明的人总是会过段时间再买。可是苏菲亚不这么认为，她觉得等到所有人都可以穿上新款衣服的时候，那就不能体现出自己的魅力了。因此，每当一款新式的服装上市，苏菲亚就会毫不犹豫地把它买下来。因此，周围的人都开玩笑地说："有了苏菲亚在身旁，根本不用去买时装杂志就可以知道最近的潮流。"

本来，苏菲亚以为自己这样做一定会让男朋友更爱自己，可谁料男朋友突然有一天提出要和她分手。同时，男朋友告诉她，自己已经爱上了另一位姑娘，而那个人就是苏菲亚的同事玛莎小姐。苏菲亚不能理解，不明白自己为什么会失败。事实上，那个玛莎可谓没有一点品位，一年四季几乎都是那套老掉牙的职业装。男朋友对她说："苏菲亚，事实上我从没有真正留心过你穿什么衣服。即使你穿的是最时髦的衣服，在我看来也没什么分别。相反，正是因为你不断地追求时髦，反而使我认为你是一个只知道花钱不知道赚钱的人，所以我只好选择放弃。"苏菲亚显然不服气，愤怒地说："即使这样，你也不应该选择玛莎啊！"男友摇了摇头说："你错了，苏菲亚。虽然玛莎总是穿着职业装，但在我看来却是魅力非凡。尽管她显得跟不上潮流，但她却始终都保持着自己一贯的风格和独特的魅力，也正是她这种职业女性的魅力征服了我。"

也许，直到现在苏菲亚也不知道自己输在哪里。她追求潮流没有错，但那也同样让她失去了自我。也就是说，社会上流行什么她就穿什么，而一旦不流行了她就改变样子。对于男人来说，恐怕没有一个人会喜欢这种"千面女郎"。相反，他

们的心更容易跟着那些能够永远保持自己独特魅力的人走。

我不知道女士们是否明白了我的话，我想应该没有问题。我知道，每一位女士都想将自己最漂亮、最有魅力的一面展示给自己心仪的男子，这也是无可厚非的事情。然而，如果女士们不能保持住自己的一贯风格的话，那么男人们的心很快就会溜走。道理很简单，因为你没有什么地方真正让他痴迷。因此，女士们要想让男人为你着迷，那么最好的办法就是在穿衣打扮上保持自己的风格。

当然，我在这里也要提醒女士们。我劝女士们要保持自己的风格，并不是说女士们像玛莎那样一年四季只穿一种衣服。我的意思是，你们要根据自己的外形条件和内在气质来选择着装，将自己最有魅力的一面展示给男人，而不是随波逐流，盲目追求时尚潮流。

有些女士曾经对我说过：“卡耐基先生，我是个普通得不能再普通的女人，我没有钱也没有精力去赶什么潮流，因此我就是你说的那种能够保持独特魅力的女人。可是，我从未发现过这种所谓的独特魅力会让哪个男人着迷。”如果女士们把独特魅力想得如此简单的话，那么就是大错特错了。事实上，女人的独特魅力不仅包括外表上的，同时还包括很多内在的东西。

娜沙新交了个男朋友，所以这段时间正沉浸在甜蜜的爱情之中。娜沙很看重这个新男朋友，的确，这位年轻的小伙子不仅仪表不俗而且还事业有成，是很多姑娘梦寐以求的未来伴侣。应该说，这位小伙子也很喜欢娜沙，因为娜沙性格温柔，颇有淑女风范。

有一次，娜沙和男朋友一起看了一场电影。回来以后，小伙子一直说电影中的女主角真不错，把一个泼辣果敢的女人塑造得活灵活现。娜沙听完之后，心中就以为自己的男朋友一定喜欢那个类型的女人。于是，她暗下决心改变自己。

然而，就在她改变的第三个月，男朋友提

出和她分手，理由就是受不了她的泼辣。娜沙委屈地说，自己做所的一切都是为了他，因为他曾经说过喜欢电影里那种类型的女孩子。小伙子这时才知道了事情的原委，于是对娜沙说："你就是你自己，干吗要学别人？我说那个女主角不错，是因为她不过是虚构的一个人物。而你，娜沙，却是实实在在的。我当初之所以选择你，就是因为你的温柔，然而你却放弃了自己。对不起，现在的你我无法接受。"

相信在现实生活中，这种事情并不少。很多女士都对自己没有正确的认识，往往把羡慕的目光投向别人。为了让自己充满"魅力"，她们不惜改变自己的外表、行为习惯乃至思维方式，极力模仿自己心中的偶像。然而，模仿毕竟是模仿，永远无法与最真实的气质流露相提并论。结果，这些女士不但失去了自我原本的魅力，而且也让心仪的男人开始疏远她们。

罗兰女士在一家大公司任行政总监。也许是工作上的原因，她总是给人一种高傲、不可亲近、冷冰冰的感觉。在罗兰看来，任何事都比不上工作重要，因此她也总是给人一种精明强干的感觉。

在很多女性的眼中，罗兰是一个典型的"怪物"，根本不会有任何人喜欢她。她们的理由很充分，那就是没有一个男人不希望找到一个温柔体贴，把家庭摆在第一位的妻子。可是，事实却并非像女士们想的那样，夸张一点说，罗兰女士的追求者大有人在。很多男人都希望能够娶到这样的一位妻子。

问那些男士为什么会对罗兰如此着迷，他们回答说："尽管她冷若冰霜，而且还是个工作狂，但她身上那股独特的魅力却让我们无法抗拒。如今，很多女士为了让自己显得有魅力，经常会刻意地做出一些举动。比如，有的女人明明性格豪爽，却非要装出一副小家碧玉的样子，结果让人有一种厌恶的感觉。而有的女人明明是属于温柔体贴类型，却非要装出一副豪放的样子，结果让人觉得不伦不类。可是罗兰从来没有过，她永远都把最真实的一面展示出来。坦白说，正是她这种真实的展现才征服了我们。”

犹他州心理学专家唐·德里克曾经说：“男人都有一种很奇怪的心理，那就是他们一方面希望女人为了他们去改变自己，另一方面又希望女人能够坚持住自己的本色。不过，两者相比较起来，男人更希望认识的是女人的本来面貌。很简单，男人都不希望自己的判断有错误，他们对自己做出的决定很有自信。因此，如果女人能够表现出自己独特的魅力，那么他们就会为之而倾倒，而且暗自为自己做出的正确决定而高兴。此外，很多人都认为男人最容易见异思迁，其实男人只是冲动性地想要获得新鲜感，他们更渴望得到的则是女人那种让自己永远着迷的魅力。”

纽约最大的汽车销售公司的总经理卡尔·帕特罗曾经说：“我是一个时尚前卫的人，但这并不影响我对古典主义的欣赏。如果我喜欢上一个具有古典气质的女人，那么我不希望她为了我而改变成充满现代气息的时髦女郎。事实上，虽然她的审美观点和我会有冲突，但她身上散发出来的古典气质却会让我痴迷。因为那就是她，一个本来的她，一个浑身散发着属于自己的独特魅力的她。”

女士们一定在想："卡耐基的观点自相矛盾，在前面他还极力劝说我们为了男人而改变自己。"的确，我现在依然不推翻我的观点。然而，我现在所说的独特魅力并不是一些不好的习惯和行为，而是真正能够散发出光芒的内在气质。比如，如果你真的不会温柔，而且温柔也不适合你，那么就不要改变。当然，前提是你的"不温柔"必须是豪爽，而不是粗鲁。因为前者是魅力，后者则是陋习。

最后，我要重申一下保持独特魅力的重要性，希望女士们能够牢牢记住。

保持独特魅力的重要性

- 独特的魅力最吸引人；
- 男人都希望看到女人真实的一面；
- 独特的魅力最令男人着迷。

第五章

不伤感情地改变他

最笨的女人才强迫对方

在前文中，我曾经告诉女士们，永远不要将自己的意见强加于人。的确，就像我在文章中所说的，没有人愿意被人强迫去做某一件事。当然，现在我要告诉女士们的是，你的丈夫同样也不喜欢被你强迫着去做某些事情。

一个月前，我去我的老朋友肯德勒家拜访。刚一进门，我就听见他的妻子塔莎在喊："肯德勒，你怎么还不快点准备？今天我要去街上买几件衣服，你必须陪我去。"肯德勒显得很不耐烦地说："知道了！可是你没看见有客人来了吗？"塔莎从里屋走了出来，看见我站在门口，很不高兴地说："既然这样，那我们的计划就取消了吧！"当时的我很尴尬，不知道该如何是好。幸亏肯德勒并没有表示厌烦，而是热情地把我请进屋子里。

几天后，肯德勒找到了我，告诉我他正准备和妻子离婚。我听后很惊讶，赶忙劝解说："别这样，肯德勒！虽然你妻子有时候是有些过分，但是她是爱你的。"肯德勒摇了摇头说："算了，戴尔，你不要再劝我了，我根本没有办法和她继续生活下去。你知道吗？我现在连一点儿自主的权力都没有。每当她想要做什么事的时候，我就必须服从。一旦我表现出不愿意，她就会和我大吵大闹。以前，为了维持整个家庭，我迫不得已地答应她的要求，可是现在我真的受不了了。美国人曾经为了自由而战，而我今天也要为自己的自由向她宣战。"虽然我一再劝说肯德勒，但最终还是没有成功。

我为这段即将破碎的婚姻感到惋惜，因为肯德勒的妻子塔莎也是我以前的朋友。我很清楚，塔莎其实是非常爱肯德勒的，也从来没有把肯德勒当成“奴隶”。然而，塔莎正是因为不懂得“强迫”的危害性，所以才使肯德勒再也不能忍受她的“专制独裁”，最终选择了离婚。

纽约婚姻家庭关系研究专家约翰·蒂尔斯曾经在《婚姻与家庭》杂志上发表过一篇文章，其中写道：“所有的人都渴望从别人那里获得尊重，而男人更甚。男人总是喜欢以自己的想法去做事情，习惯按照自己的思维方式思考问题。对于一个男人来说，建议是世界上最愚蠢的事情，更别说是强迫。相关数据

表明，在美国，夫妻之间发生争吵的原因中有很大一部分是因为妻子强迫丈夫去做某些她们认为应该做的事，而男人在面对这种情况的时候往往是选择反抗。当然，有些男人也选择沉默，但那是更可怕的事情，因为他们正在积蓄力量，等待爆发。”

事实上，在现实生活中，很多女士都不懂得如何让自己的丈夫为自己做事。就像塔莎一样，她们会说：“嗨，今天下午去逛街吧，你必须和我去！”或是说：“我打算明天去拜访我的姑妈，你也和我一起去吧！”还可能说：“你怎么搞的？为什么两天前叫你修理的炉子还没修好？”也许，这些女士根本不知道此时她们的丈夫在想什么。当她们要求丈夫陪她们逛街时，男人心里在想：“怎么又去逛街？你的衣服已经可以开个服装店了。”当她们要求丈夫陪她们去姑妈家时，男人心里在想：“我干吗要去？你姑妈可是个刻薄、吝啬的老太太。”当她们要求丈夫修理炉子时，男人心里在想：“有这个必要吗？那个炉子其实根本没有什么大问题。”虽然丈夫心里非常不情愿，但是还是去做了。当然，这不是代表丈夫认为你说的是对的，而是因为他非常爱你。退一步讲，就算他们从心里接受了你的意见，但恐怕也很难接受你的方式。事实上，你的这种口吻是在告诉丈夫，他是在你的强迫下去做那些事情。

我曾经不止一次地提到过，男人的自尊心是很强的。如果你伤害到他的自尊心，那无疑是要取他的性命。对于男人来说，他们会不惜一切代价来捍卫自己的尊严。然而，强迫却是要剥夺男人们拥有自尊的权利，让他们乖乖地听命于妻子的吩咐。试想，这时的男人除了反抗还会选择什么？

有一次，我的培训班上来了一位非常可怜的女士。她请求我帮助她，因为她的丈夫正在和她闹离婚。我问她究竟是什么原因让她的丈夫有那样的想法，她回答说：“卡耐基先生，我真的没有做什么。我发誓，我是真的爱他的。可是，他却说我是独裁者、可怕的女王，说我不给他自由。”我马上意识到这又是一位喜欢强迫丈夫做这做那的妻子，于是我就问她：“你是不是经常强迫你的丈夫去做一些他不愿意做的事？”女士想了想，说：“确实是，可是我并没有恶意啊！难道我让他吃药有错吗？难道我让他去洗澡是不对的吗？难道我让他经常和家里人保持联系是要害他吗？我真不明白，为什么他要如此对我？事实上，我所做的一切都是为了他好，而我也是真的爱他。”

我知道这位女士是因为爱才强迫丈夫的。她让丈夫吃药是为了他的健康；让他洗澡是为了清洁；让他与家人联系是为了维持亲情。这一切都没有错，错就错在她使用的方式上。我想，她真应该和我的朋友伊尔女士学学，看看她是怎么劝说丈夫做事的。

伊尔已经结婚十几年了，却很少和丈夫发生争吵。她非常聪明，也知道如何保护好自己丈夫的自尊心。每当她想要丈夫做一些不情愿的事情时，她总是会想一些策略来说服丈夫，而且还不让丈夫的自尊心受到一点伤害。

有一次，伊尔想要去拜访她的一位朋友，而那位朋友在不久前因为一件小事和她丈夫发生过争吵。老实说，伊尔的这位朋友对她丈夫很重要，因为丈夫在工作上有很多地方需要她帮忙。不过，她也知道自己的丈夫是个很爱面子的人，如果贸然地让他和自己去一定不行。于是，伊尔就对丈夫说："亲爱的，昨天我看了一篇文章，上面讲了很多让人成功的方法。我觉得，你应该好好看看这本书。""是吗？"丈夫显然对伊尔的话产生了兴趣，说道："有什么好方法？说来听听！"伊尔故作沉思，然后说："书中说，男人要想成功就必须学会忍耐，而且永远不要和对自己有帮助的人发生矛盾。"丈夫听后点了点头说："是的，说得很对！不过，我却做不到，就在前几天，我还和乔治（伊尔的朋友）大吵了一架。"伊尔笑着说："那有什么关系？书上还说，真正能够获得成功的男人总是在犯下错误以后马上改正。"丈夫想了想说："是的，你说得很对。因此，我现在决定和你一起去拜访乔治。我相信，我真诚的道歉是能够化解我们之间的误会的。"

伊尔在课堂上讲完这段话后，所有的人都鼓起了热烈的掌声。伊尔对我和其他学员说："我觉得，强迫一个男人去做他不愿意做的事是非常不明智的。试想一下，如果当时我逼迫他和我去拜访乔治，而且还骂他是个糊涂蛋，不懂得如何与人相处的话，相信不止他和乔治的关系无法缓和，就连我们夫妻的关系也会变得紧张起来。"

的确，伊尔说的一点都没有错，如果她不懂得强迫丈夫是一件非常危险的事的话，那么后果就真的不堪设想了。

男人抽烟几乎是被所有妻子深恶痛绝的。大多数妻子在面对这种情况时，总是会生气地说："你就不能不再抽那该死的烟吗？你不知道这对你的身体有多大的危害吗？从今天起，我要没收你所有的香烟。"我知道，很多女士都认为这么做是再正常不过的事情了，因为她们这是为了丈夫好。可是，结果如何呢？丈夫们往往会反驳说："抽烟有那么可怕吗？那么多抽烟的人有几个死于癌症？那些所谓的医学专家都是骗人的。我看你还是少管我。"

如果女士们下次再想劝自己的丈夫戒烟，不妨用一下下面这个方法。

德林先生是个十足的"烟鬼"，上中学的时候就已经学会了抽烟。后来，他和琳达女士结了婚，也没有戒掉吸烟的毛病。琳达很为丈夫担心，因为烟草已经让德林的肺部受到了很大的伤害。她经常会听到丈夫在半夜的时候咳嗽不止。不过，琳达非常清楚，如果自己强迫德林戒烟的话，一定会引发很大的争吵，因此她决定换一种方法。

这天，琳达对德林说："亲爱的，我真想要一个既聪明又健康的宝宝。"德林笑了笑说："是吗？事实上我也一直都有这个愿望。"琳达故意有些沮丧地说："可是，我却为我们将来的孩子很担心。"德林有些奇怪地问："为什么？"琳达说："我听医生说，如果父母有人抽烟的话，对孩子健康的影响非常大。"德林仿佛在自言自语地说："是吗？那我真的应该考虑戒烟了。"琳达说："不，我不想你忍受痛苦。再说，也许医生是胡说的呢。"突然，德林坚定地说："我宁可相信医生的话，从今天起我不再吸烟了。"果然，从那天以后，德林先生再也没有抽过烟。

女士们，其实让丈夫为你们做一些改变并不是不可能的事，有很多种方法可供选择。不过，在这其中，最笨的一种方法恐怕就是强迫了。

切忌直截了当地指出他的错误

有一次，我到老朋友约翰·沙普先生开办的纺织厂去参观。沙普很高兴，带着我把各个生产车间都看了一遍。当我们正要结束这次参观的时候，却看见有几个员工正在厂房里抽烟，而他们背后的墙上就挂着“请勿吸烟”的牌子。对于一个纺织厂来说，在厂房吸烟是最大的忌讳。我心想：“这下有这几名员工受的了，沙普一定会狠狠地斥责他们一番，说不定还会把他们开除。”

然而，事情却并非像我想象的那样。沙普没有指着牌子说：“你们几个家伙难道是瞎子吗？难道没有看到不许吸烟的警告？”而是静静地走过去，从兜里拿出一包烟，给每位员工发

上一支，说道："嗨！我说！要是你们能够拿着我的这根烟到外面去抽的话，那么我将对你们这种行为感激不尽。"

那些工人知道自己违反规定了吗？他们当然知道。虽然沙普先生可以选择严厉地批评他们，但是他没有这样做。我想，那几名员工从那以后一定会非常敬重这位老板的。

由这件事我想到，如果妻子在面对丈夫错误的时候，也能像沙普这样灵活处理的话，相信美国的离婚率至少可以下降一半。

我相信女士们读完上一篇文章后，都可以改变批评方式。你们一定会照我说的去做，先找到丈夫可以赞美的地方，真诚地称赞他，然后再委婉地提出批评。是的，这种做法没错。可是，有些女士们在运用完之后却发现，似乎丈夫依然不能接受这种温和的批评方式。我想，凡是遇到这种问题的女士都犯了另一个错误——直截了当地指出丈夫的错误。

女士们可能不明白，我们不是已经在批评之前加上赞美了吗？为什么还要说是直截了当的呢？这是因为，很多女士虽然说出了真心赞美的话，但她们总是喜欢在这些话的后面加上一些转折词语，比如"但是""可是""然而"等，接着就是一连串的批评。比如，一个妻子想让丈夫懂得保持家庭环境整洁的重要性，那么她有可能会说："亲爱的，我真的发现你比以前做得好多了，因为我收拾房间已经不再那么累。可是，如果你能够不把烟灰到处乱弹、不把臭袜子到处乱扔的话，那真是太好了。"

反正如果我妻子和我说这些话的话，那么我就一定会认为她是在讥讽我。至于说之前的赞美之词，那只不过是裹着糖衣的毒药罢了。我心中十分清楚，在每一次听起来很悦耳的赞美后面，都会有一连串暴风骤雨般的批评。

女士们，应该说这种做法是不明智的，因为转折词后面的批评会使你的赞美大打折扣。它会让你的丈夫认为赞美是虚伪的，因为它的作用不过是引出后面的批评。因此，他们根本不会认为改正先前错误的做法是一件很必要的事情。

可是，如果女士们聪明一点，把那句话中的几个词语稍稍改动一下的话，那么效果就完全不一样了。比如，妻子可以这样说："亲爱的，我真的发现你比以前做得好多了，因为我收拾房间已经不再那么累。如果你能够每次都坚持把烟灰弹到烟灰缸里，把袜子放在洗衣机里的话，那真是太完美了。"

这样的话，丈夫们一定会很高兴，并且也知道自己的做法还有不足之处。原因很简单，他们没有听到赞美后面随带的批评，而妻子也间接地指出了丈夫的错误，使他明白那样做才是妻子最希望的。

女士们，这就是我要教给你们的第二种方法：永远不要直截了当地指出他的错误。的确，这种间接指出丈夫错误的做法要远比生硬的批评温和得多，而且还不至于招来丈夫的反感。

很多女士并不太擅长说话，更不懂得如何赞美别人。其实女士们完全可以采用另一种方法，那就是用实际行动告诉丈夫，他的行为是应该受到批评的。

罗格太太是个很内向的人，平时很少和外人接触，就连和自己丈夫的沟通都很少。然而，当她看见丈夫毫不留情地把她辛苦收拾的房间搞得一塌糊涂的时候，也总是会忍不住说上几句。罗格太太发现，不管自己怎样批评，丈夫都不把她的话当回事，依然我行我素。

一次，罗格太太整理房间的时候发现，自己的先生非但不帮忙，反而坐在沙发上悠闲地看报纸。不光这样，他还居然肆无忌惮地把烟灰弹到刚刚擦好的地板上，而烟灰缸就在距离他0.5米远的橱柜上。罗格太太非常生气，真想大声地斥责他一番。可是，她转念一想，丈夫并不是头一次这么做，而自己以前的唠叨也没有起到一点作用。于是，她决定改变一下方法。罗格太太默默地走到沙发跟前，拿起抹布将地上的烟灰全部擦干净。接着，她又从橱柜上拿来了烟灰缸，摆在了罗格先生面前。

以后发生了什么？相信女士们不会想到。罗格先生从此再也没有将烟灰弹到地上，而且居然还时不时地帮妻子做一些家务。

事实上，这种间接指出错误的做法，对于那些脾气暴躁、性如烈火的男人们来说更加有效。玛丽·庞克女士就曾经用这种方法让她那个干活邋遢的丈夫发生了改变。

庞克太太家的屋顶漏了。庞克太太白天要去上班，而庞克先生的工作时间则是在晚上，因此丈夫自然就担任起了修理工的角色。然而，庞克太太发现，每当她回到家的时候都会发现地上堆满了丈夫施工时留下的木屑，这简直太糟糕了。没办法，她只好带着孩子们一起把丈夫遗留下来的工作完成。

庞克太太知道，自己的丈夫既要修理屋顶，又要在外工作，这的确是一件非常不容易的事。如果她直接对丈夫提出批评的话，恐怕一定会引发一场很大的争吵。于是，她在第二天早上对丈夫说："亲爱的，你做得太棒了，因为你昨天把屋子收拾得干干净净，找不到一丝木屑。”

从那以后，庞克先生每天在干活的时候都会在脚下铺上报纸。即使有一些木屑掉了出去，他也会把它们收拾起来。

相信女士们都知道，军队对纪律的要求是十分严格的。在美国，每年都有很多人参加预备役。这些预备军人和那些正式军人最大的区别就在于，他们始终都认为自己还是个平头百姓。对于他们来说，最难忍受的事就是理发。

哈瑞·卡斯是美国陆军的一名军官。有一次，他奉命训练一批预备役士兵。的确，在军队里，上级军官完全有权力大声斥责甚至威胁那些违反军纪的人。然而，哈瑞却没有这样做，他只是对他们说：“诸位，今天的你们虽然仅仅是预备役的一名士兵，然而在明天你们却会成为部队的领导者。作为一个成功的领导者，你们最应该做的就是起到表率的作用，为你们自己的部下做出一个好榜样，这是我一直都信奉的原则。你们看，尽管我的头发比你们中的很多人都短，但是我依然要去理发。现在你们真应该好好照照镜子，如果你们发现自己头发的长度超过了规定长度，那么就请你们马上自觉地去修剪吧！”

果然，很多人在听完哈瑞的话以后都去照镜子了，因为他们想要知道自己是不是有一个领导者的风范。当然，结果是美发店的门前排起了长长的队伍。

曾经讲过一个共和党人的例子，他的妻子真是非常聪明。不过，有一个人的妻子比她更懂得如何对丈夫提出批评。

1887 年，美国最伟大的传教士亨利·布齐去世了，接任他的是拉曼·艾伯德牧师。这是一份非常光荣的职业，因此早在一个礼拜前艾伯德牧师就开始准备自己的接任演讲了。他太紧张了，因为他想给所有的人都留下一个非常好的印象。他把演讲稿改了很多遍，甚至于对每一个词都要仔细斟酌。

接着，这位牧师觉得有必要演练一番，于是他和共和党人一样，把自己的妻子当成了第一个听众。说实话，这位牧师的演讲稿真的不怎么样，因为里面的文字太死板了，没有一丝生气。如果是一个不懂得如何批评丈夫的妻子，一定会这样说："天啊，艾伯德，你真的应该向上帝忏悔。你这哪里是一篇演讲，分明是一篇使人沉睡的咒语。这篇文章糟糕到了极点，不会调动起任何人的情绪。上帝真应该帮帮你，教会你什么才叫演讲。你要明白，这不是在向听众们讲授一本百科全书。我敢以性命担保，这次演讲将会成为你一生中最大的耻辱。"

事实上，很多妻子都会这样说，但艾伯德的妻子没有这样做。她只是点了点头，然后说："如果这篇演讲文能够更适合布道的话，那它就是最完美的了。"艾伯德明白了妻子的话，随手将自己辛苦准备的演讲稿撕了个粉碎。最后，艾伯德并没有准备演讲稿，而是很自然地走上演讲台，把他对《圣经》的理解告诉了大家。

女士们，我之所以列举如此之多的事例，无非是想让你们明白，间接指出他人错误的做法是非常有效的。

鼓励更容易使人改正错误

女士们，你们知道什么样的语言最容易让你的丈夫改正他们所犯下的错误吗？如果你们的回答是批评的话，那么你们就犯下了一个很严重的错误。因为事实上，鼓励的语言更容易使人改正错误。

几天前，我去参加一位朋友的婚礼，这是他第二次踏入婚姻的殿堂。宴会上，我问是什么原因促使他再婚，他回答说是舞蹈。我很吃惊，因为我清楚地记得他就是因为“舞蹈”才和前任妻子离婚的。他点头说：“你说得没错，戴尔！我知道这会让所有的人都吃惊，但它确实发生了。我的前任妻子，那个傲慢无理的女人，从来没有给过我任何鼓励。我知道，我的舞跳得确实很糟糕，但那也没必要讽刺和挖苦我吧！我的前任妻子总是说，上帝创造出我是最大的错误，因为我居然不会跳舞。她告诉我，我的舞步没有一处是正确的，我真

应该到上帝那里去补充一些音乐细胞。天啊！戴尔，她的话太让我伤心了！其实，与其说是舞蹈断送了我的婚姻，还不如说是她刻薄的语言伤害了我们之间的感情。”

我非常理解他，因为很多男士都有这样的痛苦。男人不是圣人，也不是超人，他们有很多事情办不到，也有很多事情做得不好。这时候，他们的内心也十分苦恼，因为他们确确实实想把这些事做好。如果妻子能够及时给他们鼓励的话，那么他们一定会把自己所犯的过失改正掉。然而，很多妻子却都像我朋友的前任妻子那样，讽刺和挖苦自己的丈夫，因为她们觉得这样才能激励他改正错误。

继续我们的故事，我的那位朋友接着说：“自从我们离婚之后，我对舞蹈彻底失去了信心，因为我实在不愿意去回想过去那段痛苦的经历。可是，我的现任妻子，也就是我的舞蹈老师，却改变了我的想法，使我重燃了信心。有一天，在我朋友的怂恿下，我报了舞蹈班。说实话，当时的我并没有抱太大的希望，因为我也认为上帝既然创造了我，就不应该创造舞蹈这种艺术。可是，我的舞蹈老师却对我说，我会的舞步虽然有些过时，但是基础还可以。她相信我只要努力就一定可以学会最新的舞步。她告诉我，只要我认真学习，一定可以成为舞池中最优雅的绅士。她还说，我是她所见过的音乐感最强的人。我知道她在说谎，可我喜欢这种谎言。渐渐地，我爱上了她，因为多年以来我一直都渴望有一位如此体贴的妻子。后来，在我们的共同努力下，她的话变成了现实，我的舞技比以前强多了，这是她鼓励的结果。”

女士们，如果你对你们的丈夫说，他对某件事的做法是你所见过的最愚蠢、最糟糕的事情，他所做的一切完全都是错误的，那么你无疑是亲手掐灭了他们改过自新以及进步的希望。可是，如果你们能够聪明一点，换一种方法，对他进行鼓励而不是批评和挖苦的话，那么我相信整件事就变得非常容易解决了。原因很简单，你的鼓励是在向他们暗示：虽然他们的确错了，但是你相信他们有能力把这件事做好。这样的话，他就会发挥自己体内所有的潜能，努力把自己的事情做好。

我在前面说过，在所有的人际关系中，婚姻关系是最难处理的。不过，女士们可以从人际关系大师那里学一些方法和技巧，因为这些对你的丈夫同样适用。

拉菲尔·汤姆斯是一位非常了不起的人际关系学大师，他就十分擅长运用这种鼓励的方法使人改正过失。有一次，我到他家去拜访。晚饭过后，他突然提议大伙一起围坐在火炉旁打桥牌。这绝对不行，因为我对桥牌一窍不通。于是，我拒绝道：“汤姆斯，你这是在让我难堪。我虽然不是一个很笨的人，但是我真的对桥牌一窍不通。我承认，凭我的脑子我是不可能学会这种休闲游戏的。”

汤姆斯却不以为然，笑着说："干吗？戴尔！这并不是一种高不可攀的游戏，实际上它非常简单。你只需要学会如何记忆和判断，其他的根本不必担心。对了，我记得你在不久前好像刚刚出版过一本关于怎样培养记忆力的书。怎么？现在对自己没有信心了？我相信你，戴尔，你一定会很快学会如何打桥牌的。"

当时我真的不知道发生了什么，因为我糊里糊涂地就开始了第一次打桥牌的经历。虽然我知道我打得很糟糕，但是我总是听见汤姆斯的鼓励之词。现在，我已经可以算得上是一个桥牌高手了。

女士们如果能像汤姆斯那样，你的丈夫真的是太幸运了。因为你的鼓励不仅可以使他改正自己的错误，更可以让他树立自信，最后取得成功。

最近几年，美国肯塔基州出了一名非常出色的年轻的国际象棋选手。他在很短的时间内就取得了骄人的成绩，而且现在已经写了几本关于国际象棋的著作。然而，所有人都想不到的是，这位年轻人以前竟然是个"象棋盲"。

1928年，年轻的郝柏只身一人来到了肯塔基。本来，他希望找到一份教书的工作，因为他一直都认为自己在哲学领域很有建树。可惜，没有一个学校愿意收留他。为了生存，他做过很多事情——卖过手提箱、开过小型餐厅，甚至还在街上兜售过劣质的洗发水。

那个时候，他根本没有想到自己可以教别人下象棋，因为他不仅技术不高，而且还经常和别人就一个问题争论不休。每次失败以后，他总是会和别人强调自己的各种理由，说自己的失败是其他原因造成的。因此，周围的人没有一个愿意和他下象棋。

后来，他结识了上校的女儿，年轻美丽的亚瑟斯·迪勒。他们相爱了，并结了婚。聪明的亚瑟斯发现，虽然丈夫下棋的技术很差，但是他总是习惯在失败后分析原因，于是就对他说："亲爱的，你的做法非常好，因为这会让你吸取教训。我相信，经过你的努力，你一定会成为大师级的选手。"

在这种鼓励的作用下，郝柏终于不再固执。每次下完棋后，他总是认真分析自己失败的原因，而不是去给自己找理由。如今，他终于成功了。

我知道，虽然很多女士都会认同我说的话，但是她们却固执地认为自己没有必要鼓励丈夫，因为丈夫做得确实很糟糕。曾经有一位女士对我说："卡耐基先生，难道您认为我不想去鼓励我丈夫吗？可实际上他根本没有可鼓励的地方。他笨手笨脚，连个吊灯都装不好，每天下班回家就是守着那台该死的电视。像这样的人，我有什么可鼓励的？"

面对这种情况，我首先表示非常理解，但这并不代表这种想法就是正确的。每当遇到这样的女士，我总是会对她说："是吗？你认为他什么都做不了，那么你自己呢？"是的，女士们，在我们批评别人之前为什么不先反问一下自己？也许我们做得还不如人家呢！这时候，女士们就会发现，尽管他做得不够好，但依然应该得到你的鼓励。

几年前，我的侄女乔瑟芬·卡耐基从老家出来，到纽约担任我的秘书。那时她还是个孩子，因为那年她只有 19 岁，刚刚高中毕业。说实话，对于一个没有什么做事经验的女孩来说，想做好秘书这份工作确实不容易。因此，在刚开始的时候，乔瑟芬总是会犯下很多错误，而我也经常责备她。当然，我那么做是希望她能够改正这些错误。然而，我的责备非但没有使她尽快成熟起来，反而让她变得十分脆弱、敏感。我突然意识到，也许我帮助她的方法是错误的。

有一次，乔瑟芬把一份文件弄错了，这是一份很重要的文件。我很生气，准备狠狠地斥责她一顿。可是我对自己说："戴尔，你不要这么冲动，好好冷静一下。尽管乔瑟芬做错了事，但她还是个孩子。你的确有丰富的做事经验，但你的年纪也比她大好几倍。回想一下，你 19 岁的时候是什么样子，难道你比她做得好？不，那时候的你犯下了很多愚蠢的错误。你为什么不想一想，当你犯下错误的时候最希望得到什么？是批评？不，当然不是。那一定是鼓励。"

想到这，我就对乔瑟芬说："乔瑟芬，想必你已经知道自己犯下了错误，也一定很后悔。但是，这并不代表你是无可救药的，因为以前的我比你所犯下的错误更多。是的，我没有资格批评你，因为现在的你比以前的我做得好得多。我相信，你会正视这个问题的，将来的你一定是全美最棒的秘书。"

从那以后，我的乔瑟芬进步很快，因为我的话始终都在激励着她。

女士们，每个人，也包括你们，都不希望听到别人指责我们，打击我们，因为每个人都有自尊心。我们希望得到安慰、鼓励，这样才会让我们心甘情愿地去改正错误，而你的丈夫也是一样。

我要对女士们说的是，鼓励的魅力是非常大的。

我相信，所有的女士都希望自己的丈夫能够获得成功，也希望他能够彻底将自己的错误改掉。那么，女士们就应该再从头读一遍这篇文章，因为它告诉你们：鼓励更容易使人改正错误。

以提问的方式来代替命令

纽约婚姻关系研究机构曾经对近千名已婚女性做过调查，发现其中绝大部分人都认为天底下最难的事情就是给男人提建议。女士们一致认为，狂妄、自负、固执己见等是男人共有的特性，要想让男人接受别人，尤其是女人的意见简直是一件不可能的事情。在她们看来，男人在面对意见的时候总是会采取防御和抵制的态度。

我承认，男人有时候确实是对自己的自尊过于敏感，从而忽略了别人对自己所提的建议。然而，造成男人对建议产生抵触情绪的原因却是多方面的，其中妻子所采用的态度和方法最为重要。

在桃乐丝为那些已婚女性上辅导课的时候，有一位女士曾苦恼地对她说："请你帮帮我好吗？我真的不知道自己究竟做错了什么。我爱我丈夫，非常爱，也从没想过要伤害他。可是，我不知道他为何那么讨厌我。事实上，很多时候我都是出于好意才给他提意见的，可是他一点都不领情。"为了进一步了解情况，桃乐丝亲自去她家拜访了一趟。

回来之后，桃乐丝对我说："戴尔，我真不明白为什么妻子们总是喜欢把所有的责任都推给丈夫，而不是好好反省一下自己。”我有些不解地问：“怎么了？桃乐丝！你为什么突然想起说这个问题？”桃乐丝对我说：“在去那位女士家之前，我以为她先生一定是个蛮不讲理、固执己见的家伙，然而事实却并非如此。事实上，她的先生非常和蔼可亲，而且也很愿意听取别人的意见。”我更加疑惑了，就问：“那是什么原因导致他对妻子的建议那么抵触呢？”桃乐丝对我说：“都是那位女士的问题。她先生告诉我，那位女士从来不知道什么叫商量，总喜欢用命令的语气让他做这做那。坦白说，那位先生知道妻子是为了自己好，可是他实在不能忍受妻子的态度。妻子的命令并不会让他主动地去做一些事情或改正错误，反而会让他产生反感，甚至于故意与妻子作对。”

这又是一位不懂得如何与丈夫相处的女士。我想，她真的应该好好读一读前面的文章，因为我一直都强调，建议永远比命令更有威力。这一原则会让女士们在与人相处的社交活动中立于不败之地，也同样会让妻子们在与丈夫相处的过程中游刃有余。在阐述那一原则时，我曾经教给女士们两个小技巧，其中一个就是以提问的方式代替命令。这个小技巧非常有效，而且同样适用于你的丈夫。

洛根先生是一个“不拘小节”的男人，平日里就没有养成好的生活习惯。他妻子刚辛辛苦苦地把凌乱的房间打扫完之后，他总是会跑进来“破坏”一番。当然，这并不是出于他的本意，而是因为他根本不知道这么做是不对的。

我想，当遇到这样一个丈夫的时候，很多女士都会采取这样的方法——她们会叫喊着说：“看看你都做了些什么？把你的脏脚从地板上拿开，还有别把烟灰弹得到处都是，下次看报纸的时候记得放回原位。”那么，结果会是如何呢？相信，大多数男人会选择默然不理，另一部分男人则会选择反唇相讥。女士们，这种命令的方法根本起不到你想要的效果，只会让事情越来越糟。我想，你们应该向洛根太太学习一下，因为她采用的方法要高明得多。

这天，洛根夫人刚刚打扫完房间，她的丈夫又想进去“搞破坏”。这时，洛根夫人突然说：“等一下，亲爱的。”“怎么了？有什么事吗？”洛根先生警惕地回答。洛根夫人笑了笑说：“亲爱的，你觉得现在的房间是不是非常漂亮？”洛根先生点了点头说：“是的，你说得没错。”洛根夫人又说：“你是不是非常喜欢在这种环境下生活？”洛根先生又说：“没错，正如你所说的。”洛根夫人接着说：“那你是不是愿意为保持这种清洁而干净的环

境做点什么呢？”洛根先生想了想说：“我一直都有这种想法。”洛根夫人很高兴地说：“我想你一定知道该如何做。”

洛根夫人在建议丈夫保持家庭环境清洁的时候并没有采用命令的语气，而是向洛根先生发出一连串的提问。结果，洛根先生顺着妻子的提问一点点地走下出，终于说出连自己也认为是应该做的事情。从那以后，洛根先生再也没有搞过“破坏”，因为是他自己说要为整个家庭的清洁做点什么的。其实，这一技巧并不是非常难学，只要妻子给丈夫一点自主的权力，让他们感觉那是他的主意就可以了。

如果女士们依然不自信，那么你们就看看银行出纳员爱丽丝·艾伯森是怎么做的。我想，你们的丈夫总不会比一个固执傲慢的顾客更加难以劝说吧。

一天，有一位先生来到爱丽丝所在的银行，说打算开一个户头。按照规定，爱丽丝给他递过几张表格，并嘱咐他一定要详细地填写。可是，这位先生在看完表格后，表示拒绝填写某些内容，因为他认为那样会泄漏他的一些隐私情况。

真幸运，在这之前，爱丽丝刚刚上完我的人际关系课程，因此她并没有命令这位先生必须填写表格，而是决定采用提问的方法来让那位先生接受银行的规定。于是，爱丽斯首先表示对那位先生的理解，因为那样的确是有泄漏隐私的嫌疑。同时，爱丽丝也表示，这些表格上的很多地方并不需要填写。那位先生很高兴，因为他觉得自己是一名胜利者。

接着，爱丽丝问他：“先生，如果您不幸遇到什么意外，是不是希望银行能够在最短的时间内准确无误地将您的钱转交给您所指定的人？”那位先生想了想，说："你说的没错，我的确希望如此。"爱丽丝接着说："那好，我们也非常希望能够做到。那么，您是不是觉得应该把您希望的这位亲人的名字告诉我们，以便使我们以后能够完全按照您的意思处理，从而不至于出现浪费时间的现象呢？”那位先生沉思了一会儿，说道："没错，你说的这个的确有必要，我想我应该好好考虑一下。"

这时，情况已经发生了戏剧性的变化。那位先生已经没有了刚才得意扬扬的劲头，而且态度也缓和了下来。他知道，自己填写这些表格并不是为了给银行留下什么，而是完全要照顾好自己的个人利益。因此，他理解了银行的规定，也完全按照表格的要求填写了所有的资料。不光这样，这位先生还另外开了一个信托账户，并且指定他的妻子为法定受益人。当然，他也按照银行的要求留下了所有与母亲有关的资料。

没错，爱丽丝女士从一开始就一直让那位先生回答问题，让他不停地说："没错，是的。"这样一来，那位先生把原来的问题忘得一干二净，而且非常愉快地接受了爱丽丝建议的所有事情。

女士们，我想现在你们一定已经懂得了该如何用提问的方式来让你们的丈夫接受意见了。最后，我这里还有几个小技巧送给女士们，希望女士们能够灵活运用。

以提问的方式代替命令的小技巧

- 不停地让他说“是”；
- 让他说出你想要说的话；

- 使他觉得那是他的主意。

授权给他，使他乐于做你所建议的事

约翰和他的妻子蒂娜要去参加一个聚会。虽然聚会的地点并不算远，但半个小时过去了，“糊涂”的约翰依然在同一个街区转。很显然，约翰一不小心迷路了。这时，蒂娜忍不住建议说：“约翰，你为什么不停下来问问别人？或是打电话求助也可以。天知道，你这么漫无目的地转圈，什么时候才能到目的地。”约翰白了妻子一眼，继续在迷宫里寻找出口。最后，两个人虽然赶上了宴会，但约翰的情绪显得非常糟糕。蒂娜不明白，究竟是什么原因让约翰的情绪如此低落？

事实上，正是蒂娜的建议才使得约翰不高兴的。我承认，蒂娜出于一片好心，因为她在向自己的丈夫暗示说：“亲爱的，我非常关心你，所以才希望能给你提供帮助。”然而，蒂娜却忽视了一个很严重的问题，那就是男人不需要建议。

男人把自己的尊严和权威看成是最宝贵的东西，所以他不需要任何的建议。事实上，他对蒂娜的行为是这样理解的：“你真是个无能的家伙，就凭你的那点本事，还想让我们准时到达目的地？你的方向感简直差极了，真该找个人好好地开导你一番。”的确，男人就是这么理解的。女士们，事实上给自己的丈夫提建议是一件相当“危险”的事，因为这很可能会换来丈夫的不满甚至抱怨。

女士们可能会说：“卡耐基，你是怎么了？你不是一向鼓励人们去做一些不可能的事吗？难道你就没有办法帮我们给丈夫提建议了吗？”不，建议还是要提的，因为男人有时候需要女人的帮助，关键是以什么样的方法。女士们，你们必须掌握这一原则，那就是让你们的丈夫永远都乐于接受你的建议。我知道这是一件很难的事情，但并不是不可能的，只要你能够做到授权给他。

大概没有什么事比给那些成功的政客提建议更困难，因为他们都很自负，自尊心非常强，哪怕是一件很小的事情都可能引起他们的不满。

第一次世界大战爆发以后，欧洲几乎所有的国家都加入了战斗。对于全人类来说，那场战争都是一个十足的噩梦。幸运的是，当时的美国没有卷入战争，但美国政府同样想为制止战争做出点贡献。虽然美国总统威尔逊并不知道欧洲人是不是渴望和平，但他还是下定决心要试一试。经过深思熟虑，威尔逊总统决定派一位代表前往欧洲，向欧洲各国表达他希望和平的意愿。

这一消息传出去以后，美国国务卿勃拉恩非常兴奋，因为他一贯主张和平。同时，勃拉恩非常清楚，这次出使欧洲正是让自己建功立业的好机会。在他看来，这次去往欧洲的人选非他莫属，因为只有他才是最合适的人选（至少他自己是这么认为的）。可是不想，威尔逊总统居然放弃了他，而选择了他的好友赫斯上校。

的确，这对勃拉恩来说是一个不小的打击，但最头疼的还是赫斯。威尔逊总统在给他安排完出使任务之后，又安排了另一项重要的任务，那就是想办法劝说勃拉恩，让他不对这件事耿耿于怀。天啊，这简直太难了，因为勃拉恩曾亲口告诉赫斯，他十分想出使欧洲。怎么办？直接给他提建议，显然不行，说不定那样还会激怒勃拉恩。最后，赫斯想了一个好办法。

这天，赫斯对勃拉恩说：“事实上，总统先生一直都认为您才是最佳的人选，他一直都这么认为。他之所以没有派您去，是因为他害怕这样做会引起别人的注意。你知道，战争时期的人们都是很敏感的，所以他们很可能会产生怀疑……”

听完这番话以后，勃拉恩的脸上露出了笑容，因为赫斯分明是在向他暗示，自己才是身份尊贵的人，自己在别人眼中的分量比他重得多。就这样，一场风波被巧妙地平息了，而赫斯上校在处理这件事的时候，正是运用我所说的那个技巧——授权给别人，让他愿意接受你所建议的事情。

我曾经针对这一问题请教过我的朋友唐纳·霍华德，他也一直都在研究人际关系学。他对我说："戴尔，我认为你所说的这种方法确实很不错。每个人都渴望得到别人的尊重，特别是男人。在做某件事的时候，男人希望自己是领导者，希望别人在谈论这件事的时候把功劳归在自己的名下。如果你能够抓住人的这种心理，在做事之前给他一种拥有权力的感觉，那么他一定会尽心把这件事做好，因为他认为那是他应该做的。"

事实上，渴望获得权威是人类的一种天性。拿破仑曾经创立过荣誉战队。在创立初期，他曾经给手下 1500 名士兵颁发了十字徽章，而且还封手下的 18 位将军做了"法国大将军"。拿破仑让他的士兵和将军感觉到，他们就是他的骄傲，因此他管自己的军队叫作"大军"。

当时，很多人都不理解他的做法，因为这简直是"孩子气"。很多人批评拿破仑，认为他不应该送给那些圆滑的老兵一些"玩物"，那样会使他们丧失斗志。然而，拿破仑却说："你们尽管去嘲笑吧，这没有什么大不了的。你们根本不明白，每个人，也包括你们，都在受着一些玩物的统治。"既然这种技巧对拿破仑的士兵有效，那么也一定会对你丈夫有效。

的确，女士们确实应该接受这个意见。举个例子，如果你认为你丈夫对你们的家庭关心不够的话，那么你就让他成为整个家的国王。国王不可能对他所统治的国家漠不关心，更不可能会对他的子民漠不关心。因此，只要你把家庭王国的权力给他，那么他就一定会对家表现出前所未有的热情。

路易斯女士是一名典型的家庭主妇，家里的大事小情都由她负责。她丈夫在一家保险公司做推销员，虽然每个月的收入都还不错，却没存下什么钱，因为丈夫是一个“超前消费者”，总是会花钱买很多昂贵却不实用的东西。尽管路易斯女士劝过他很多次，但丈夫始终都不以为然。

这天，丈夫又买了很多无用的东西。于是，路易斯对他说：“哦，亲爱的，我有个好建议怎么样？”丈夫显然感觉到她要说什么，不高兴地说：“算了吧，路易斯！我知道你要说什么，不要再唠叨了好吗？我才不想委屈自己，事实上我花的这些钱都是我挣的。”路易斯点点头说：“是的，但我并不是想劝你，我只是想让你成为这个家的真正主人。从今天起，你将掌管家里的财政大权，所有的资金都由你支配。”丈夫显然对这个提议很高兴，马上就接受了。

奇妙的事情发生了，从那以后丈夫再也没有胡乱买过东西。因为他知道，自己如今已经是这个家的财政总管了，有义务保证家庭的收支平衡。同时，为了应对不时之需，他还必须想办法让手上有些存款。后来，当路易斯再一次管理家庭财务时，丈夫对她说：“我以后再也不会乱买东西了，因为我应该配合你的工作。”

有一次，我到我的朋友赫敏女士家做客。吃晚饭的时候，我告诉她我家的草坪经常会被隔壁的小孩无情地践踏，这让我很是苦恼。赫敏说，她也曾经为同样的事头疼。起先，她尝试着批评那些捣乱的孩子，但这显然不奏效，而且还促使那些孩子变本加厉。后来，她又想到以一些小恩小惠诱惑那些小孩。开始的时候还管用，但后来孩子们显然对那些小东西失去了兴趣，这一方法也失效了。最后，赫敏想出了一个绝妙的方法。

有一天，她又发现那群孩子在自己的草坪上乱踩。于是她走过去，叫出孩子群中最调皮的那个，对他说：“听好了，我的小勇士，从现在起我决定让你看管我的草坪。现在，你就是守卫这片草坪的骑士了。你必须保护它不被别人侵犯，更不能让别人伤害它。当然，你也完全可以不去这么做，但那会使你的名誉受损。”

这个办法真的很有效，那个孩子几乎把草坪当成了自己的财产。他准备了一根棍子，时不时地在草坪上巡视。每当有孩子想要靠近草坪时，他都会拿着棍子把他们赶跑。一个心智不成熟的孩子尚且对权威有着很深的渴望，更别说是一个自尊心非常强的男人了。

很多女士可能会问：“我从来没有做过女王，并不知道该怎么给别人分配权力。”实际上，给人授权并不是一件非常困难的事。你应该让你的丈夫觉得，他就是这件事的领导者，他可以自由地处理任何细节。如果你是要拒绝他的要求，那么千万不要直言不讳地说。你应该想办法让他觉得，他之所以改变主意并不是因为你，而是因为他自己。

我的一位朋友非常忙，每天都有很多人要求他去演讲、参加宴会。因此，他不得已地要推掉一些人的邀请。他是怎么做的呢？他总是先感谢对方的邀请，并为自己不能出席感到抱歉。接着，他又会提议让对方考虑用另一个人来代替他。这时，对方会觉得是自己选择了别人。这样，他们就不会因为遭到拒绝而感到生气了。

最后，我有必要再强调一次，如果你想让你的丈夫愿意接受你的意见，那么你就最好授权给他。

第六章

做他事业上的好帮手

鼓励他从事合适的职业

前一段时间，我在书店里买了一本彼得·斯德克博士所写的《怎样停止谋杀自己》。书中有一段话论述得非常精辟、独到，现在我把这段话给各位女士写下来：

> 那些太太真的应该受到强烈的谴责，因为她们一直都非常过分地要求自己的丈夫。她们的要求永无止境，希望自己的丈夫不知疲倦地奔跑，以此来挣得财富、名望以及高水平的物质生活。而这些女人的目的仅仅是为了超过她们的邻居。
>
> 这种女人的天性就是很势利的，但后天的影响更刺激了这种天性。我做过很多调查，知道很多原本幸福美满的家庭都被这些野心家毁掉了。我真的不明白，为什么一个女人要有如此之大的野心。

女士们，读了这段话你们有何感受？作为妻子你们是不是也经常强迫自己的丈夫去符合你心中的“成功模式”？如果真是这样的话，我只能说：“你的丈夫太可怜了，而作为妻子的你太可悲了，你们的家庭太不幸了。”

相信很多女士都读过约翰·莫科德写的小说《无法回头》，书中那个可悲的社会就是对现实生活的最好写照。在那里，人

们没有个性，所有的行为、举止都力求与传统一样。还记得那个妻子吗？为了满足自己那可怕的虚荣心，她不断逼着自己的丈夫一级一级地往上爬。她的丈夫是个没有“野心”的“窝囊废”，对这种行为并不感兴趣。不过，为了证明他的爱，丈夫还是听从了妻子的安排。可是，当他后悔并且想要回头的时候，却发现这已经是完全不可能的了，因为他已经陷入了一个与他自身的个性完全不一样的社交圈中，已经不能自拔了。

说句实话，我真不愿意在现实生活中看到这样的事情，因为这对于每一个幸福的家庭来说，都无疑是一场灭顶之灾。然而，我又不得不承认，很多女士并没有认识到“强迫”自己的丈夫去从事一项他不喜欢的职业是件多么危险的事，尽管那份工作看起来很体面，而且也能给家里带来很高的收入。

那是三年前的事情了，我和妻子一起去伦敦旅行。傍晚的时候，我们一起在街道上散步。这时，我们遇到了莱斯女士，她是我以前的邻居。莱斯是个很爱面子的女人，也喜欢在别人面前夸夸其谈。莱斯女士骄傲地告诉我们，如今她丈夫已经是一家公司的白领了，而她似乎也进入了上流社会。

他们刚结婚的时候，莱斯的丈夫是一个非常不错的电焊工。虽然每天的工作有些累，而且收入也不是很多，但他生活得非常快乐。可是，莱斯女士对这一切并不满足。她羡慕别人的丈夫每天都拿着公文包体面地去上班，而自己的丈夫带的却是一个便当。为了让自己能够体面地生活，莱斯开始干涉丈夫的工作。

在妻子的督促下，这个本来快乐的年轻人来到了一家大公司，做起了文员。他不再拿电焊机了，因为他的手要拿笔杆子。如今，在太太的帮助下，他已经接连升了几级。可是他并不喜欢这种安静的、枯燥的工作，因为电焊工才是他最喜欢的工作。因此，现在莱斯的丈夫过得非常苦恼。不过莱斯却不这样认为，她终于可以在别人面前夸耀了，因为是她让丈夫从一个不值钱的工人变成了一个受人尊敬的白领。

强迫你的丈夫去做一项他不喜欢的职业，结果只能是让他感到非常委屈。我承认，有些工作确实很让人羡慕，但这并不代表会给所有的人都带来快乐。女士们，如果你们去强迫你们的丈夫离开他们所喜爱的职业，那么无疑就是在自掘婚姻的坟墓。

珍妮·维斯特是个幸运的女孩，因为她有着漂亮的外表，而且还继承了一大笔巨额的遗产。所有的人都认为，珍妮一定可以嫁一个温文尔雅、英俊潇洒的丈夫。就在1826年，她结婚了，丈夫名叫汤姆·卡莱尔，是一个顽固不化的、根本没有什么前途的青年。珍妮的很多朋友都不理解她为什么这样做，都在背地里说："看珍妮都干了什么？她是不是疯了，居然会嫁给一个没有一分钱的穷光蛋。这下可好，她算是葬送了自己的幸福。"

事实是这样吗？不，那些人错了。因为汤姆以及他和珍妮的婚姻已经成为一个传奇故事。如今很多人都知道《法国革命》和《克伦威尔的一生》这两部巨著的作者是汤姆，而且很多读者把汤姆当成偶像一样来崇拜。不光这样，汤姆·卡莱尔还成为爱丁堡大学的名誉校长，而他们的家，如今也已经成为那些文学天才的聚会场所。

我知道，这一定会让很多女士羡慕，因为她们也盼望自己能够像珍妮那样幸运，嫁给一个十分有潜力和才华的丈夫。我想告诉女士们的是，珍妮能够幸福并不仅仅因为她丈夫是个很有才华的人，更主要的是因为她为丈夫做出了很多“牺牲”。

珍妮原本也是一位诗人，可是为了丈夫，她甘心放弃了自己的爱好。后来，她花钱在苏格兰乡村一个偏僻的地方盖了一间房子，目的是让自己的丈夫能够不受干扰地在那里安心写作。珍妮从来没有抱怨过，也没有想过要自己的丈夫改变什么。她学会了缝衣服，做起了一名俭朴的家庭主妇。汤姆的身体不好，有慢性胃病，所以珍妮必须十分细心地照料他。当丈夫的心情郁闷时，珍妮又成了最好的倾听者。

后来，汤姆成功了，也出名了。像其他文人一样，汤姆受到了很多漂亮女人的倾慕。可是，珍妮对这一切都从来没有在意过，因为她知道，那些丈夫忠实的追随者能够给他的作品吸引来更多的注意力。

如果说珍妮身上什么优点最值得人敬佩，那么无疑就是她从始至终都没有想过要改变自己丈夫的个性。有的出版商为了打开销路，特意把珍妮写的信印在了汤姆的书后面，现在，这封信已经非常有名了。信里有这样一段话：

我不认为所有人都变成一个模式是一件好事。相反，我希望我可以拿着一支笔，在每个人的周围画上一个圈，然后告诉他们，永远不要走出圈外，因为只有在这个圈内你才能将自己的独特个性发挥出来。

我真的非常敬佩珍妮女士，因为如果换了别的女士，大概她们早就想尽一切办法来改变汤姆·卡莱尔个性中的那些不合时宜、顽固不化的地方了。当然，这一切都是为了汤姆好。不过，珍妮却一直都把思路放在如何发挥丈夫的个性上。道理很简单，她喜欢汤姆本来的个性，因为那才是真正的他。同时，珍妮也非常希望整个社会能够接受真实的汤姆·卡莱尔。

女士们，你们是否已经发现了帮助一个男人正确认识自己的能力与强迫男人做超出自己能力的事这两者之间既微妙又很神奇的差别吗？你们必须记住，并不是所有的男人都是圣人，即使圣人的能力也是有限度的。一个成功的妻子是从来不会去逼自己的丈夫做超出能力的事的。

应该说，汤姆是个幸运的男人，因为他有非常懂事的妻子。可是似乎并不是所有的太太都能这样明事理。我看过很多例子，妻子逼丈夫去做了那些超出能力的事，结果丈夫变得痛苦、忧虑以至于神经衰弱。

每个人都想获得很高的职位和薪水，但这并不能代表那些在低职位工作的人就不幸福、不快乐。事实上，真正夺走这些人幸福的，恰恰是硬逼他们去夺取高位的做法。这会使那些可怜的丈夫患上可怕的胃溃疡甚至于过早地死亡。这不是危言耸听，因为超负荷的压力会使他们的神经系统难以忍受。

女士们，如果你真的希望自己的丈夫能够取得成功，那么就请你们不要强迫他们去做你认为合适的职业。你们应该珍惜他们、鼓励他们、默默地配合他们的工作。永远都记住，千万不要硬逼着他们从事不合适的职业，你们要做的就是让他们自由地发挥自己的才能。

帮丈夫确定目标

1910 年，那时候的我还只是一个刚从密苏里州玉米栽种区出来的不懂世故的充满幻想的青年。为了实现我心中的梦想，我来到了位于纽约的美国戏剧艺术学院。我的家境并不富裕，所以我和另一个充满幻想的来自马萨诸塞州的名叫惠特利的乡下小子合租了一间公寓。

我和惠特利相处得非常好，因为我们有着同样的生活背景。我们经常在一起谈论自己的未来，幻想着有朝一日实现自己心中的梦想。我记得非常清楚，惠特利最常说的一句话就是："你瞧着吧，戴尔！早晚有一天，我，惠特利，一个来自农村的穷小子，一定会成为纽约一家公司的大老板。"当时我对惠特利的想法有些不以为然，因为从各种条件来看，他的这种想法都更像是幻想。可事实证明我是错的，因为惠特利现在已经是蓝月乳酪公司的总裁了。

起初的时候，惠特利不过是在纽约一家食品连锁店里当零售员。可是，惠特利和其他爱抱怨的青年不一样，他对这份"没有前途”的工作充满了热情。为了熟悉业务，他还经常利用午餐的时间到各个批发部门帮忙。当然，他这么做，没有一点功利心理。后来，一个批发部门的主任知道了这件事，就把一次绝好的工作机会留给了这个年轻人。

渐渐地，惠特利的事业有了起色。他先是做零售员，后来变成了业务员，然后又成为部门经理，接着又升任了业务经理。当然，在这个过程中，他也不可避免地遇到了一些困难和挫折。后来，惠特利又换了几份工作。这并不是因为惠特利对目前的工作没有激情，而是在他看来，在那些公司工作简直没有前途。

我必须强调一点，惠特利在这几年的拼搏中，从来没有忘记自己当初制定的目标。他一直努力着、奋斗着，而且最终取得了胜利。

惠特利无疑是一个“白手起家”的经典例子，因此我仔细分析了他的奋斗过程，希望能够找出他成功的原因。他的确是非常勤奋地工作，可这一点很多人也做到了。难道是学历起了作用？不，他的学历是靠自修才得来的。突然，我想起了惠特利常说的那句话，这下我终于明白惠特利成功的主要原因了，那就是他始终在朝着那个方向努力，一刻也没有停止过。

各位女士，我可以很肯定地说，虽然我现在把目标对于男人成功的重要性告诉给了你们，但实际上你们并不知道该怎么做。我这么说是有原因的，因为有一次我在培训课上把这个故事讲给学员的时候，一位女士站起来问我说：“卡耐基先生，我不知道你说的这些和我们有什么关系！你是知道的，几乎所有的男人都是狂妄自大的家伙。你可以问问其他女士，当我们给自己的丈夫描述家庭的目标时，往往换回来的是一顿斥责。如果我说希望他能够成为像洛克菲勒一样的大老板，他一定会认为我疯了。”

我相信这位女士说的话，因为这种情况的确存在。然而，这并不能证明帮自己的丈夫确定目标的做法是错误的，只能说明大多数女士所选择的方法不恰当。我给了那位女士一些建议，现在也把它送给你们。

制定目标的准则

- 必须是切实可行的；
- 丈夫和你都喜爱的；
- 并不一定是非常大和重要的。

我个人认为，这三点建议中，最后一点是非常重要的。其实，在这条准则中还包含着一个如何帮助丈夫确定目标的小技巧，那就是不断给他制定出新的目标。关于这一点，我是从《婚姻指南》中得到的灵感，书中这样写道：

作为夫妻，所有人都希望能够拥有一段快乐的婚姻生活，而造就快乐婚姻的基础就是共同的生活愿望。不过，我们必须搞清楚，这种共同的愿望不一定是非常远大和重要的，可以是买一栋房子，也可以是拥有一个大家庭，更或是仅仅去欧洲旅行……这些都可以，因为最重要的是有一个共同的生活愿望。

目标是第一位的，接下来的才是去尽力实现它。快乐美满的生活就是来自于对未来生活的规划、幻想以及设计，而夫妻之间幸福的婚姻生活则是来自于共同享受生活中的成功与失败、希望与失望。

女士们，你们可以找一千个理由不相信我所说的话，但是你们却找不出一个理由驳倒成功的事实。我夫人和威廉·格勒罕夫人是一对非常要好的朋友，所以我对这对富翁夫妇的奋斗史非常清楚。

威廉·格勒罕是美国堪萨斯州威基塔市最大的一家石油公司的总裁，这可是一家能够获得丰厚利润的公司。事实上，这家公司是威廉·格勒罕先生一手创办的。早在他还是个孩子的时候，就已经会从投资、经营石油中牟取利润了。再看看现在这对夫妇，他们有着令别人羡慕不已的财富，而且身体健康，拥有四个聪明可爱的孩子以及成功的事业，最主要的是他们在以后的日子里还将会拥有这一切。

有一次，我向威廉·格勒罕请教他成功的最大秘诀。他微笑着告诉我说："这一切和我妻子的努力是分不开的，因为是她一直陪伴在我身边，和我一起为实现我们一个个新的目标努力。"

威廉·格勒罕夫妇刚结婚的时候，他们先是尝试着做房屋不动产买卖。那时候，他们的处境很困难，因为他们除了能够收到一点可怜的佣金以外，没有其他任何的经济来源。既然做生意，办公室是必不可少的。然而，当时的格勒罕夫妇只能在一栋大楼的一角租一间办公室，而且这个房间还挨着废弃的通道。白天的时候格勒罕夫人在办公室联系生意，而格勒罕先生则外出寻找业务。那段时间，业务简直少得可怜，而这对新婚夫妇也经常是三餐无着落。

不过后来，业务终于有了转机，格勒罕夫妇的手中也有了一些积蓄。于是，他们开始购买房子，接着再卖出去，后来干脆自己建造房子往外卖。他们的目标终于实现了，因为他们确实已经经营起了自己的房地产生意。可是，威廉·格勒罕先生却并不满足。他认为自己还太年轻，完全有精力去做一些其他的事情。

威廉·格勒罕夫妇召开了几次家庭会议，格勒罕夫人认为，既然威廉在很小的时候就已经在石油领域显示出了天分，那为什么现在不能把它做大呢？威廉十分同意妻子的话，也认为他们应该做起石油生意。就这样，威廉·格勒罕的石油公司终于成立了。

如今，威廉·格勒罕夫妇已经把石油公司经营得非常红火了，可他们并不满足。据说，他们已经有了下一步计划，而且也会和以前一样，全力以赴地去实现它。

事实上，威廉·格勒罕夫妇在制定目标的时候并不是随意地、毫无根据地。格勒罕太太对我说：“戴尔，你知道吗？有时候帮助我丈夫确定一个目标真的是一件非常困难的事。我不能随便给他制定一个目标，因为那样很可能会使他丧失掉成功的信心。在每次制定目标之前，我都会考虑一下威廉所受过的训练、教育以及他的性情。此外，还有一点是非常关键的。人往往在实现一个目标以后就会丧失掉奋斗的劲头，因此我和丈夫总是在努力实现一项目标的时候，就开始了寻找下一个非常重要的目标。你都看到了，戴尔！现在我们过得很充实，也很幸福，因为我们的生活永远充满了挑战性和成就感。”

的确，格勒罕说的一点都没有错，一个成功的人生是应该分为制订计划、实施计划、达到目标三个部分的。我给女士们举一个简单形象的例子，人生就像是一场射箭比赛。不管你的技术有多高，也不管你的弓箭有多精巧，如果你不去瞄准的话，怎么可能会射中靶心呢？当然，即使你瞄准了，也并不能保证箭就一定会射中靶心，但这总比闭上眼睛去射强得多吧。

哥伦比亚大学一位教授曾经说：“人类产生忧虑的主要原因就是混乱。”是的，他说的没错，但我认为模糊不清的思想更是人通往成功路上的最大障碍。女士们，作为丈夫最亲近的、最信任的人，你们的义务应该是什么？那就是替丈夫清除那些障碍。

女士们，在你们帮丈夫确定目标之前，首先要做的就是思考成功究竟对你和你先生有什么意义？它可能意味着很多的金钱、财富、权力和地位，也可能仅仅是代表着一种满足。每个人的意识形态是不一样的，因此生活中的成功对每个人的意义也是不一样的。因此女士们，当你们找出成功的真正意义后，你们就可以开始为丈夫确定目标了。

还有一点我要提醒各位女士，你们帮助丈夫确定目标的做法是正确的，但前提必须是你明确地了解这个目标。很多夫妻在开始的时候充满了热情，也各自为自己制定了远大的目标。可是，当他们全身心地投入到生活之中时，却发现与他们制定的目标的方向竟然是相反的。我并不是宣扬“男权主义”，但如果你们的丈夫真的有一个远大的理想的话，我希望女士们能够全身心地投入进去。

女士们，我必须重申一次，帮助丈夫成功的第一步就是帮他确定人生的目标。最后，我有一句话要送给女士们。很可惜，我已经忘了它的出处，但它是一个非常好的忠告：

爱情是什么？仅仅是两个人对视吗？不，爱情是两个人、四只眼，一起朝一个方向观望。

称赞他的进步，激励他获得成功

在开始这篇文章之前，我先告诉女士们一件非常有趣的事。每个人，我是说每个人，都是由两部分组成的，一部分是真实的自我，另一部分是理想的自我。也就是说，一个在现实生活中非常懦弱的人，他理想中的自我就是成为一个坚强的人；一

个对自己没有信心的人，他理想中的自我就是成为一个无所畏惧的人；一个说话口吃的人，他理想中的自我就是成为一个口若悬河的演讲家；一个平凡的人，他理想中的自我就是成为一个成功人士。

我之所以说这些，主要是希望女士们能够明白，帮助丈夫获得成功（也就是让他变成理想中的那个人）是每一位做妻子的责任。那么怎样才能做到这一点呢？不停地指责、无休止地挑剔、老是拿他与那些成功的人相比、逼迫他去做一些不想做的事情……这些愚蠢的做法显然都不

能达到目的。作为妻子，你们应该做的是不停地称赞他的进步，通过激励的方法使他获得成功。

有一位资深的家庭问题研究专家曾经这样说过："很多女士都不知道赞美——特别是来自妻子的赞美，对于男人意味着什么。当一个男人从妻子的嘴里听到'亲爱的，你是最棒的，我真为你骄傲！我真的太幸运了，因为我选择了你！你知道吗？你将是我今生最大的荣耀'这类话的时候，没有一个不是斗志十足、意气风发的。对于男人来说，他们最大的动力就是来自妻子的鼓励。"

这种说法可笑吗？不，它说的完全是事实，很多取得成功的男人都印证了这一观点。我的培训课上曾经有一位名叫鲍勃·巴克斯的先生，如今他已经拥有了一家很大的货运公司了。鲍勃和我的关系很好，前几天还给我来了一封信，向我详细介绍了他成功的历程。在征得他允许的前提下，我把整封信都收录了进来：

如今我越来越坚信，一个男人通过努力是一定可以取得成功的，不管他的条件是什么。告诉您一个有趣的现象，每当我为一项重大任务挑选合适的人选的时候，我总是会首先找他们的妻子谈话。因为我认为，一个男人事业的成败和他妻子处世的方法以及对丈夫的鼓舞程度是有很大关系的。你一定会觉得有些不可思议，但这并不是我凭空想象得出的结论，因为我自己就是最好的例子。

在成为我太太之前，我妻子可谓应有尽有：她有非常爱她的父母，她本人也受过很高的教育，而且她的家境也十分富裕。我真的不明白，她当初怎么会看上我这么一个既没钱又受教育很少的穷小子。在结婚的头几年，我们的生活真的是非常艰苦的。除了一颗想要获得成功的心之外，我几乎没有任何财产。可是，我妻子从来没有抱怨过，相反她对我十分体谅而且不断地鼓励我，使我有信心去面对一切挫折和困难。

对于我来说，我这一生所取得的一切成就都要归功于我的妻子，因为是她一直不懈地支持我、鼓励我。就在前几天，她患上了很严重的疾病，可是即使这样也没有忘记给我鼓励。在她心里，任何事都比不上给我提供帮助重要。每天早上，在我出门以前她总是会对我说："亲爱的，你有什么事情需要我帮忙吗？"而每天晚上我回到家以后，她总是会温柔地对我说："鲍勃，跟我讲一讲今天都遇到什么情况了。"她是我的女神，也是我的动力，我一生都不会让她失望的。

这真是一名伟大的女性，更是一个明智的妻子。的确，妻子如果不断给予丈夫赞美和激励的话，那么一定可以让他们的生活焕然一新。是的，有时候，妻子的一句话就会改变丈夫的生活态度，使他们的心理不再有阴暗的乌云。这一点，我是从退役士兵汤姆·格斯登那里得来的。

这位年轻的小伙子曾经参加过二战。在战争中，他的左腿不幸被炮弹击中，落下了终身残疾。不过，他的残疾程度并不严重，因为他还可以进行他最喜欢的那项运动——游泳。

那是一个星期天的上午，他和妻子一起来到了附近的一个海滩度假。汤姆很长时间没有如此开心过了，因此他迫不及待地脱去衣服，在大海中痛痛快快地畅游了一番。游累了之后，汤姆从水中出来，安静地躺在沙滩上，享受着阳光的照射。突然，他发现很多游客都在以一种奇怪的眼光看着自己。他意识到，自己左腿上的那些伤疤太明显了，这是自己以前从来没有注意过的。

等到下一个星期天的时候，妻子又一次提议到那个海滩去度假，却不想被汤姆一口回绝了。汤姆有些沮丧地说："我才不要去那该死的海滩，与其被人家耻笑，还不如老老实实地待在家里。"

妻子很快就明白了这是怎么回事，说道："为什么？汤姆，你怎么可以有这样的想法？我最了解你了，我知道你已经开始注意你腿上的伤疤了，然而你的那种想法是错误的。你知道吗？这些伤疤象征着勇气，它们给你带来了光荣、荣耀。我不认为你应该把它隐藏起来，你应该让所有人都知道，这是你为国家效力的证明，可以大大方方地带着它。不要再犹豫了，我们一起去游泳吧！"

最后，汤姆和妻子一起去了，因为他妻子已经替他消除掉了心中的阴影，他的生活将充满光明。事后，汤姆说："不管到什么时候我都不会忘记我妻子对我说的那些话，正因为它们才使我的心中感到无比的光荣。"

相信，如果不是有妻子的帮助，汤姆现在恐怕已经患上了抑郁症，因为腿上的伤疤使他根本无法面对生活。他会自卑，然后自暴自弃，最后可能会选择结束自己的生命。我是不是有些危言耸听？也许吧，但这一切都是可能成为现实的。这更加进一步说明，妻子的鼓励和赞美是使丈夫的生活变得光明的重要因素。

相信我，女士们，你们发自真心的鼓励和赞美，是你丈夫所能听到的最美妙的言语。它会使你的丈夫变成生命中的强者，会让你的丈夫变得无所畏惧，更加会让你的丈夫对成功充满信心。你的鼓励和赞美就像注入丈夫体内的兴奋剂，使他们将自己身体内最大的潜能全都发挥出来。有了目标、成熟的心理，再加上不懈的努力和你坚定的支持，等待你丈夫的将一定会是成功。

他要是调职，就和他一起去

很多女士都曾经遇到过这样一个让人头疼的事情——搬家。的确，这不是一件令人高兴的事，尽管这是丈夫的工作需要。女士们，我非常理解你们的心情。一个家庭能够在一个地方稳定下来是件非常不容易的事，而让家庭里的女主人放弃稳定的局面，搬到另外一个完全陌生的地方则更是一件让人头疼的事，因为这需要付出很大的勇气。

我身边的很多人都曾经和我抱怨过，说他们的妻子太不支持他们的事业了，因为她们不愿意离开生活多年的地方，即使因为这个把丈夫永远束缚在一个工作地点上也在所不惜。

有一次，纽约电器公司的一名董事莱恩对我说：“戴尔，我见过很多这样的妻子。她们就像是一个纠缠不休的小孩，始终不让丈夫离开自己的身边。实际上，她们根本不知道，她们已经成为丈夫成功路上的绊脚石。”

我有些不以为然地说："你说得有些过分了吧，实际上每位女士都会这样做，她们只不过不想忍受流离之苦罢了。记得二战吗？那时候很多刚刚结婚的新娘子都忍受不了四处迁移的痛苦。这一点我们应该表示理解。"

莱恩摇了摇头说："戴尔，你以为我是那么不近人情吗？不，我只不过是说出了事实而已。我的公司里曾经有一位年轻的职员。这个小伙子非常棒，将来一定可以成就一番事业。可是，

当他需要调到一个新的环境工作时，他的妻子却百般阻挠。最后，这名职员只好放弃了这样一个绝佳的机会。你知道他妻子舍不得什么吗？她的父亲、母亲、朋友，当然还有她家附近的那间小教堂以及她心爱的客厅。实际上这些东西都不是重要的。她搬走了，但和父亲、母亲以及朋友间的感情依然存在。至于说教堂和客厅，那些东西在哪儿都能找到。”

女士们，你们赞同莱恩先生的话吗？我觉得他说的还是很有道理的。事实上，虽然从一个熟悉的环境中搬走是一件很痛苦的事，但这并不是完全不可能的。只要女士们具备了一定的适应能力，是一定可以克服那些所谓的困难的，因为有人已经做到了。

《妇女杂志》上曾经刊登过一篇文章，女主角是拉多·格恩太太，她家以前住在弗吉尼亚的福克市。拉多太太是这样描述的：“那是几年前的事情了，我丈夫参加了海军，为此我们全家都必须离开我们刚刚装修好的房子，跟随我的丈夫四处奔走。我不愿意，真的，因为那里才是我的家。当我们到达第一个目的地时，我的心情简直糟糕到了极点。”

“再看看现在，我们已经搬了很多次家了。如今我的想法和以前大不一样了，甚至觉得以前自己太孩子气了。我丈夫很快就要退伍了，所以我们正在为定居作打算。应该说，这是我一直以来的愿望。可是，连我自己都不相信，我现在居然为不能再过流浪的生活而感到有些伤心，这真让人难以接受。这几年来，我走过了很多地方，也成长了许多，因为我遇到了各种各样的人。应该说，我现在已经成熟了很多，因为我已经学会了如何和那些与我们不一样的人相处。同时，我变得坚强了，再也不会因为失望而感到烦恼了。我明白了一个道理，即使你拥有一大堆的生活器具，也不会给你带来一个幸福的家庭。要想拥有幸福，最主要是让家庭充满爱和温暖。不管你面对什么样的困难，你要做的都是尽自己最大的努力。”

各位女士，你们为什么不像拉多女士一样呢？当你们的丈夫需要调职时，你们的选择是什么？扯住他的后腿，坚决不让他离开？哦不，这不是你明智的选择。你们必须离开，必须跟随丈夫到一个新的地方，这是你们最好的选择。当然，要想能够很快地适应新环境，女士们还必须做好一定的准备。

女士们在搬迁之前，首先就是要有心理准备。女士们，你们不能有这样一个错误的想法，那就是指望新环境与老环境相同。很简单，每一个地方的环境都是不一样的，不可能完全相同。如果你丈夫必须到新的地方去工作，那么根本不需要担心，因为那个新的环境很可能会带来更多的机会。

当然，有了充分的心理准备之后，女士们接下来要做的就是尽自己的最大努力。那一年，我要去俄亥俄州一所大学教课。由于住房条件实在紧张，所以我和我妻子只能住在一间很简陋的房子里。起初，我妻子对这些条件很不满意，始终都不能完全融入新的环境里。当时，我真的很担心，害怕妻子会因为熬不住而选择离开。事实证明我错了，我妻子做得很好。她对我说：“现在我已经完全适应了这里的环境，因为在这里我学会了很多以前不知道的东西。虽然这里条件简陋，可房间打扫起来也比较容易。同时，我们的邻居们也并不是不可接近的，他们每个人都非常的友好、善良。当我看着周围年轻的夫妇们一起到学校上课，而且还能把很少的生活资料最大限度发挥的时候，我体会到了生活的真谛，并为我以前那种幼稚的想法感到羞愧。”

那一年，我和我太太都获得了一生中最有价值的经验。我们认识了很多新的朋友，也过得非常愉快。更重要的是，我们明白了，一个人的生活环境与事业成就并不能决定他是否幸福。实际上，只要你想，生活总是会幸福的。

其实，很多女士并不是没有适应新环境的能力，而是她们在还没有尝试的情况下就做出退缩的决定。以前，我的一个朋友被调到一个新的地方工作，这是一次升职。为了等待这一天的到来，他已经做了很长时间的努力。可让人意想不到的是，他的太太在那里待了 24 小时之后就做出了一个决定——回家。太太的理由也是很充分的，他们在外面需要租房，而且一切东西都需要添置。尽管丈夫的薪水已经增加了，可那点钱只够雇个女佣。因此，这位太太很“明智”地选择了离开。真的是这位太太不能适应环境吗？不是的，主要是因为她根本没有尝试去适应新的环境就做出了最后的决定。

女士们，我知道要想融入一个新的环境是件很困难的事，但你们必须努力去做，而不应该选择整日抱怨。当你来到一个新的地方，你首先要做的就是努力去结交一些新的朋友。实际上，有很多机会你们都可以利用，比如去教堂参加礼拜，去俱乐部参加聚会或是去社团参加活动。当你们把自己的热情投入到新环境以后，你们就会发现，其实适应它也不是很难。

女士们，你们何必那么讨厌搬来搬去呢？说实话，老在一个地方待时间长了，是会碰到一些倒霉事的。如果你丈夫因为工作的关系需要搬走，那还有什么可犹豫的？这正是天赐良机，赶快高高兴兴地跟他走吧！不过，在走之前，女士们先收下我的几点建议，说不定会对你们有帮助。

如何适应新的环境

- 做好心理准备，不苛求新环境与老环境相同；
- 失去就失去了，没有必要整天愁眉苦脸；
- 结论最好在你尝试完以后再下；
- 把握好新的机会，不要过分地依恋过去。

鼓励他不断学习

女士们，你们是否希望自己的丈夫能够得到升职呢？我想答案一定是肯定的。然而，如果我在这里询问女士们是否帮助自己的丈夫做好了升职的准备，得到的回答恐怕就不是那么肯定了。

我曾经向著名的社会学家华纳博士请教怎样做才能使一个人获得成功。华纳告诉我："美国是这样一个国家，它希望所有人的脑子里都有获得成功的信念，而一个人取得成功的最主要方法就是通过学习。我们每个人都在经营自己的事业，因此就必须利用各种方法给自己创造提升的机会，这其中包括专业技术的训练以及人事考核等。"

华纳博士的话说得非常有道理，因为现如今很多公司都为自己的员工制订了一系列的训练和学习计划。此外，有的公司为了鼓励那些有上进心而且愿意利用工作之余进行自修的员工，还特意设立了各种升级方式来作为奖励。

的确，每一个在外工作的男人都希望在工作几年后能够使自己的事业上一个台阶。然而，这种能够担当高位的能力却是

需要通过在工作中不断地学习来获得的。我承认，并不是所有人都能够实现自己伟大的目标。不过，这一切并不能成为放弃努力的理由。

很多事业有成的人都是通过自己的刻苦努力才获得成功的。数学家查尔士·弗洛斯原本是一名鞋匠，而他利用每天的业余时间来学习，最终取得了很高的成就。乔治·史蒂文生以前不过是一名普通的机师，而正是因为他利用值夜班的时间不断研究才最终完成了火车头的发明。詹姆斯·瓦特，蒸汽机的发明者，如果他不是一边进行自己的修理工作，一边展开对化学和数学的研究的话，恐怕人类社会的发展要推迟很长时间。

真的难以想象，如果这些人不是有一颗永不满足的心，那将对人类的发展造成多大的损失。无数的事实已经证明，在当今社会，光满足领取目前的薪水而不去潜心学习的人，是一定不可能获得成功的。

因此，面对这种情况，男人们必须静下心来学习，以便让自己获得提升。这时，作为丈夫最亲密的助手，你们应该怎么做呢？要想找到问题的答案，女士们必须先明白一点，那就是一个妻子的态度对丈夫是否能够静心学习有着非常大的影响。

我非常理解女士们，因为如果丈夫要利用工作之余学习的话，对那些需要人关爱和陪伴的妻子来说的确是一件非常残忍的事。你的丈夫非常有抱负，一直梦想着自己能够成为一个出类拔萃的人，因此他报了夜校，每个星期有两个甚至五个晚上不能在家陪你。这时候，妻子首先要学会的就是如何独处，以打发那些无聊的时光。

有些女士可能不赞同我的话，会反驳我说："我为什么要学会独处？难道我结婚就是为了过这种枯燥无聊的生活吗？丈夫的义务除了养家糊口之外，还应该让家庭充满温暖。"我不否认这种说法，但女士们有没有想过？你的不开心很可能会导致丈夫无法安心学习。你每天都在丈夫的耳边不停地唠叨、抱怨甚至于咒骂，使你丈夫的学习没有一点成果。结果，10 年过去了，身边的人都已经事业有成，而你的丈夫依然还是一名小职员。我可以直言不讳地说，女士们对丈夫的失败是要负很大一部分责任的，正是因为你们不全力以赴地帮助丈夫，才使得他与成功失之交臂。

女士们，请不要再抱怨了，你们应该仔细观察一下周围的环境。一段时间后，你们会逐渐理解丈夫的行为。是的，没有一个人天生就具备了成功的能力，只有通过不断的学习才能获得这种能力。很多男人在结婚前非常有才能，然而婚后，由于妻子的原因，他们不再去努力学习了。渐渐地，他们跟不上时代的潮流，也不能适应社会上新型的规则，更不可能适应新的社会环境。就这样，他们一点点地落后，一点点地失败。

我曾经不止一次地说过，丈夫的成功与妻子有着很大的关系，这一点我一直都坚信。有一位名叫哈韦斯的年轻人，刚开始的时候他在一家小公司做职员。后来，他独自来到了俄克拉荷马州，在那里找到了一份与石油有关的工作。就在这时，他遇到了后来的妻子奥立佛·英德小姐，并且很快和她结了婚。

然而，就在婚后的第三个月，可怕的事情发生了。哈韦斯任职的那家公司突然进行了一次大规模的裁员，很多员工都被解雇了，其中也包括哈韦斯。一个新婚家庭陷入了经济危机，因为以哈韦斯当时的经验和技能来说，他只可以做一些简单的书记工作。而在那时，这种人员对于社会来说是绝对过剩的。没办法，哈韦斯最后只好做起了石油管挖壕工，每天只能赚到那可怜的 3 美元。

如果这时奥立佛对哈韦斯抱怨的话，应该说也不算什么过分的事。然而，她没有这样做。奥立佛一直坚信自己的丈夫能够取得成功。她先是自己找了一份工作，然后毅然地挑起了养家的重担。奥立佛对哈韦斯说："亲爱的，你现在不过是个毛头小子，有很多东西都需要你去学习。放心吧，我的收入足以维持我们的生活了。所以，请你放心地学习吧，我坚信有一天会用到的。"

事实证明，奥立佛女士的决定是相当正确的。哈韦斯先是去夜校学习法律和会计，后来又到杜沙尔大学的夜间部进修法律。最后，他终于通过了职业律师鉴定考试，成为一名真正的律师。如今，哈韦斯真的取得了成功，因为他目前的薪水已经是原来做挖壕工的十几倍了。

哈韦斯整整努力了 3 年，在这 3 年里他每天都坚持不懈地执行着自己的学习计划。实际上，每一个人都可以像哈韦斯一样，关键是看他的妻子是否能够配合。我们都知道，一个人白天需要工作，晚上又需要学习，而且还必须是连续几年不间断，这的确不是一件轻松愉快的事情，需要有非凡的定力。在整个奋斗过程中，人难免会产生失望、厌倦等情绪，这时他就迫切地需要获得家人的鼓励和支持。其中，妻子的鼓励和支持又是最主要的。

当然，我在之前也已经说过，我非常理解女士们的处境。特别是那些结婚时间不长的妻子，更加难以忍受这种孤独的生活。因此，有一个问题摆在了女士们面前，究竟怎样做才能摆脱孤独呢？

我认为，最好的方法就是学习。假如你有足够的时间，你完全可以和丈夫报同一个班,然后一起学习一些知识。这样一来，你不仅可以帮助丈夫更好地学习，而且还使自己学到了很多知识。此外，女士们不妨选择丈夫没有时间去学却对他们很有帮助的课程,这样你们就可以帮丈夫补充一些知识。如果实在不行，那么就选择一些自己感兴趣的课程，这种做至少不会让自己觉得太过无聊。

至于说那些需要照顾小孩子而没时间去课堂的女士，你们也不必烦恼。因为你们可以把家庭当成课堂，把书本当成老师。当你家调皮的小家伙睡着以后，你不妨打开台灯，静静地坐在椅子上读书、学习。虽然这不一定会让你成为一个非常专业的人士，但它足以让你每天都生活得很充实。

女士们，你们根本不必怀疑丈夫利用业余时间去学习这种做法是否值得，一个人要想获得成功就必须通过刻苦的努力，而你们为此付出的一切努力也都是会有回报的。作为妻子，你们应该坚定地支持自己的丈夫，甚至于花费金钱和时间也在所不惜。道理很简单，因为这种行为是在为你们将来的幸福生活进行投资。

如果你的丈夫愿意不断地学习，那么你应该感到幸运；如果他不愿意学习，那么你就应该鼓励他去学习，这样做是为了增加他获得成功的机会。美国哈佛大学前任校长罗威博士曾经说："怎样才能训练人？是强迫还是严加看管？都不是。训练人的唯一方法就是让他能够自觉地使用他的脑子。作为一名教育者，你所能做的只能是引导、帮助、督促以及暗示，但只有他自己真正努力了才最具价值。一切都是非常公平的，一个人所付出的努力永远都会和他获得的成果成正比。"

嫁了个在家工作的人

之前，我曾经想过要不要写下这篇文章，因为在我看来这似乎并不适合所有的女士。事实是这样的，因为大多数女士的丈夫都是每天在公司或是工厂里面工作八小时。这些女士真的很幸运，因为她们远比那些要照顾在家工作的丈夫的妻子轻松得多。正当我犹豫不决的时候，一件事的发生使我做出了最后的决定。

那天中午，我妻子的一位朋友来看望我们。她叫朱丽·罗伯特，她丈夫约翰·罗伯特以前是一家报社的编辑。一进门，罗伯特夫人就和我妻子抱怨起来："桃乐丝，快救救我吧！我真的快要发疯了。"

我妻子有些不解地问："怎么了？我的朋友！是什么事让你如此的烦恼？"

罗伯特夫人说："还不是那个该死的家伙（指她的丈夫）！本来，他在报社干得好好的，每个月都有比较稳定的收入。如今，他不知道是听了谁的劝说，居然想要当什么作家。上帝，我真不知道他是怎么想的。”

我妻子笑着说：“我不觉得这有什么不好，我丈夫也是一名作家。”

罗伯特夫人有些不满地说：“可我不是你，桃乐丝！我真的不明白，这些年你是怎么过来的？你居然可以忍受你的丈夫在家工作。你知道吗，自从他辞职以后，我就没过上一天好日子。每天早上起来我需要做早餐，这是必需的，可他居然嫌我的声音太吵，难道他想让我用手来榨胡萝卜汁吗？以前，他很早就出门了，那样我就可以边看电视边收拾房间了。可如今呢？我白天不能看电视，就连收拾房间的时候也要蹑手蹑脚，因为他说不那样做的话就会干扰他写作。更让人忍受不了的是，他现在居然嫌弃我们的孩子。他跟我说，让我想办法使孩子安静下来。天啊！你知道的，每一个孩子都是爱吵闹的。说实话，我现在真的开始怀疑当初选择他是否正确。”

最后，虽然我妻子一直都极力劝说她，可罗伯特夫人还是想不通，依然认为她先生在家工作是个错误的选择。事实是这样吗，女士们？答案当然是否定的。每个男人都有权利选择自己的工作方式，不管是在公司还是在家。

经历过这件事以后，我决定给那些丈夫在家工作的女士们以及那些丈夫可能在家工作的女士们写一点东西，因为这是必要的。女士们，我觉得你们还是应该看看这篇文章的，因为说不定将来的某个时候，你们的生活会发生意想不到的变化。

首先，我必须承认，丈夫整天在家工作，对于那些每天都有很多家务要做的女士来说确实是一个非常大的麻烦。你在房间里走动的时候要小心，必须轻手轻脚的，因为不那样做就很可能会干扰你丈夫的工作。还有，当你正在打扫房间的时候，会不得已地关掉发出响声的吸尘器，因为你不能让它打乱丈夫的思路。当然，你更不可能邀请朋友到你家来做客，也不要去想举办什么聚会，因为这些都会干扰你丈夫的工作。的确，有这些条件限制确实让人很不舒服。如果你们嫁给了一个在家工作的丈夫，那你们的生活将不再充满乐趣。

其实，女士们大可不必这么悲观，所有的事情都是有解决方法的。面对这种情况，你们不应该去抱怨或是唠叨，而是应该尽快地调整自己，使自己能够适应这种生活，

积极地配合他的工作。要想做到这一点，女士们必须保证自己有足够的爱心，还要让自己的心情保持愉快。作为妻子，你应该树立这样的志向：我有义务帮助他实现我们的共同目标，我相信他一定可以成功的。

我知道有很多女士不相信我所说的话，认为不会有人真的能够处理好这种局面。如果女士们是这样想的话，那么我就给你们举一个音乐家的例子。

相信杰瑞斯夫妇对于女士们来说一定不陌生。是的，唐•杰瑞斯是20世纪一位伟大的作曲家，他和妻子凯瑟琳·杰瑞斯在很早的时候就取得了令人羡慕的成就。如今，唐·杰瑞斯在美国一家著名的交响乐团做音乐指导，而且他的作品经常被美国及欧洲一些主要的交响乐团演奏。更加令人感到骄傲的是,唐•杰瑞斯的作品还被很多世界一流的大师级指挥家演奏过。

告诉女士们一个秘密，我们一家很幸运地和杰瑞斯夫妇成为邻居。其实，所有的人都知道，唐·杰瑞斯正是在他妻子的帮助下，才取得了今天这样辉煌的成就。应该说，唐·杰瑞斯的成功有一半要归功于他的妻子。

唐·杰瑞斯是个作曲家，是的，他不需要去公司或是什么地方上班。他每天的工作就是待在家里，然后潜心搞他的艺术创作。为了让丈夫有一个舒适的环境进行创作，凯瑟琳特意在三楼准备了一个书房。可是，唐是个调皮的家伙，总是喜欢坐在餐厅里进行创作。相信，如果换作我们的朋友安妮女士，一定会忍受不了这种事情，可凯瑟琳做到了。她温柔体贴，从来不违背丈夫的意思。既然他愿意在厨房工作，那么凯瑟琳就会不声不响地在一旁准备一天的食物。

此外，杰瑞斯一家还有两个淘气的小家伙。哦，他们太吵了，有时候也会让唐有些烦躁。凯瑟琳理解双方，对谁也没有抱怨过。如果孩子们吵闹的话，她总会有办法使他们安静下来。

这些还远远不够，凯瑟琳总是想尽一切办法给她的丈夫创造一个舒适的生活和工作环境。为了帮助在家工作的丈夫，凯瑟琳放弃了自己所有的嗜好，把精力全都投入到家庭中来。她是个天生的烹饪专家，她家的冰箱里总是被各种各样的甜点、冰激凌和蛋糕填满。凯瑟琳知道，这些东西可以使丈夫有充沛的精力投入工作。不过，凯瑟琳是个非常细心的妻子，她从来都不赞成丈夫或孩子无节制地吸取热量。因此，她家的冰箱完全控制在她的手里，如果有必要，她会毫不客气地将冰箱门牢牢锁上。

还有一点我必须和女士们交代清楚，那就是虽然杰瑞斯一家取得了很大的成就，但他们和其他艺术家一样，也会受到经济问题的困扰。面对这些困难，唐几乎没有操过心，因为他的妻子就是他最好的“家庭经纪人”。诸如办理合约、制定家庭的开支情况或是决定家里哪些地方需要节约等，这些都是由凯瑟琳处理的。除此之外，家庭里的所有琐事都是用凯瑟琳来办，比如她的丈夫什么时候需要一套新的衣服。

我认为凯瑟琳真的非常伟大，因为她为丈夫付出了太多太多。有一次我向她请教，问她究竟是什么力量使她甘愿做出如此大的牺牲。凯瑟琳有些不好意思地说：“牺牲？我没觉得！实际上，这只是习惯而已。当你习惯了这种生活以后，你就不会觉得这是件很难的事，而且你也能从中体会到乐趣。如今我已经习惯他在家工作的日子，如果哪一天他去了录音棚工作，我反而会觉得不习惯，会一直想着他。”

要想给在家工作的丈夫提供帮助，首先要做的就是拥有一个平衡的心态。女士们，你们不可以抱怨，更不可以唠叨，而是应该理解你们的丈夫，支持你们的丈夫。特别是当他们的工作遇到困难时，难免会产生一些焦躁不安的情绪。这时候，你们要做的就是冷静头脑，想尽一切办法让他变得安心。

女士们，我有几条建议，希望能够给你们提供帮助。

如何帮助在家工作的丈夫

- 想办法让丈夫过得舒适；
- 让他不会在工作时被打扰；
- 保持平稳的心态；
- 合理地安排自己的社交生活；
- 创造和谐的家庭氛围。

女士们，请相信我这几点建议，因为我的妻子一直在运用它们。你们知道，我也是一位在家工作的丈夫。我和桃乐丝结婚以来，从来没有因为工作发生过什么不愉快的事情。如果女士们“不幸”嫁给了一个终日在家工作的男人，那么你们真的应该尝试一下上面的几条建议。

让他感到自己很重要

我曾经不止一次提到过，人类在本质里最深层的驱动力就是希望具有重要性。哈佛大学的著名心理学家威廉·詹姆斯也曾经当众指出："在人类的本质中，有一种最殷切的需求，那就是渴望得到他人的肯定。"是的，正是这种需求才使得人类和其他动物有所区别，也正是在这种需求的作用下，才使人类有了丰富的文化。

然而，很多女士似乎并不重视这一点。女士们往往抱怨自己的丈夫带回的薪水太少，埋怨他们经常加班，却从来没有发自真心地赞美过他们。这些做法都无疑导致夫妻的沟通出现障碍，因为妻子们忘记了一件非常重要的事情——让丈夫感到自己很重要。

很多女士都不理解我的说法，曾经有一位女士面带不屑地对我说："卡耐基先生，你说我应该让我先生感到重要？可那个前提应该是他的确做得很出色。实际上呢？他不过是个最底层的小职员罢了。再说，我为什么要让他感到重要？这样能给我和我的家庭带来什么好处？事实上，即使我给了他这种感觉，他也一定还是不思进取。"我知道这位女士的脑子已经被那些错误的思想占领，因此我决定来证明我的观点。

几年前的一天，我在纽约的一家邮局里排队等候寄挂号信。我看到里面有一个营业员工作态度十分不好，因为他显得非常不耐烦。确实，称重、取邮票、找零钱然后再写收据，这种单调的工作年复一年地进行着，这的确让人感到烦闷。于是，我对自己说："我应该帮帮他，让他感到高兴。同时，我也要让他喜欢我。因此，我应该找些话说，不过话题必须是关于他的。"接着，我又问自己："那么他又有什么值得让我好好夸赞一番呢？"

我必须承认，要想在短时间内找到一个陌生人身上的优点，这的确是件不容易的事。不过，幸好我在这方面刻意锻炼过，所以称赞这位营业员对我来说，并不是十分困难的事。于是，当他给我的信件称重时，我真诚地对他说："上帝真是偏爱某些幸运的人，我真的希望能够和你一样，有一头这样漂亮的头发。"他当时很吃惊，微笑着对我说："是吗？这确实是真的，不过可惜它已经不如以前那样漂亮了！"我对他说："虽然它有可能没有以前漂亮，但我觉得它依然十分棒，因为它会让排队等候的那些顾客有一种赏心悦目的感觉！我

想，如果邮局里没有了你这头漂亮的头发，那么我们这些人一定会觉得太枯燥了。”他听后非常兴奋，和我交谈了好一会儿。最后，他高兴地对我说：“谢谢您对我头发的称赞。”

我敢打赌，那位先生今天一定会过得非常愉快，而且在晚上还会告诉他的太太说：“你知道吗？今天有一位好心人称赞了我的头发。”

听完我的故事后，那位女士有些不解地问：“卡耐基先生，你为什么要这么做？这能给你带来什么？”

是啊，这能给我带来什么？如果我们每一次做事都那么自私，只要不能从别人身上得到好处，就不会对别人有哪怕一丁点儿称赞的话，那么我们将是多么可怜的人。如果我们内心深处的灵魂比在野地里生长的酸苹果大不了多少的话，那么我们的心灵将是多么的贫乏。

如果非要我承认，那好，我的确是想从那位邮局营业员身上得到一点东西。可是那些东西是不能用金钱来衡量的。我得到了它，而且永世不会忘记，那种助人的快乐将会永远保留在我的记忆中。我对那位女士说：“既然我可以让一个陌生人在短时间内喜欢我，那你和丈夫在一起生活了几年，为什么就不能让你们之间的关系变得很融洽呢？女士，你曾经有很多机会，但你都没有抓住，因为你不认为这是重要的。事实上，称赞你的丈夫可以让他有自我满足感，而这种感觉又会让他充满信心和动力。相信我，女士，在这种感觉的推动下，你的丈夫一定会取得成功的。”

很多女士在培训课上问我，到底该怎么做才能让丈夫感到自己重要。下面，我送给女士们几条建议，相信能对你们有所帮助。

如何让丈夫感到自己重要

- 内心必须渴望让丈夫觉得自己重要；
- 仔细观察他身上的优点；
- 对他表示尊重，然后真诚地赞美他。

相信我，女士们，只要你们能够让丈夫感到自己重要，那么他就已经离成功不远了。如果你想成为丈夫事业上的好帮手，那么就应该做到这一点。

当你们的职业发生冲突时

你是职业女性吗？如果是，那么就请你仔细阅读这篇文章，因为这其中给那些在外工作的女士们提了很多中肯的建议。我知道，并不是所有的女士都希望在结婚后变成一名家庭主妇。她们自己有着一份不错的工作，而且也十分热爱这份工作。可是，大多数男人选择结婚都有一个目的，那就是希望有人能够帮助自己料理家事，使自己可以全身心地投入到工作之中。这时，丈夫和妻子之间就产生了矛盾，因为他们的职业发生了冲突。

当这种情况产生的时候，作为妻子的你会选择什么呢？你是毅然地放弃自己的工作帮助丈夫完成事业，还是固执地继续从事自己的工作？如果你选择的是后者，那么你就没有必要读这篇文章了，因为你一生的目的不是帮助丈夫获得成功，而是让自己取得非凡的成就。如果你选择的是前者，那么女士们就有必要听一下我的意见了。

事实上，女士们必须搞清楚一点，那就是帮助丈夫获得成功实际上也是一项工作，而且它同样需要很强的敬业精神。在做到这一点之前，女士们必须有这样的心理，那就是你们要从心底把帮助丈夫取得成功看成是一项非常重要的事情。女士们心里必须牢记，帮助丈夫获得成功并不是一件轻松的事，需要你们为之付出全部的精力。如果你们不能做到的话，那么恐怕你们提供的所谓的帮助真的起不到什么作用。

不过，我在这里必须要说明一点，我丝毫没有诋毁那些必须在外工作的妻子的意思。此外，我还要向那些人表达出最最诚挚的敬意。我知道，她们有权利也有能力用行动证明自己同样可以担负起养家的责任，她们有时也必须通过行动来实现自己的责任，因为那是生活所迫。然而，生活并不是会像人们预计的那样发展，很多时候突如其来的事情会打乱你的计划，这时如果你丈夫的工作需要你放弃自己的职业，那么你就真的应该好好考虑一下了。

我有一个比较长却很真实的故事要讲给女士们，相信它一定可以给你们很多启发。相信很多女士都读过著名冒险家科维斯·威尔斯所写的《卡普特》这本书，也一定被里面所描写的冒险历程所吸引。我曾经采访过这位冒险家，问他是什么力量支持他不停地冒险，又是什么原因使他想起写这本书。威尔斯先生笑着说："这一切都应该归功于我的太太，是她使我有了今天的成绩。我认为，你今天采访的人物不应该是我，而应该是我太太。”后来，在威尔斯先生的建议下，我对他的太太萨黛•威尔斯夫人做了深入地了解。

萨黛在结婚前是一名广播和演讲的经纪人，这是一份非常不错的工作。科维斯·威尔斯也正是因为业务上的往来才认识了这位漂亮迷人的女孩。当时的萨黛非常热爱自己的工作，而且也很看重这份职业。当科维斯向她求婚时，她犹豫了，不知道该如何选择。最后，萨黛答应了科维斯的求婚，但前提条件就是自己婚后必须继续工作。

本来一切都可以按照“计划”进行，可中途发生了变故。原来，他们两人在3月份举行了婚礼。蜜月后，丈夫马上就必须到土耳其去冒险，去攀登阿拉特山。

萨黛本来没有把这件事放在心上，因为这是早就预料到的，于是她打算独自留在家中工作。可是，就在丈夫出发的前一天晚上，萨黛突然觉得自己根本不可能独自留在家中。没办法，她只好对丈夫说："我还是和你一起去吧，但仅这一次而已。"就这样，萨黛和丈夫一起踏上了冒险的旅程。这一次旅行真的太可怕了，直到现在想起来还心有余悸，尽管科维斯写出了那本十分畅销的《卡普特》。

旅行结束后，萨黛回到了自己的岗位，打算继续从事自己原来的工作。然而，她发现，这次冒险旅行虽然非常可怕，却充满了刺激。自己现在所做的这份工作虽然比较清闲，但显得乏味很多。于是，就在一年后，她又和丈夫一起去了墨西哥，共同攀登了帕帕卡弟派特尔山峰。这次旅行与前一次比起来更加凶险，他们经历了可怕的寒冷、饥饿，而且整个旅程都十分疲惫。不光这样，他们每天都担惊受怕，因为随时都可能出现难以预料的危险。然而，他们不但没有被这些困难吓倒，反而觉得异常的兴奋。

萨黛回忆那段时光时说，当站在高高的山顶上时，自己想要继续独立做事的想法已经被凛冽刺骨的寒风吹得无影无踪。在那一刻，她似乎真正明白了作为一个妻子，不，应该说作为科维斯·威尔斯的妻子到底应该如何做。她终于明白了，帮助自己的丈夫完成工作要远远比自己在事业上取得成功重要得多。

回到家以后，萨黛马上开始了行动。她首先关掉了自己的营业厅，然后就开始了与丈夫"浪迹天涯"的生活。他们的足迹遍布天涯海角，日本、冰岛、非洲、马来丛林等地方都有他们的身影。如今他们的经历已经像一本游记一样充满了神奇。

当我问及萨黛是不是对自己当初放弃工作而感到后悔的时候，她对我说："后悔？不，我从来没有这么觉得。事实上，我现在倒是认为以前的想法太幼稚了，因为我以前一直都认为最重要的事情就是拥有自己的事业。后来我终于知道，拿我过去的生活与我和科维斯在一起的经历相比，那些简直太无聊、乏味、狭隘和不值一提了！现在我改变了，我将自己的兴趣全部融入到了丈夫的事业之中。我们成功的时候一起高兴、庆祝，失败的时候我们也一起面对。现在，我们两个人的经历已经完全投入到工作之中。"

我说："但是有一点必须承认，那就是所有的荣誉似乎都属于你丈夫一个人。"

萨黛有些吃惊地说："你是这样认为吗？我从来没有这样想过。实际上，我已经获得了很大的奖励了。在科维斯的那本《卡普特》上，他专门为我写了一段话：仅以此书献给我最最亲爱的朋友——妻子萨黛。这是丈夫给我最大的奖赏了，我一生所受到的赞美之词都不及这段话的万分之一。"

我个人认为萨黛真的是一位非常伟大的女性，因为她的确为自己的丈夫付出了很多。开始的时候，她是很不情愿放弃自己的工作的。可是，当她和丈夫旅行一次后，却对丈夫的工作表现出了极大的兴趣。最后，她毅然放弃了自己的工作，选择了帮助丈夫取得成功。

在这里，我们注意到一点，萨黛之所以会全身心投入到帮助丈夫这项工作中来，主要是因为她调整了自己的兴趣，使它与丈夫的职业相融合。有人可能会说，萨黛女士观念的转变太具有戏剧性了，很多妻子并不一定会遇到类似的情况。事实并不是这样的，很多放弃工作在家做家务的妻子都发现，自己以前的想法是错误的，她们眼中所谓的事业并不是最重要的。相反，一个妻子如果能够充分地维护家庭的幸福，帮助丈夫实现利益的最大化，则是她们最值得骄傲的事情。

有必要强调一点的是，我所说的建议女士们为帮助丈夫选择放弃自己的工作是有前提的。首先，你必须保证丈夫一个人工作足够养家糊口。这是一个很现实的问题，因为如果目前单纯靠丈夫的经济来源还不能满足家庭的日常生活开支的话，那么女士们就要慎重考虑是否放弃工作的问题了。其次，女士们还必须十分清楚放弃自己工作的时机。如果女士们选择了错误的时候，那么很可能给丈夫带来的并不是帮助而是麻烦，因为毕竟不是所有的男人都希望有一个做家庭主妇的妻子。

如果女士们能够很好地把握住这两个前提，那么当你们的职业与丈夫发生冲突时，最好的选择就是放弃自己当前的工作，而且这种选择还必须是心甘情愿的。

有一些女士对我的话不以为然，认为自己的职业和丈夫并没有冲突，因为她们觉得自己完全有能力也有精力既工作又照顾家庭。实际上，这种想法是错误的，因为帮助丈夫是一项非常重大的工作，需要妻子全力以赴。试想一下，如果一个妻子已经把自己的精力全都投入到工作之中了，那么她就很难再分出一部分精力去帮助和照顾丈夫。如果女士们非要说什么事都有例外的话，那我只好承认，但依据我的经验来看，这种例外少之又少。

如果女士们还是不知道到底该如何帮助丈夫的话，那么下面几点建议可能对你们有所帮助。

如何解决与丈夫之间的职业冲突

- 与丈夫建立起共同的目标；
- 培养与丈夫一致的兴趣；
- 认识到帮助丈夫的重要性；
- 毅然决然地放弃自己的工作。

不管女士们是否能够按照我的话去做，有一点我是非常肯定的，那就是只要夫妻双方能够有着共同的目标和兴趣，那么他们之间的婚姻生活将会十分幸福，而且丈夫的事业也一定会取得成功。

第七章

让你的家庭生活幸福快乐

珍惜丈夫的身体

有一本杂志曾经刊登过这样一篇文章，据调查表明，在50多岁这个年龄段里，男性的死亡率要远远高于女性，而其中大多数男性又都是已婚的。最后，专家们进一步指出，这一切可怕的后果很大程度上是因为妻子的过失。

女士们可能认为这种说法太荒谬了，因为事实上你们是非常珍惜丈夫的身体的。为了让他有足够的精力去应对工作，女士们给丈夫准备了许许多多的美味食品，比如油炸食品、甜点或是其他一些高热量的食物。我承认，每位妻子都希望自己的丈夫能够吃得好一点，因为工作会消耗掉他们体内的很多能量。然而，正是妻子的这种“好心”在一点点地谋杀着自己的丈夫。

有一次，美国科学促进协会在圣路易召开了一次会议，一位资深的教授说过这样一段话：“战争是人类最可怕的灾难，人们对它的恐惧胜过了一切。然而，有一个事实却是非常可怕的，那就是实际上死于餐桌上的人要远远多于那些死于战场上的人。”

这位教授的话是很有见地的。细心的女士一定会发现，那些每天过着半饥半饱生活的劳工，他们的寿命竟然远远长于那些体重超常的丈夫们。《减肥与保持身材》的作者诺曼·焦福利博士在一次医学研讨会上说：“在20世纪，美国公共卫生所面临的最大的问题就是肥胖，这是一件非常可怕的事情。”

女士们，你们是否清醒了？是否还想找各种理由对丈夫的腰围增长推卸责任呢？我们必须承认，丈夫们所吃的食物，很大一部分都是他们亲爱的太太亲手准备的，特别是那些烹饪手艺高超的妻子，她们丈夫的腰围更要粗一些。要知道，没有一个丈夫会拒绝妻子为他准备的精美食物，除非他做事从来都不近人情。就连人类的始祖亚当也曾经说："就是那个女人（指夏娃），她引诱了我，所以我就吃了下去。"

绝大多数男人在中年以后就很少进行运动了，这时他们体内所需的热量也就随之减少了。然而，在妻子的悉心照顾下，这些男人反而吃得更多了。作为一个妻子，你们有义务去维护丈夫的健康，使他养成

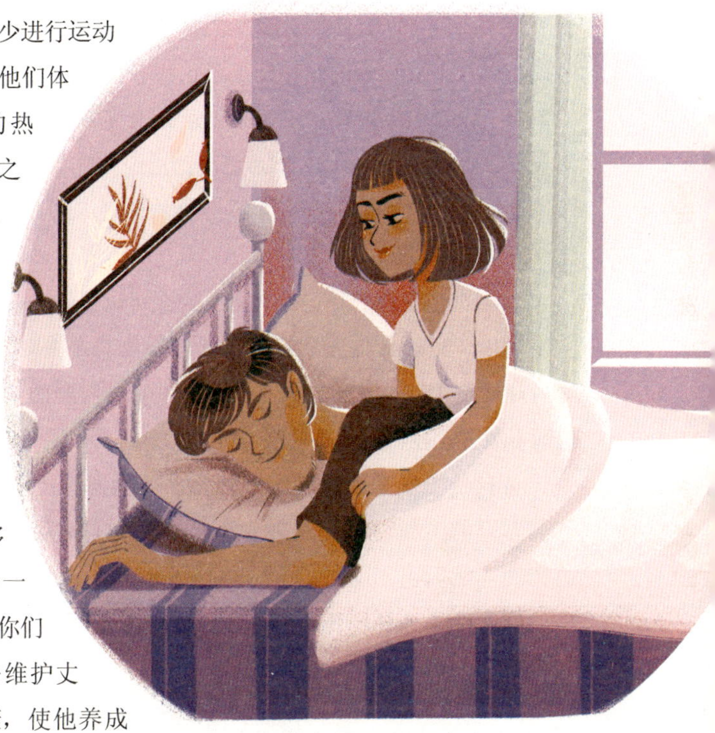

一个良好的饮食习惯。

那么，究竟什么才是最好的食物呢？美国面粉协会的营养专家霍华德博士告诉我们："要想减肥，首先就要少吃脂肪含量过高的东西，每天根据个人体能消耗的情况来安排三餐，最好不要过量地吃。此外，一定要均衡植物性蛋白和动物性蛋白。"

我们可以这样理解博士的话，世界上最好的食物就是那些低热量却能产生高能量的东西。如果你还是不清楚自己到底该怎么做，那我就建议你去看医生，他会给你一个非常合理的建议。

此外，妻子们还应该注意一点，那就是当你的丈夫用餐的时候，千万不要让他的精神处于紧张状态。我们经常看到这样的情形：闹钟响了以后，丈夫马上从床上爬起来，匆忙地跑下楼，几口把早餐咽下肚子，然后迅速跑出门去赶 7:58 分的班车，接下来是紧张的工作，然后是 15 分钟的快餐，接着又是紧张的工作。这就是现代人的生活。

如果真是这样的话，那么妻子完全可以采取一些措施。其实很简单，只要你每天早起一会儿，为你的丈夫准备好早餐，然后让他悠闲地享受完这顿早餐。这不是件困难的事，我的一位朋友就是这样做的，她就是劳拉·布里森夫人。

劳拉的丈夫是一家不动产代理公司的财务主任，每天都有忙不完的工作。布里森先生经常会在晚上带回一整公文包的文件，然而由于太过劳累，他经常不能在晚上将这些东西处理好。针对这种情况，劳拉给丈夫提了一个建议，让他每天晚上早一点休息，然后第二天早晨提前一小时起床。事实证明，这种做法是相当明智的。如今，布里森一家已经养成了“早睡早起”的习惯，而且不管布里森先生是不是有很多工作需要回家处理。

布里森太太对我说：“我们每天都可以收到一份很好的礼物，那就是每天早上的那一个小时。这个礼物包括不慌不忙地享受一顿美味的早餐，还包括利用剩余的时间轻松地处理好丈夫手中的工作。这段时间的工作效率非常高，因为它是一天中最安静的时刻。没有人按门铃，也没人打电话，我们可以坐在一起静静地读书，也可以做一些其他的事情。我丈夫很喜欢画画，这在以前根本是不可能的。可现在，他经常会自己在画板上画一些东西。如果我们实在没有什么事可做，那就到公园里去散散步，呼吸一下新鲜的空气。”

布里森太太还说：“你知道吗？戴尔！这一个小时对我们来说太重要了！从那以后，我们每天都可以享受一个舒适的早晨，而且不管这一整天会发生什么，我们都有足够的精力去应对。不过需要提醒的是，这个办法只适合那些有早睡习惯的人。”

如果女士们也是那些匆忙应对早晨的妻子，那么你们真应该听一听劳拉的劝告，也许会对你们有很大的好处。

女士们，相信你们一定认识到了珍惜丈夫身体的重要性。是的，如果想真正取得事业上的成功，健康的身体则是一切的前提条件。因为只有精力充沛的人才能面对加倍的工作。作为妻子，你们有必要也必须对丈夫的健康状况负责，就像一首专门写已婚男性的歌曲中所唱：“我的生命是掌握在你的手中。”

让他有自己的爱好

我曾经不止一次地强调过，夫妻之间一定要有共同的目标和共同的爱好，因为这些是获得幸福婚姻的基础。然而，在这篇文章里，我却要提出与以前相矛盾的一种说法，那就是作为妻子，一定要让丈夫拥有属于他自己的爱好。

我曾经仔细阅读过《婚姻的艺术》这本书，里面有一段话给我的印象非常深刻，书上说：“作为夫妻，两个人都必须做到能够互相尊重对方的爱好。这不仅是夫妻之间的一种礼仪，更是幸福婚姻的首要基础。这是一个很现实的问题，因为没有两个人会在思想、愿望以及意见上能够取得完全的一致。我们应该明白这种事是不可能发生的，当然也就不应该去奢望。”

女士们一定已经猜到了我想要说的内容。的确，你们是应该让自己的丈夫拥有一点私人空间。你们应该显得大度一点，让丈夫做一回任性的孩子，使他们可以按照自己的想法去做喜欢的事，尽管有时候你可能难以发现那些事的迷人之处。

在我和桃乐丝结婚以前，我就已经和赫马·科洛伊成为一对非常要好的朋友。那时候，每当一有空闲，我们两个就会聚

在一起，做一些我们彼此喜欢的事情。后来，我认识了桃乐丝，并和她结了婚，但我并不认为应该为此放弃这个乐趣。事实上，在我们一起生活的这 20 年时间里，我每个星期日的下午都会和赫马·科洛伊在一起。那真是件非常美妙的事情，我们或是一起在森林里悠闲地散步，或是去一家平日少有机会去的餐厅吃东西，或者干脆就在我家的庭院里聊天。不过，不管做什么，我们都会过上一个轻松愉快的下午。

有一次，我开玩笑似的和桃乐丝说："这 20 年来，每个星期日的下午我都不能陪你，难道你就从来没有抱怨过吗？"

桃乐丝回答说："开始的时候确实有这样的想法，但后来发现这很愚蠢。因为一个星期有七天，除了那天下午以外，你所有的时间都在陪着我，所以我不应该有什么抱怨的。况且，你们是在享受一种既轻松又自在的乐趣。我非常清楚，当你享受完这种乐趣以后，你会再一次回到我身边，或是投身于工作中。正是我的这种'纵容'，才使得你有足够的活力去面对新的一周。"

我真的要非常感谢我的妻子，因为她对我是如此的大度。有一次，我和赫马·科洛伊说起了这件事，没想到他居然和我

有同样的感受。他告诉我，因为写作的需要，他曾经长期居住在加州的一所农场里。有一次，他的邻居威尔·勒吉斯先生提出想要买一把十分难看而且杀伤力很大的南非大刀。当时，勒吉斯太太不知道丈夫为什么要买这个危险的东西，而且认为自己有必要劝告他不要去买。因为勒吉斯太太认为，自己的丈夫极有可能只是心血来潮，说不定在买回来之后的第三天就不再去管它。

不过，勒吉斯太太还是很理智的，因为她最后决定迁就丈夫。不光这样，她还特意亲自跑到了省城，为丈夫买回来了那把大刀。赫马清楚地记得，当时的勒吉斯先生就像一个收到圣诞礼物的小孩一样兴奋。

那么这把大刀到底对勒吉斯先生有没有用处呢？事实证明是有的。在他们的牧场里有一处杂草丛，他经常一个人带着大刀去那里清除杂草。这些都是次要的，最主要的是，每当勒吉斯先生遇到什么难题无法解决时，他总会悄悄地跑到那里去，发疯似地狂砍一阵。当他把心中所有的烦恼都发泄出来以后，那些棘手的难题往往也已经得到了解决。

赫马对我说，勒吉斯总是见人就说，他一生收到的最好的礼物就是妻子送他的那把大刀。是的，因为勒吉斯太太帮助了自己的丈夫。坦白说，勒吉斯太太在最初并没有意识到这东西能有如此大的意义，她之所以这么做，主要是因为她认为自己应该满足丈夫的要求。

女士们，相信这时你们已经非常清楚了，一种嗜好对于一个男人来说是非常有帮助的。勒吉斯先生的大刀已经证明了这一点，因为它帮助勒吉斯先生发泄了心中的烦闷情绪。

还有一点我必须告诉女士们，那就是如果让你的丈夫培养一种嗜好，这不仅对丈夫非常有好处，而且对妻子也很有好处，这也是有事例证明的。

罗林·哈瑞斯夫人是我的一个远房亲戚，她的丈夫吉姆斯·哈瑞斯是一家石油公司的审计员。每当空闲下来的时候，吉姆斯总是拿起他的工具，或是把屋子装饰一番或是把那些旧家具修理一通。他的妻子从来没有抱怨过他做这些“无聊”的事，因为吉姆斯的手艺不亚于那些专业人士，而且这还能使他们的家庭变得美丽自然。

同时，吉姆斯还很喜欢小动物，总是想出各种办法来训练家里那只苏格兰小猎狗。虽然这只小狗的技巧与那些专业的马戏团小狗相比还差得远，但它给周围的邻居带来了很多乐趣。对此，罗林感到非常的满意。

不过，在这里我必须提醒各位女士，我们可以让丈夫拥有自己的爱好，但这并不代表可以容忍他们“玩物丧志”。如果有一天你们发现自己的丈夫对那些所谓的爱好表现出的热情远远大于对职业的热情时，那么就应该马上警觉起来。因为这已经向你发出警告，有些事情已经偏离了固定的轨道。这些情况是在向你暗示，一定是某些地方出现问题了，使得你丈夫已经失去了对工作的兴趣。这时，作为妻子，你们不应该再继续纵容了，相反应该深入了解丈夫的情况，然后帮助他进行调整。这么做的原因很简单，妻子之所以让丈夫拥有自己的爱好，主要是为了对单调枯燥的生活进行调剂，从而消除他的紧张情绪。如果爱好没有成为生活的润滑剂反而变成毒药的话，那么它就失去了积极的意义。

有些时候，具有积极意义的爱好是有很大功效的，甚至于可以成为一个人的精神支柱。遗憾的是，很多女士，尤其是那些家庭主妇，并不十分看重男人的爱好，因为她们每天都有很多时间一个人独处，所以对男人这种无理、奇怪的要求很难理解。其实，这些女士不明白，一个男人偶尔被妻子“抛弃”，这并不是一件可悲的事情。相反，男人们正好可以借此机会使自己得到一定的解脱，因为他们终于可以不受女人的约束和限制了。在这段时间里，他们可以完全地支配自己的时间，自由地享受一下生活。

女士们，任何一个丈夫都背负了很沉重的负担，他们总是想找机会从中解脱出来。如果女士们认识到这一点，愿意帮助他们培养一些属于自己的爱好，并给他们提供机会去享受这些爱好，那么你无疑是在给你的先生创造幸福，也无疑是在给你和你的家庭创造幸福。

女人的爱好，男人的“运气”

夫妻之间如果能够分享同一件东西无疑是一件非常美妙的事情，不管这件东西是一杯茶或仅仅是一个突发奇想。这种行为会增进夫妻之间的感情，使双方的关系更加亲密。如果妻子能够拥有和丈夫相同的爱好，也就是说和丈夫分享一种兴趣的话，那么他们的家庭一定美满和谐。这也就是我为什么说，女人的爱好就是男人的“运气”。新泽西的婚姻关系专家克里斯•瓦德赫兹曾经对美国250对夫妻进行过调查。他发现，凡是那些婚姻比较成功的家庭都有一个共同的因素，那就是夫唱妇随。

女士们此时一定想知道，夫唱妇随究竟是有哪些要素呢？其实很简单，比如夫妻之间共同的爱好、相同的朋友以及一致的生活目的等。不要小看这些东西，正是它们才把人们紧密地联系起来。我一直都习惯以事实来证明我的观点，现在就请女士们和我一起看看实例吧！

亚兹·莫里夫妇无疑是美国最著名的一对夫妻。亚兹和他的妻子凯瑟琳已经结婚28年了。这些年以来，夫妻二人一直都并肩作战，一起教学生舞蹈。夸张一点地说，他们有可能是有史以来拥有学生最多的老师。

为了探求他们婚姻成功的秘诀，我专程拜访了凯瑟琳。之所以这样做，是因为我一直都坚信，妻子才是决定婚姻是否成功的最关键因素。见到凯瑟琳之后，我开门见山地说：“我真的佩服你们，难道你们天天在一起工作不会使生活陷入单调和无聊之中吗？在我看来，要想把工作和私人生活区分开简直是一件非常困难的事。”

凯瑟琳笑了笑说：“其实这没什么困难的，只要我稍作休息就可以办到了。我一直都有个原则，那就是一定要把自己打扮得漂亮些。这可不是为了取悦其他的男性，因为我只在意丈夫对我的看法。这些都是次要的，最主要的是我能和丈夫一起分享共同的嗜好。我们两个喜欢运动，也都喜欢游戏。只要一有空闲，我们就会一起去享受这种乐趣。就在上一周，我们还一起去了百慕大旅游。应该说，正是这种共享生活的乐趣，才使得我们的关系永远密切。”

我承认，如果一个家庭把工作当成生活中最重要的事情的确会很枯燥乏味。可是，如果妻子能够巧妙地运用一些小技巧，和丈夫拥有相同的爱好的话，那么你就一定可以达成心目中“夫唱妇随”的愿望。美国著名的心理学杂志《临床心理》上曾经这样写道：“共同的兴趣、相同的气质，这些都是塑造完美婚姻的必要因素。然而，与迎合对方的兴趣比较起来，这两点又显得微不足道了。”

有些女士可能会抱怨说，自己和丈夫根本没有什么共同爱好可言，也不觉得和丈夫拥有同样的爱好是一件很重要的事。相反，她们认为这是一件有失尊严的事，因为她们觉得为什么改变的一定要是女方而不是男方。

我想，有一点你们不得不承认，那就是你的地位恐怕不会比居住在尼罗河附近的古埃及艳后克娄巴特拉高贵。可是，这位埃及的女王却掌握这一门控制男人的技

巧，那就是和他们分享嗜好。一位历史学家曾经这样评价说："尽管克娄巴特拉算不上是一等一的大美人，但是她有一个致命的法宝，那是一种和别人分享嗜好和快乐的能力。"

为了让附属国忠心效劳，克娄巴特拉几乎学会了他们所有的语言。当那些使者带着贡品前来朝贡时，克娄巴特拉就会用他们的家乡话和他们交谈。虽然她说不出什么精美华丽的语言，却赢得了那些人的好感。

古罗马帝国的大将军安东尼非常喜欢钓鱼。当他远征埃及的时候，克娄巴特拉就放弃了自己日常的享受，甘愿陪同安东尼钓鱼。据说，有一次安东尼将军整整半天也没有钓到鱼，所以非常恼火。这时，克娄巴特拉就找来一个奴隶，让他悄悄地潜入水中，在将军的鱼钩上挂了一条大鱼。安东尼将军自然是喜出望外。

此外，这位将军还喜欢赌博。于是，克娄巴特拉就约上安东尼，一起化装成平民，然后一同前往亚历山大的地下赌场豪赌一番。总之，克娄巴特拉不管做什么，首先考虑的都是安东尼是不是喜欢。

我绝对不会相信，一个妻子如果和丈夫有共同的爱好，并愿意在一起享受这种爱好带来的乐趣，她的丈夫还会冷酷地将妻子丢在家里，然后自己独自去享乐的。当然也有例外，一种情况是这个家伙是个无可救药的、彻彻底底的自私者，另外一种情况就是你的丈夫也许根本就不爱你。如果没有这两种情况，那么就只能说明你做的还不够，因为你没有尽到自己应尽的责任，使你的家变成一个快乐的、诱人的休憩小屋。

弗朗西斯·苏特夫人家住纽约。后来，她在一次旅行的途中认识了苏特先生，两人一见钟情，并很快结了婚。然而，婚后的生活并不像弗朗西斯女士想象的那样美好，实际上那时候的生活非常不愉快。女士们都知道，一对新婚夫妇正应该是最甜蜜的，按理说两个人应该一刻也不想分开才对。可是，苏特夫妇不是这样的。尽管弗朗西斯热切地希望自己的丈夫能够把周末的时间留给自己和家庭，但是苏特先生从来没有过。不只这样，苏特先生有时甚至把所有的休闲时间都花费在和朋友外出旅游上。他的这种做法让苏特太太很伤心。

不过，苏特太太并没有唠叨，也没有抱怨，更不是跑回娘家向自己的家人哭诉。苏特太太找到我，因为她知道一定是自己身上出了问题。她希望我能够给她提供帮助。我问苏特太太："你知道你丈夫对什么最感兴趣吗？"苏特太太想了想，说："爬山？不，也许是划船。哦，也不是，可能是旅游。等等，让我想想！啊！应该是打猎！我想是的。"我笑着对苏特女士说："如今，你连你丈夫的爱好都不知道，恐怕我是不能帮你了。”

就这样，苏特太太开始回去潜心“研究”丈夫的爱好。经过一段时间的观察，她发现自己的丈夫原来是一名具有专家水准的象棋爱好者。于是，苏特太太就缠着丈夫教她下棋。开始的时候，苏特太太还只是假装喜欢，到后来她真的喜欢上下棋了。如今，她已经是一个非常高明的象棋选手了。

此外，苏特先生还很喜欢参加各种各样的舞会。于是，苏特太太就想尽办法把家布置得非常舒适。这样一来，她的先生就可以经常带朋友来家里举行舞会，而不是跑到外面去疯狂了。

现在，苏特夫妇已经结婚多年，而这种做法还一直发挥着作用。自从苏特太太改变自己以后，苏特先生就很少外出了，甚至于现在苏特太太想让他出去都不行。有一次，苏特太太对我说：“谢谢你，卡耐基先生。如果能够使丈夫过得快乐，那无疑是我们做妻子所能做的最重要的事。我现在没有什么理想，最大的愿望就是与丈夫和睦相处，成为一名快乐的家庭主妇。”

是的，苏特太太已经让自己的丈夫快乐了，而且她也成为了一名快乐的家庭主妇。如果女士们还没有做到，那么就赶快改变一下自己的爱好，因为女人的爱好，就是男人的“运气”。

高效率处理好家务

上个星期天，我和妻子一同到马格丽·威尔逊女士的家中参加了一次自助晚宴。马格丽女士是个成功的女性，她所写的《怎样超越自己的平凡》和《变成理想中的女人》这两部书销路非常好。在女性眼中，马格丽完全代表了一种权威的形象和仪态。我承认，马格丽女士的确很出色，可以称得上是一名出色的模范人物。

那天晚上共有8位客人，除了我和我妻子以外，其他的都是政界人物。整个宴会非常成功，房间布置得很迷人，饭菜也非常可口，更难得的是马格丽女士一直都陪着我们，直到晚宴结束。我奇怪为什么马格丽女士举行这样一场大的宴会居然没

有丝毫劳累的迹象。出于好奇，我向马格丽询问了其中的奥秘。马格丽笑着说："瞧你说的，戴尔！这里其实根本没有什么秘密，所有的事情我都是采用最简捷的方法做出来的。"

原来，早在我们到达之前，马格丽就已经把鸡炸出来了。当我们品尝鸡尾酒的时候，仆人已经按照事前的吩咐把鸡放进了烤箱。美味的水果沙拉是用罐头做成的。青豆早在下午就煮好了，宴会开始后只需把它和蘑菇一起放进锅里就行了。当正餐快要结束的时候，仆人们就马上把冰激凌放在了事前拌好的水果上。

天啊，这一切看起来多么简单啊！我不得不说，马格丽是世界上最精明、最会处理家务的主妇了。然而，很遗憾的是，有一些家庭主妇做得却远远不够。在她们看来，请客是一件浪费时间的事，因为有很多东西需要准备，比如外形讲究的餐具、美味精致的食物以及能让客人满意的一些特殊配料。当客人们高兴地敲开大门时，迎接他们的是一个疲惫不堪的女主人。

可能有些女士不相信我的话，那我就再给女士们讲一个故事。二战结束后，我和我妻子曾经在欧洲待过一段时间。有一次，我们受邀去一位教授家里共进晚餐。上帝，那大概是我这辈子吃过的最痛苦的晚餐。

我们刚进家门的时候，只看到了那位教授。教授解释说，他的妻子十分看重这次晚宴，因此亲自下厨房，帮助佣人做菜。过了很长时间，我们总算见到了这位夫人。可是她一直都神色慌张，还没和我们说上两句就又回到厨房投入战斗。

宴会开始了，我承认所有的食物都非常美味，但我实在受不了这种氛围。当一道菜快要吃完的时候，女主人马上就会跑到厨房，帮助仆人准备下一道菜。我觉得我们是在进行一场战争，因为晚宴结束后我们每个人都长长出了一口气。我知道，这位夫人并不是故意的，只是她不知道怎么做才是最简便的而已。

其实这并不是什么很困难的事，如今人们已经发明出了很多非常神奇的东西，比如罐头食品、冷冻食物以及各种很方便的家用工具。美国的家庭主妇们完全可以把这些东西利用起来。人类一直都在向文明的方向发展，为什么女士们不能充分地利用这些文明的产物呢？事实上，这些东西真的可以让你省去很多时间和精力，而且效果也是很令人满意的。

我知道有些女士会说，那些罐头和冷冻食品不及自己亲手制作的食物美味。事实真是这样吗？我想并不一定。况且，恐怕任何一个丈夫都不愿意看到自己的妻子每天都累得筋疲力尽吧！试想，有谁不愿意每天都可以见到一个精神焕发的妻子呢？

美国一家研究所曾经开展过一项名为“节省行动”的研究，研究结果表明，很多家庭主妇都有一个非常严重的缺点，那就是无法高效率地处理家务。的确，女士们不妨反省一下，你们是不是经常用十个步骤去完成一项只需五个步骤的工作？是不是经常会用六个动作来完成只需三个动作的工作？是的，很多女士都是这样做的，因为她们不明白，最简捷、最快速的办法其实就是最好的办法。举一个简单的例子，做早餐是妻子一项必不可少的工作。在整个过程中，你们是一次就把所有需要的东西从冰箱中拿出来，还是要往返几次来完成这项工作？我想，第一种做法无疑会给你节省很多时间和精力。

至于说整理房间，同样也有很多好的办法来节省时间。你可以在家中很多角落里放上清洁所需的海绵和抹布，当然前提是不影响美观。比如，你完全可以在浴室里放上一块海绵，因为这样你就可以随时擦洗你的浴缸。这种方法远比那种平日不清扫，然后在星期天来一次集中大扫除的做法省力得多。如果你平时做了清洁工作，那么你就不会在一个星期的前六天里为星期天干不完的家务而烦恼了。

应该说，我妻子也是一个处理家务的好手。当我们可爱的孩子还很小的时候，家里已经没有地方可以摆放一个婴儿用的浴盆了。于是，我妻子就想了一个办法，把浴室的盥洗台当成了浴盆。她后来发现，这种做法十分累人，因为她每次都要弯着腰。因此，我妻子就把浴盆的位置改到了厨房的水槽。这个方法太妙了，因为水槽是一个既宽敞又可以保持卫生的地方。

当然，我们不能忽略那些还需要工作的女士，因为她们没有那么充裕的时间处理家务。对于她们来说，完全可以在头天晚上收拾餐具的时候把第二天所需要的东西准备好。这样一来，第二天早上的早餐工作就不至于那么紧张了。

其实，生活中的技巧就在身边，只要你肯留心，那么你一定会找出一种适合你的且高效率地处理家务的工作方法。这样的话，你就可以不去浪费一些时间，而你又可以利用这些时间去帮助丈夫完成他的事业。

喋喋不休是幸福婚姻的禁忌

前不久，一位老朋友的儿子找到我，希望我能够帮助他摆脱现在的困境。坦白说，这是一位非常不错的年轻人，二十几岁，在一家广告公司工作，拥有一份不错的薪水。我知道，在这一行工作竞争是非常激烈的，而且压力也很大。年轻人告诉我，他现在非常需要妻子给他安慰和爱心，好让他能够有足够的勇气面对一切。他的太太是很积极地帮助他，不过却是以喋喋不休的唠叨为前提的。

年轻人受不了了，因为在他太太无休止的嘲笑和指责下，他已经失去了振奋的勇气。他跟我说，其他的事情都不是问题，最让他难以忍受的是，他妻子已经用喋喋不休逐渐磨平了他的信心。最后，他丢掉了这份工作。接着，他又向妻子提出了离婚。

我真的不愿意看到这场悲剧性的婚姻，但它确实发生了。女士们，不知道你们对此有何看法，但我要告诉你们的是，作为一名太太，你对丈夫无休止地、喋喋不休地唠叨，就好像是不起眼的水滴，正在一点点地侵蚀着幸福的石头，我把它称为最高明的杀人不见血的方法。

女士们，你们必须牢记一点，地狱的魔鬼一直都仇视世上所有美好的东西。为了毁灭一切幸福，他们经常把无情的大火抛向人间，其中最邪恶、最阴险、对爱情最有杀伤力的就是喋喋不休。它无色无味，而且还很不起眼，却比美杜莎的鲜血还要毒。一旦它侵入你的家庭生活，那么你就永远与幸福无缘。

女士们，我并不是在这里危言耸听，因为与奢侈、浪费、懒惰、不忠等行为比起来，喋喋不休的唠叨给家庭带来的痛苦更深。也许女士们认为我这么说是没有凭据的，那么就请你们听一听专家的建议吧！

莱维斯・托莫博士是著名的心理学家。他曾经展开过一次调查，让1000名已婚的男士写出他们心里认为妻子最糟糕的缺点。调查的结果让人大吃一惊，因为几乎所有的人都在第一项写下了“唠叨”这个词。博士对我说：“一个男人婚后的生活能不能幸福，完全取决于他太太的脾气和性情。即使他的太太拥有人类所有的美德，可她只要拥有了喋喋不休这一项缺点，那么一切美德也就等于是零。”

为了能够得到更加明确的答案，我请托莫博士给我列举了喋喋不休的几条危害，现在我再把它们告诉给女士们。

- 使丈夫失去斗志；
- 让丈夫对你产生厌烦；
- 毁掉丈夫对你的爱情；
- 吞噬你的幸福婚姻。

女士们，你们相信托莫博士说的吗？我相信，因为我知道有个人就是受不了妻子的唠叨而离家出走，最后悲惨地死在了外面。其实，这个人很多女士也熟悉，他就是大文豪托尔斯泰。

按理说，托尔斯泰夫妇应该每天都享受着生活的快乐。是的，托尔斯泰的两部巨著在世界文学史上都闪烁着耀眼的光芒。他的名望非常大，他的追随者数以千万计，财产、地位、荣誉，这些东西他都已经拥有了，而它们也都为美满幸福的婚姻奠定了基础。的确，在开始的时间里，托尔斯泰和夫人度过了一段非常幸福和甜蜜的生活，直到那件事的发生。

由于一些未知的原因，托尔斯泰的性情发生了很大改变。他开始视金钱如粪土，把自己所有的伟大著作都看成是一种羞辱。他放弃了写小说，开始专心写小册子。他开始亲自做各种各样的活，尝试着过普通人的生活，而且还居然努力去爱自己的敌人。

托尔斯泰的突然改变给自己制造了悲剧，因为他的妻子不能容忍他的这种变化。这位夫人喜欢奢侈的生活，渴望名誉、地位和权力，喜欢金钱和珠宝。然而，这一切，托尔斯泰都不能再给她了。因此，她开始喋喋不休地唠叨、吵闹，甚至当得知托尔斯泰要放弃书籍的出版权时，她居然把鸦片放在嘴里，威胁要自杀。

就这样，美好的婚姻被喋喋不休摧毁了。在托尔斯泰 82 岁那年，他再也忍受不了妻子的唠叨了。1910 年 10 月，那是一个下着大雪的夜晚，托尔斯泰偷偷从妻子身边逃了出来。可怜的老人在寒冷的黑暗中漫无目的地走着，11 天后，这位世界文学巨匠患上了肺病，死在了一个车站上。当车站人员问起老人最后的愿望时，托尔斯泰回答说："请不要让我再见到我的妻子。"

托尔斯泰夫人终于为她的喋喋不休付出了代价，不过在最后她也明白了一切。临死前，她对孩子们说："是我，是我，真的是我，是我害死了你们的父亲。"很可惜，托尔斯泰夫人明白得有些迟了。

事实上，很多名人虽然有着骄人的成绩，却依然不能摆脱妻子唠叨的痛苦，比如法国皇帝拿破仑三世，我的偶像亚伯拉罕・林肯，还有那个躲在雅典树下沉思的苏格拉底。

我知道，女士们之所以会唠叨，无非是想以这种方式来改变自己的丈夫，希望自己的丈夫能够变成自己想要的那种。可事实呢？古往今来，好像还没有一位妻子真的通过唠叨达到了自己的目的，相反她们给自己换来的都是苦果。

我承认，任何一对夫妻在婚后都会有争吵，这是一个很正常的现象。应该说，大多数心理健全的男士都可以忍受与妻子发生的一般性的争执，而且不会让彼此之间的感情出现裂痕。可是，如果一个男人每天都承受着无休止的、一刻不停地、喋喋不休地唠叨所产生的压力的话，那么他的进取心就会慢慢丧失。不管一个男人在事业上多么成功，只要他每天都必须面对一位唠叨的太太，那么他的事业就一定会逐渐走下坡路。

创造浪漫温馨的家庭氛围

美国《家庭与妇女》杂志曾经刊登过这样一篇文章，上面写道："作为妻子，你对整个家庭都起着很大的作用。不管是丈夫还是孩子，家庭意味着什么完全取决于你。虽然丈夫和孩子对家庭同样有义务，然而最关键的还是你，尤其是你是否能够给他们做出榜样，是否能给他们创造出浪漫温馨的家庭氛围。"

是的，几乎所有的男人都梦想着有这样的家庭：他们在外面忙碌地工作了一天，回到家后则可以轻松舒适地享受一番。每天早晨起来，他们可以有十足的干劲去迎接工作。男人们的事业与这种家庭氛围有着紧密的联系，而这种家庭氛围又与妻子们的认识有着直接的关系。

相信没有一个女士不希望自己的丈夫能够取得事业上的成功，因此女士们必须要给丈夫创造一个最有利的家庭环境，只有这样才能提高他们的工作效率。

创造浪漫温馨的家庭氛围的五个原则

- 将你们的家变成一个可以放松身体和精神的地方；
- 努力让你的家住起来比较舒适；
- 整洁是一项很重要的原则；
- 家庭气氛一定要祥和愉快；

• 让你和丈夫同时成为家庭的主人。

我们首先来看第一项原则。妻子们有时候很容易忽视这样一个问题，她们认为丈夫对工作充满了热情，因此不会感到紧张。事实上，不管男人多热爱自己的工作，工作总会或多或少地给他们带来紧张情绪。因此，男人们最渴望的事情是回到家以后可以放松这种紧张情绪，而并不是去承受另一种新的紧张。

对于女士们的一些做法，我是非常理解的。我知道，每一个家庭主妇都希望能够把家打理得井井有条，都希望能把自己的本职工作做好。可是，很多妻子往往没有想到“过犹不及”这个道理，正是因为她们的过分挑剔和严格，所以才使得丈夫不能在家里得到很好的放松。

我以前有一位邻居，她就是一个对家庭要求十分严格的主妇。她每天都会把地板擦得很干净，所以不允许孩子带朋友到

家里来玩，因为小孩子很可能会弄脏地板。同时，她为了保持家里空气清新，不允许丈夫在家里抽烟，因为那样会有烟味。更让人难以接受的是，就连家里的书刊和报纸她都要求必须丝毫不差地放回原处。天啊，女士们一定会认为我有个神经病邻居！可事实上，在生活中女士们的行为比这种情况严重得多。

女士们一定还记得《克拉克的妻子》这幕戏剧，在前几年它十分受欢迎，而且还获得了普利策奖。为什么这幕反映家庭生活的戏剧会如此成功？原因很简单，因为剧中那名挑剔的、爱干净的爱丽叶•克拉克女士在现实生活中很常见。爱丽叶•克拉克的爱干净简直到了让人无法忍受的地步，就连放错坐垫这种小事都会引起她的一阵怒吼。她不欢迎朋友，不允许别人把东西弄乱。对她来说，那位不拘小节的丈夫简直就是她的噩梦，因为他随时都有可能把整个完美的家庭环境破坏掉。

相信女士们对这种情况的认识一定不够深刻，因为这在你们看来是理所当然的事情。而在全美基督教家庭生活第 20 届年会上，一位精神学博士却是这样描述的："家庭里的妻子总是要求一尘不染，上帝，这简直就是美国文化中压迫最大的事情。"

丈夫总是有一些坏习惯，他们随手把烟头、报纸或是其他一些东西乱丢，把你精心收拾的成果毁于一旦。这个时候，妻子绝对不能选择沉默，必须站起来和那些捣蛋鬼大吵一架。不过，在女士们把"自私""愚蠢""笨蛋"这些词加在丈夫头上之前，你们最好这样想一想："什么叫家庭？它就是让人可以放松的地方。"

有了轻松的环境以后，舒适就成为最重要的事情。几乎所有的家庭都是由妻子布置的，所以你们不应该忘记，男人最希望得到的家庭环境就是舒适。由于性别上的差异，很多女性认为非常有格调的东西却让男人们感到受不了。事实上，男人们对那些精美的小饰品、漂亮的小桌椅以及好看的纺织品根本不感兴趣，他们想要的不过是有一个地方放他们的烟灰缸和报纸。因此，女士们在布置家居环境之前，一定要首先了解究竟什么样的环境才是男人认为最舒服的。

我的私人医师名叫乔治•派克，他最近正在装修办公室，因为他把办公室看成家的一部分。有一次，我去诊所找他，发现在门口候诊的病人中，几乎所有的男士都用羡慕的眼光紧盯着他的办公室。其实里面的布置十分简单，不过是有一张较大的桌子、宽敞的沙发、一盏明亮的铜灯以及一幅笔直的窗帘。

我的另一位单身汉朋友罗克先生也十分懂得布置房间。由于工作的需要，他每年都要去很多不同的地方。看看他的房间吧！从刚果带来的木雕、从爪哇带回的手工染布以及东方带回来的象牙等，全都是他的旅行纪念品。如果他是一个结了婚的男人，妻子肯定不能忍受这些东西。然而，罗克先生却非常喜欢，因为它符合主人的趣味。

想必女士们一定明白了这些人为什么不愿意结婚，他们可不想被一个女人剥夺自己享受生活的权利。

的确，女士们在布置房间的时候往往会忽略男人的需要。举个例子来说，你们是否会想到该在什么地方摆放烟灰缸吗？没有，因为你们认为这是多余的。不过我太太注意到了。她一口气买回了好几个又便宜又好看的大玻璃烟灰缸，然后把它们放在楼上和楼下好几个地方。每当有客人来时，我们总会让他们使用这些东西。至于那些艺术品，我印象中好像从来没用过。

当女士们与丈夫发生矛盾时，是不是可以换一种角度思考。他的确是把报纸丢得满地都是，但那有可能是因为家里的茶几太小了，或是因为茶几上面堆满了东西。他不是不想把报纸收拾好，只是暂时找不到一个合适的地方。如果他把烟灰弹得到处都是，那么你就多给他买几个烟灰缸。如果他老是踩踏你心爱的脚垫，那就把它换一个地方。至于说他的其他一些小东西，你完全可以给他找一个特定的位置存放，而不要将它们和一些没用的废物放在一起。

除了舒适和轻松以外，整洁对于一个家庭来说也是十分重要的。虽然男人们经常会“破坏”家庭环境，但他们同样喜欢整洁的家庭。如果他看到家里到处都是一片乱糟糟的景象的话，那么就很有可能一头钻入酒吧、保龄球馆甚至妓院。男人都是这样，他们可以容忍自己的懒散和凌乱，却不能宽容别人。

我有一个朋友曾经和我说，年轻的时候，他曾经打算向一个温柔漂亮的女孩求婚。可是当他来到女孩的房间时，却马上打消了这种念头。因为当时他看到，这个女孩的屋子简直太凌乱了，那情形就好像刚刚发生过一场抢劫案。

如果说轻松、舒适、整洁的环境是有形的东西，那么祥和愉快的气氛则是属于无形的东西。然而，这些无形的东西所起到的作用却远比有形的东西大得多，因为家庭气氛对一个男人事业的影响是相当大的。男人在外总是会承受很大的压力，因为所有人都是以挑剔的眼光来寻找他身上的缺点和错误。只有回到家中，男人才能获得最高的待遇，因为有一位天使能发现他美好的一面。天使从不给他增加负担，也不会专门制造麻烦。她所做的只是给他情感上的呵护，精神上的安慰，使他有精力去面对新的一天，而这位天使就是妻子。女士们必须明白，要想成为尽职尽责的妻子，必须能够给丈夫创造出一个祥和愉快的家庭气氛。

此外，女士们还要注意一点，那就是你并不是家里的女王，丈夫也不是你的仆人。你们两个同样都是家庭的主人，甚至于你应该想办法让丈夫觉得他才是家中的国王。如果家里需要装修或是添置一些新的家具，那你们就应该先征求一下他的意见，而不要事后才递给他一张纸说："这是我们的付款单。"我知道很多时候男人们的选择并不符合女人的口味，但你必须让他知道，你其实和他一样喜欢这些东西。妻子应该让丈夫觉得，在这个家中他们是有决定权的，这样他们就会对家的意义认识得更加深刻。

所有的男人都需要这样一种感觉，家是他生命中的一部分，没有家的生命是不完整的。女士们可能都不知道，事实上丈夫对家庭的关心一点都不亚于妻子，只不过你们没有察觉到而已。

我妻子有一个朋友，十分懂得如何利用有限的资金装点房子，因此她的房间总是非常有品位而且别具风格。可是很遗憾的是，这位朋友却嫁给了一个毛手毛脚、不修边幅、嗜烟如命的男人。其实，这个男人也很悲惨，他的确很爱自己的妻子，却对她布置的环境难以忍受。每当闲暇的时候，丈夫宁肯和朋友一起去钓鱼或是游玩，也绝不想在家中过夜，因为他能够在那里得到完全的放松。这位女士经常找我妻子聊天、抱怨，却没有一次想到是不是应该改变一下家里的布置。

最后，我希望女士们能够记住我的话：家务是必须要做的事情，但千万不要因为盲目而使家务失去真正的意义。作为妻子，你们做任何家务只有一个目的，那就是给丈夫创造一个浪漫温馨的家庭环境。

学会家庭理财这一课

不得不承认，我们现在所拥有的钱与十年前相比贬值了很多。的确，所有人的生活水准都有了提高，但是物价也在不断地上涨，而孩子们所需的教育费用也增长了许多。因此，一个十分重要的问题摆在了女士们面前，那就是如何做好家庭理财的工作。

大多数女士的脑子里存在着这样一个错误观念，那就是钱能够解决一切问题。事实上，这种想法是完全错误的，早就已经被相关的专家否定了。曾经担任美国一家大公司顾客财政顾问的斯泰博顿先生曾经说过："大多数人都不能真正理解金钱的含义。对他们来说，收入的增加并不代表生活的改善，因为这仅仅表示他们有更多的地方需要花销。"澳大利亚一家银行也这样奉劝他们的储户："存款意味着什么？它意味着在你增加收入的时候提醒你应该怎样合理地利用它们。"

很遗憾的是，学会家庭理财这一点似乎并没有引起很多人的重视，人们往往把它看成是一件非常简单的事情。曾经有一位非常有名的心理学家在他的著作中写道："家庭理财其实并不是一件很困难的事，对于我们来说只要把握住一点就足够了，那就是有钱你就多花，没钱你就少花。"这位心理学家的话听起来很有道理，可事实上做起来是相当困难的。实际上，毫无节制地胡乱花钱意味着杂货店、面包店以及肉店等商家都有权力分享你的收入。这对于一个家庭来讲，应该是件可悲的事情。

然而，如果女士们能够有计划地控制家庭的花费，那么你们就完全可以让享受你收入的权力把持在你家人的手中。

女士们必须搞清楚一件事，预算日常开支并不是给自己平添一些束缚，更不代表毫无意义地对你所花的每一分钱做一本流水账。这种做法实际上是一种目的性很强的规划，是为了促使你的家庭可以最有效地利用你的收入。我敢保证，如果女士们真正理解如何进行家庭预算，那么你们就完全可以实现既定目标，比如让自己的家庭生活富裕、使自己的养老有所保障、很好地解决孩子的教育费用或是实现你梦想中的外出旅游。一份成功的家庭预算将会告诉你很多信息，比如有哪些没必要的地方可以删减，以便补充其他一些必要的开支。

因此，妻子帮助丈夫取得成功的一个很重要的方法就是明白该如何使丈夫的收入得到最大的利用。如果女士们以前从没有做过家庭预算，那么你们现在真的应该补上这一课。

那么，究竟怎样做才能使自己成为一名家庭理财专家呢？很简单，向银行寻求帮助。在美国，很多银行都设有家计预算咨询服务处。你要做的就是来到银行，请教一下专家，听听他们是怎样建议你进行家庭预算的。

此外，女士们还可以通过其他一些方法获得帮助，比如花费20美分从全国公益委员会那里购买一本精美的小册子，上面会很清楚地告诉你该如何支配你手上的金钱、该怎样进行保险投资以及到底如何进行赊账消费。女士们还可以订阅《妇女时代》这本杂志，因为它会告诉你如何把一件旧衣服翻新、如何自己制作出既美味又廉价的菜肴，有时甚至还会教你怎样自己亲手制作家具。

不过，在这里我必须强调一点，女士们千万不能机械地让自己的家庭去适应那份印好的预算计划表。你们必须先搞清楚自己的情况，因为那份计划书也许并不适合你。道理很简单，每个家庭的情况都是不一样的，适合他的，并不一定适合你，每个人的家庭经济问题都是独特的。

如果女士们想通过本书学会如何进行家庭理财，那么就请看一看我的一些建议，也许能够给你们提供一些帮助。

如何进行家庭理财

- 记录下日常的每一笔开销，这样会让你清楚自己对收入的使用情况；

- 分析自己的家庭情况，然后制订一个合适的开支计划；
- 不管发生什么事情，都要将收入的10% 储存起来；
- 手中预备一些钱，因为你要应对不时之需；
- 让全家都参与执行你的收支计划；
- 对社会上的各种保险有所了解。

第一点是很重要的，因为只有我们明白错在哪里，才能知道如何改善我们现在的状况。试想一下，如果作为一名家庭理财者，你根本不知道到底哪里应该删减、哪里需要增加的话，那么想要节省恐怕真的是一件非常不容易的事。因此，在准备进行预算的最开始，女士们可以尝试着把家庭所有的开支都记录下来，时间不妨设定为 3 个月。

我可以很自豪地说，我妻子就是一个很好的理财专家。虽然我们习惯于用支票购物，但她总是喜欢把所有的花费都做出一个详细的表格，并且在每年的年底做一次总结。她的这种做法使我们整个家庭都觉得非常轻松，因为我们可以清楚地知道在过去的一年里，我们在饮食、燃料、水电以及娱乐等方面究竟花费了多少。同时，我们还可以明白，到底哪些地方是导致家庭支出增加的原因。

这种方法非常有效。曾经有一对夫妇对自己的家庭生活开支进行了详细地记录后发现，他们每个月竟然要花费掉 70 美元买酒，而他们两个谁都不是酒徒。最后，他们终于找到了原因，那就是虽然这对夫妇不喜欢喝酒，但是他们的朋友喜欢。这对夫妇很好客，经常会邀请一些朋友到家中聚会，当然这时候难免要来上一杯。从那以后，这对夫妇明智地做出了决定，以后不再把自己的家当成不定期开放的免费酒吧了。这样一来，他们每个月就有 70 美元去做他们喜欢做的事情了。

那么，究竟怎样制订预算计划呢？我可以教给女士们一些方法。首先你们要列出这一年中的必须开支，比如房租、食物、水电费、煤气费、保险金等。接下来，你们再开始计划其他一些必要的开销，比如医药费、交通费、电话费和交际费等。

当然，我承认，这是一件说起来容易做起来难的事情。在进行这项计划前，你必须得到家庭的支持并且要有坚定的信心和决心。此外，你们还必须增强自己的控制能力，使自己不被其他一些东西诱惑。每一位女士都有很多想要的东西，却很难都将它们买下来。不过，女士们大可不必为此而伤心，因为你们完全可以放弃那些价值较小的东西，而去选择那些最有价值的东西。你会不会为了一件貂皮大衣而放弃一台洗衣机？你会不会为了一件精美的首饰而放弃华丽的衣服？这一切别人都帮不了你，只有你和你的家人一起来决定。这更加说明，一张精美的、详细的、印制好的家庭预算表对你其实并没有太大的意义。

如果女士们想让自己不管在什么时候都可以生活得很富裕的话，那么你们就应该给自己定下这样一条规矩：不管发生什么事，我每个月都要将收入的十分之一储蓄起来。这是非常重要的，也是让你在家庭理财课程中立于不败之地的法宝。

在进行所有计划之前，女士们还有一项工作必须去做，那就是征得全家人的支持，因为预算计划毕竟是需要所有人来执行的。即使是生活在一起，每个人对钱的态度也是不尽相同的，这就需要女士们有很好的协调能力，因为如果一家人由于对钱的态度不同而产生摩擦的话，那么一切就得不偿失了。

最后我要奉劝女士们的是，你们真的应该也必须对保险有所了解。女士们，保险公司并不是一个只会骗取你钱财的机构，实际上它对你和你的家庭有着非常重要的意义。一旦家庭出现什么变故，你至少不会因为无助而感到苦恼，因为你后面有保险公司对你负责。

女士们，学会家庭理财这一课是非常重要的。《打造成功的婚姻》一书中这样写道："美满幸福的婚姻是需要沟通的，而在沟通的事项中，家庭收入的分配问题则是最重要的。"请相信我，如果女士们真的学会了如何合理地、高明地安排和处理家庭收入，那么你们就给丈夫解决了后顾之忧。应该说，这也是建立幸福美满家庭的一项很重要的事情。

教育子女责无旁贷

在我 63 岁的时候，我的小朵娜·戴尔·卡耐基来到了我和桃乐丝的身边。我清楚地记得，当时我很兴奋，在我走进协同教会的教堂时，大声对自己说："恭喜我吧！我的妻子生了个小孩，而我已经有 63 岁了。"我想，任何一位初为人母的女士都会和我有一样的感觉，因为我们都看到了自己与爱人爱情的结晶。

在我还是个孩子的时候，和很多人一样，我对父母的很多做法都不理解，不明白他们为什么要那么严厉地对待我们。后来，当我成为父亲以后，我才真正明白他们的良苦用心。其实，他们如此辛劳地抚养教育自己的后代，就是为了履行他们的天职，那是上帝赐予的。

当一对恋人相爱以后，他们最终会一起走进婚姻的殿堂，而且还必将会在不久的将来产生爱情的结晶。一个新生的婴儿并不仅仅代表了一个新生命的诞生，同时也是你们爱情的见证，还代表了你们的希望。正因为这样，抚养和教育孩子才成为了夫妻双方义不容辞的责任和义务。特别是对于一位母亲来说，给孩子创造出一个最良好的成长空间，给孩子你的关爱，并在点点滴滴中关注他的成长，使他成为一个虽然不见得优秀但一定很健康快乐的孩子，并且能够给社会做出贡献的人。那么，作为一个女人，作为一位母亲，你就已经取得了最大的成功。

桃乐丝曾经跟我说："母亲是世界上最伟大的人，而养育孩子则是母亲与生俱来的职责。"的确，任何人对个人、家庭以及社会所做出的贡献都不如母亲大，因为她们为社会培养了新的生命。对于任何一个母亲来说，教育和培养孩子既是她们的权利，也是她们的义务。

社会学家卢卡尔·帕门德曾经在一次演讲中说过："教育子女是母亲必须要履行的义务，同时也是能给母亲带来最高荣誉的事情。应该说，所有的母亲都会把自己的爱全部奉献给子女，而且这种奉献是无私的。如果一个家庭只有两块面包的话，那么母亲一定会把一块留给自己的丈夫，另一块留给自己的孩子。"

的确，母性是世界上最伟大的，也是最能彰显人性的。一个女人可能自私、自利、吝啬、贪婪，甚至邪恶、狠毒，但她绝不会虐待自己的孩子。对于她们来说，孩子甚至比自己的生命都要宝贵。然而，每一个母亲的权利和义务都是通过两方面来体现的：一方面是抚养，另一方面是教育。事实上，有很多女士都把主要精力放在了抚养孩子这一面上，从而忽略了教育孩子的重要性。

青少年家庭董事会秘书华兹先生曾经在一次讨论会上说："青少年缺少家庭的教育，特别是来自母亲的正确教育，是导致他们犯罪的主要原因之一。"

我曾经和桃乐丝一起去俄克拉荷马州的一家联邦少年教养所，在那里碰到了很多因为没有得到良好教育而走上犯罪道路的少年。一位少年曾经说，他给母亲写过很多信，告诉她自己在这里学了很多课程，并且已经把自己的外表改变得好了许多。然而，他的母亲却回信

说，让他不要再自我陶醉于那些无聊的事情，这个世界上没有比监狱更适合他的地方了，因为只有在那里他才能受到管教。

难道说这位少年天生就是一个恶棍，就注定要到监狱里去受刑吗？不，这一切都和他母亲的教育有着很深的关系。少年告诉我，在他很小的时候，母亲就教他如何趁别人不注意而偷偷拿走别人的东西。在10岁那年，他由于好奇而学会了抽烟。当他母亲发现这一情况以后，非但没有制止他，反而高兴地说："看看，我的孩子已经像一个男子汉了。"上学以后，他经常和班上的孩子打架，可母亲从来没有因此而责怪他。当父亲告诉他，打架是一种很不好的行为时，母亲却在旁边说："不要你这个废物教儿子，儿子有勇气和别人打架，总要好过你这个老是被人欺负的窝囊废。"就这样，这位少年一点点地变化，到后来居然到了拦路抢劫的地步。最后，少年为自己的行为付出了代价，来到了这个教养所。我想，如果当时那位母亲能够正确地教育孩子的话，相信这位少年现在一定生活得非常快乐。

美国青少年犯罪研究专家迪勒斯·卡布克说："大多数青少年犯罪者都缺乏良好的家庭教育，这和他们的母亲有着重要的关系。据调查，如果母亲是个吸毒者，那么他们的孩子要远比那些非吸毒者孩子染上毒瘾的概率大得多。如果母亲疏于管教，那么这些孩子将非常容易走入歧途。此外，我曾经对500个来自单亲家庭的孩子进行过调查，发现失去母亲一方的孩子很容易沾染上各种恶习。因此，我一直都强调，教育子女是母亲责无旁贷的事情。"

可能有的女士会说："这不公平，教育孩子应该是夫妻双方的事情，凭什么把所有的责任全都推到母亲身上？难道做父亲的就没有教育子女的责任吗？”是的，父亲同样也有教育子女的责任，但那不是我们现在要解决的问题。此外，与父亲比起来，母亲有很多的优势，所以能够更好地教育孩子。

我们经常会听说某个男人为了自己享受而抛弃了妻子和孩子，却很少听说有女人会轻易地抛弃自己的孩子。中国有句老话：“虎毒不食子。”我觉得很有道理，与男人比起来，女人更疼爱自己的孩子。这并不是说女人天生就比男人善良，而是因为每一个女人都有天生的母性。

其次，我想每位女士都不得不承认，孩子与母亲在一起的时间要远远多于男人。这样一来，对孩子影响最深的莫过于母亲。曾经有人做过一项很有趣的实验，对 100 对母子做了调查，发现他们之间有着惊人的相似之处。比如，母亲常把“听我说”作为口头禅，那么她的孩子也总会把那句话挂在嘴边；母亲总是习惯在紧张的时候挠头，那么她的孩子十有八九也有这样的习惯；如果母亲是个小偷，那么她的孩子也会在那一区“小有名气”……可见，母亲对孩子的影响是非常大的，而这一切主要是因为母亲与孩子相处的时间比较长。试想一下，一位母亲在不经意的情况下都能对孩子产生如此大的影响，更别说是有目的地进行教育了。因此，在教育孩子上，我说母亲比父亲更有优势。

最后，由于生理和心理上的特点，女性与男性相比较心思更加细腻，这对于教育孩子来说是非常重要的。孩子由于心智不成熟，所以很难对所遇到的事情做出正确的判断，这就需要父母耐心地教育和开导。然而，大多数男人都没有很好的耐性，总是在尝试几次后就选择放弃。而女性更容易接受眼前的现状，并且不厌其烦地对孩子进行教育。此外，在孩子心理尚未成熟的时候，如果没有人能够耐心地对他进行教育的话，那么很容易让他对事物有错误的认识。因此，与男人比起来，女人在教育孩子方面优势更强。

我敢肯定，此时很多女士都会感到很激动而且很自豪，一定会说：“我同意你所说的，卡耐基，从现在开始，我要挑起教育孩子的担子。”有这种想法是好的，可女士们打算怎么教育孩子？难道像上面那位少年的母亲那样？我想，没有一位女士希望看到那种情况发生。因此，女士们除了有热情外，还要用理智的头脑去看待教育。

教育孩子应遵守的五项原则

- 提高自身的修养和素质；
- 不要对孩子过分严厉；
- 千万不要纵容孩子；
- 永远不要体罚孩子；
- 给孩子足够的关怀。

多了解性，别让自己冷下去

在开始这篇文章之前，我先让女士们看一个调查结果。这项调查是由美国洛杉矶家庭关系研究中心主任保罗·巴批努博士进行的。他对上千对夫妻的婚姻状况进行了研究，从而总结出导致夫妻婚姻失败的各种原因。

导致婚姻失败的四种原因

- 不协调的性生活；
- 在休闲上的意见分歧；
- 经济上的困难；
- 心理、生理以及情绪上突然出现反常。

我想，这个调查结果一定会让女士们大吃一惊。因为在很多人的心里，嫁给一个没有能力赚钱的男人才是最悲哀的，也就是说大多数女士都认为经济困难才是导致婚姻失败的主要原因。可是，调查结果是不会骗人的，事实上性生活的不协调才是最主要的原因。几乎所有的婚姻专家都一致认为，夫妻之间在性生活方面取得和谐是绝对必要的。辛辛那提家庭关系法官赫俄曼曾经审理过数千个家庭案件，他曾经说："在那些离婚者中，有 90% 是性生活不和谐，这是个不争的事实。"

美国社会卫生局总干事戴维斯博士曾经对美国 1000 位已婚妇女进行调查。在调查过程中，戴维斯采用引导的方式让被调查对象如实说出和婚姻有关的切身问题。调查的结果让所有人都大吃一惊，在美国，一般的成年人在性生活方面都不快乐。戴维斯博士收到这 1000 名妇女的答案后，马上发表了自己的意见："对于美国来说，导致家庭离婚的一个很重要的原因就是性生活的不和谐。"

加州大学的汉密尔顿博士也通过调查证实了这种观点。为了得到最可靠的资料，汉密尔顿博士花费了4年工夫，对全国100名男子和100名女子的婚姻进行了调查。他分别对男子和女子提出了大约400多个有关婚姻生活的问题，并且和很多婚姻专家透彻地讨论他们的回答。的确，讨论太透彻了，以至于花费了汉密尔顿博士4年的时间。最后，他终于与马科戈文博士一起写下了《什么是婚姻的症结》这本书。

是啊，究竟什么才是婚姻的症结呢？汉密尔顿博士是这样说的："除了那些傲慢、固执、做事鲁莽草率的精神病治疗专家以外，恐怕没有一位医生会认为婚姻的不幸不是由不协调的性生活引起的。调查显示，在一般情况下，只要夫妻双方在婚姻中的性生活非常和谐，那么即使在生活中出现了很多可能导致不和谐的因素，那么也会一点点地自然化解。"

英国一家杂志曾经通过测试表明，性冷淡这件事离我们并不遥远，实际上每天晚上都发生在数以百万计的夫妇身上。一位专门从事性研究的学者说，差不多有40%以上的妇女都经历过丈夫的性冷淡，所以她们一直都在忍受着心理和生理上的痛苦，最终导致了婚姻的不幸。

女士们，我们是不应该避讳性这个话题的。性不过使人有了一种原始的欲望，其本身并没有任何罪过。一旦人类失去了这种欲望，那么生活也将会丧失很多乐趣。因此，不管是工作压力过大，还是身体十分疲劳，都不能成为性冷淡的理由。实际上，性冷淡的产生在绝大多数情况下都不是由生理原因引起的，而完全是出自心理原因。

对于已婚夫妇来讲，没有和谐的性生活的婚姻是一件非常危险和可怕的事情。原因很简单，和谐的性生活是巩固和加强夫妻间感情的最快捷、最有效的途径。事实上，正是因为很多夫妻之间缺少和谐的性生活，所以才导致双方渐渐疏远，甚至出现离婚和婚外恋。美国著名心理学家约翰·沃森说："性应该是整个婚姻生活中最关键、最重要的事情。很多对婚姻关系进行过研究的人都发现，性冷淡是导致婚姻失败的最主要的原因。"著名性研究学者强斯也曾经说过："众所周知，性是生活中最主要的问题。很多快乐的男女都是因为它才导致关系破裂的。"

在我的培训班上有很多医生，他们在进行演讲的时候也都说出同样的话。如果在中世纪，性被作为一种禁忌来交谈，那时出现性生活的不和谐我们还可以理解。为什么在20世纪，这个有众多书籍和教育的时代，居然还会有很多人因为对这种重要的人类本性的无知而导致婚姻关系破裂，最后毁灭了自己的生活。这真是一件可悲的事情。

巴杜尔牧师曾经做过18年监理会牧师。后来，他毅然地放弃了传教事业，开始在纽约市家庭辅导服务处担任主任。在做牧师的18年里，他为无数对青年男女主持过婚礼。他所主持的婚礼，大概比任何人都多。他曾经这样说过："我做过很多年的牧师，因此算得上是一个有经验的人。通过我的观察发现，虽然青年男女之间有了恋爱的经历，也有了爱的存在，但实际上他们都是婚姻的文盲。对，很多青年男女对婚姻根本没有充分的理解。"

我有些不解地问道："那么请问巴杜尔先生，婚姻的文盲究竟是指什么呢？"

巴杜尔接着说:"美国现在的离婚率已经达到了16%。天啊！这真是个惊人的数字！这一切可怕的后果都是夫妻之间性生活不和谐造成的。我可以不客气地说，很多夫妻虽然在一起生活，但他们并没有真正的结婚。生活对于他们来说是一种犹如地狱烈火般的煎熬，他们之所以能维持现状不过是因为他们还没有离婚而已。"

巴杜尔先生并没有危言耸听。很多夫妻在性知识上是非常缺乏的，这也是导致他们性爱不能和谐的最根本的原因。其实，要想改变这一点并不困难，只要夫妻双方互相配合，是完全可以让性生活变得丰富多彩的。只要夫妻双方肯对性知识作一些了解，那么就一定会让彼此拥有尝试新鲜事物的热情，从而才不会使夫妻之间出现性冷淡的状况。性和爱是不能分开的，它是一门很高深的学问。只有夫妻双方共同努力，使性爱达到一种良性的循环，这样才会加深夫妻之间的感情。

女士们，你们必须清楚，婚姻应该是充满幸福和快乐的。你们不应该把希望寄托给机会，这种幸福和快乐是需要夫妻双方共同去营造的。婚姻就像是在建造一栋高楼，必须经过精心地设计以及理智地计划，才能最终达到完美。

巴杜尔先生早在做牧师的时候就一直努力让每个人都拥有幸福的家庭生活，因此当他在教堂证婚的时候，总是要那些处于甜蜜期的新婚夫妇坦白地说出他们结婚后的未来计划。当然，也正是通过对这些年轻人的了解，巴杜尔才得出这样一个结论：那些看似关系密切，并且非常急于结婚的人并不一定就会获得美满的婚姻，因为他们很多人都对婚姻一无所知。

我承认，在婚姻生活中，性是诸多需要满足的事情中的一种，然而它是至关重要的。相信我，女士们，只要性生活和谐了，那么生活中的很多事情也就迎刃而解了。大多数女士都存在这样一个错误观念，那就是有关性的事情都应该是男人主动。其实，只要女士们放下思想中的包袱，主动地和丈夫进行配合，要想获得一段美满幸福的婚姻并不是遥不可及的事情。在这里，我有两点建议送给女士们。

如何获得和谐的性生活

- 采取主动的方式，以客观的态度去看待性，严肃地和丈夫讨论有关性的问题；
- 找到一本全面地介绍性知识的书，充实自己在这方面的知识，并且培养一些情趣。

如果女士们觉得这两点对你们的帮助还远远不够，那么我们就来听听专家的意见。美国性临床研究协会经过调查研究，总结出了造成性生活不和谐的几点原因。同时，他们还针对这些原因提出了一些具有建设性意义的解决方法。我想，这对于女士们造就和谐的性生活，获得美满幸福的婚姻是有帮助的。

造成性生活不和谐的第一点原因：生理上的疲劳。如果一个人每天都从事着繁重的工作，那么势必会感到身心疲惫。因此，每当他们回到家里的时候，心中就只有一种想法，那就是休息。至于其他事，根本没有心思去做。

如何解决：不要让自己每天都沉浸在劳累之中，一个月至少要安排出几天时间让自己得到放松。在这段时间里，女士们应该适当地进行休息、调整，同时还要进行一些锻炼。

造成性生活不和谐的第二点原因：失去对性生活的兴趣。女士们很少会有性幻想，同时还可能从未体会过性的快感和冲动。

如何解决：可以尝试看一些能够激发情欲的书籍。

造成性生活不和谐的第三点原因：不良的情绪。有些夫妻在性生活时会出现很多不良的情绪，诸如愤怒、紧张等。如果夫妻之间长期受到这些不良情绪的侵扰，那么就很难达到性生活的和谐。

如何解决：夫妻双方多进行沟通，加深彼此之间的了解。

造成性生活不和谐的第四点原因：个人意识太强。一些女士在性生活时很“自私”，当她们需要时就热情似火，当她们不需要时则冷若冰霜。

如何解决：夫妻双方应该互相尊重，充分体会对方的感受。

女士们，现在你们对性生活有了足够的重视吧？如果你们想要获得一份美满幸福的婚姻，那就请你们牢记我的话：千万别做婚姻的文盲。

做应对情感风波的高手

如果女士们觉得现在的家庭生活不够幸福美满，那么你们就应该好好看看这一章所有的内容，因为其中的很多观点和方法都会给女士们提供很大的帮助。如果女士们因为各种原因而使得自己即将或已经面临情感风波，那么就请你们好好阅读一下这篇文章，因为它能帮助你们成为应对情感风波的高手。

我想，没有一位女士会希望在自己的婚姻中出现情感风波，因为那意味着你们的婚姻很可能就要走到尽头。因此，女士们首先要做的就是练就出一双慧眼，能够让自己在最早的时间里发现婚姻中的情感问题，从而做到防患于未然。

洛克先生最近很奇怪，好像变了一个人似的。以前，他是个不拘小节、邋里邋遢的人，可最近突然开始注意起自己的仪表来。过去，在妻子波丽三番五次地催促下，他才会考虑是不是有必要换衬衣，而如今却是很自觉地两天换一次。不光这样，每天早上，洛克先生还会精心打扮自己一番，连皮鞋也擦得很亮。面对这一切，波丽并没有感到有什么不对，反而称赞丈夫说："看，我的洛克终于变成一位绅士了。"

然而，正当波丽暗自为丈夫的改变感到高兴的时候，洛克却突然提出要和她离婚，因为他要和另一位名叫玛丽的年轻女士结婚。直到这时波丽才明白，原来自己丈夫前一段时间奇怪的举动都是情感风波来临的预告。

大概三个月前，洛克先生的工作似乎突然忙了起来，下班的时间一天比一天晚，而且还经常会在休息日加班。不光这样，洛克先生还会把工作带回家来做，因为他晚上经常会偷偷一个人在另一间房间里接“公司”打来的电话。可能是工作忙，应酬也就多了起来，所以洛克先生的钱包总是会在很短的时间内变得空空如也。

面对这一切，波丽女士很担心，因为她怕自己的丈夫不能安心工作。因此，她容忍了丈夫对她的挑剔，也原谅了丈夫对她的不耐烦。波丽心里明白，那是因为丈夫的工作压力很大。此外，虽然波丽和丈夫已经三个月没有过性生活了，但她从来没有主动要求过，因为她知道自己的丈夫太累了。

直到现在波丽才真正明白，自己丈夫发生那些变化并不是在忙工作，而是在忙着和他的情人约会。可是，现在已经太晚了，因为洛克先生已经下定决心和波丽离婚了，一切都已经变得不可挽回了。相信，如果波丽女士能够早一点对丈夫这种“出轨行为”有所察觉并采取相应措施的话，恐怕结果未必是现在这样。因此，我再一次和女士们强调，能够及早发现丈夫的“出轨行为”，是一件非常重要的事情。

女士们，早在你们开始自己的婚姻生活之前就应该考虑到，婚姻同样是要面临挑战和竞争的。一个真正聪明的女人是从来不怕竞争的，也不会轻易认输。最重要的是，她们懂得如何进行竞争。实际上，紧盯丈夫行踪的方法是最拙劣、最愚蠢、最没有效果的方法。同时，妻子妄图通过大吵大闹或是威胁的手段来迫使丈夫回心转意，更无疑是错上加错。

那么，女士们在遇到情感风波的时候究竟该如何做呢？我认为，女士们首先要做的就是反省自己。大多数女士在遇到这种问题的时候，总是会把所有的责任全都推给自己的丈夫。在她们看来，丈夫不管出于什么理由，不忠于自己的妻子永远都是不可原谅的。然而，美国婚姻与家庭关系研究协会曾经对 500 名有过出轨行为的男士进行调查，发现其中只有五分之一的人是因为“好色”“花心”等原因，剩下的人则都是因为他们的妻子不能使他们获得家庭的温暖。因此，女士们在责怪、抱怨之前，不妨认真想一想，究竟是不是自己这方面出现了问题，唠叨、抱怨、无礼、喋喋不休等缺点是不是在你身上都有体现。如果是，那么女士们就马上改正，因为这才是拉回丈夫心的最好办法。

在改正完自己身上的缺点以后，女士们就应该采取一些方法来“控制”自己的丈夫。不过，千万不要采用上面的那些方法，因为那只会让事情越来越糟。其实，一个真正懂得处理婚姻风波的高手十分善于利

用“欲擒故纵”的技巧,即使到最紧张的关头也不例外。事实上,女人能够将丈夫留在自己身边是因为丈夫对她们的爱，而并不是丈夫对她们的怕。

有句俗语叫“距离产生美”，也许就是因为你和丈夫之间的距离太近了，所以才导致丈夫对你产生了厌烦感，从而使得他想到在外面寻求刺激。因此，女士们不妨找一些自己喜欢做的事或是去参加工作，这样一来就可以使自己与丈夫拉开一定的距离，从而不会让丈夫那么快就有了厌倦感。此外，两个人在一起时间长了很容易失去美感，因此女士们要随时随地注意自己的打扮，要让你的丈夫眼花缭乱，从而不会想着去外面拈花惹草。

最后一点，留住丈夫心的最有力的两件武器，一是对家庭的责任感，二就是对你的爱。我们先说第一点，孩子无疑是整个家庭的希望，因此抚养孩子是夫妻双方的重要责任。如果女士们能够用孩子来唤起丈夫的责任感，那么相信他们一定会乐意回到家中。当然，利用孩子还多少有些“胁迫”的味道，而用你的爱唤起他的爱则是完全真心实意的。我想，每一对夫妻都曾经有过最美好的恋爱时光，用这些事情勾起男人对你的爱无疑是一种最佳方法。

第八章

做可人的职场女人

工作着的女人有魅力

心理学专家斯卡尔·鲁纳德曾经对2000名男士做过调查，问他们是否希望自己的妻子在结婚后做家庭主妇，以便让他们能够安心工作。结果，除了那些收入实在太少的男士，其他人都回答说“愿意”。接着，斯卡尔又问他们是否愿意娶一个在结婚前没有工作的女人，结果出乎意料，几乎所有的人都回答说“不会”。

这的确是一种奇怪的现象，为什么男人们都希望自己的妻子不去工作，然而却不愿意找一个没有工作的女朋友。我想，这也是很多女士心中的疑问。后来，斯卡尔又问那2000名男士为什么会有这种想法，结果很多人回答说：“不工作的女人对于我们来说没有一点儿吸引力。因为她们不去工作，就代表她们依赖性很强，也就是说她们不能独立自主。对于一个男人来说，找一个不能独立自主的妻子是件很可怕的事情。”

坦白说，就连我也有这样的想法。桃乐丝在结婚以前就曾经做过秘书的工作，应该说她在工作上的出色表现也是吸引我的一个很重要的方面。就在我们结婚的前3个月，桃乐丝依然每天都在很努力地工作。我曾经问过她为什么要这么做，结果她说：“我要在最后的时间好好享受工作的乐趣，毕竟做一个独立自主的女人是一件让人感到自豪的事情。”

是的，女士们，一个愿意独立自主的女人确实能够得到很多人的认可，其中包括同性，也包括异性。著名的人际关系学家康纳德·斯塔克在一本杂志上发表文章说：“在当今美国的女性群体中，最有魅力的就是那些能够或是渴望独立自主的女人。一个独立自主的女人身上所显露出的那种坚强、勇敢、自信等气质要远比那些依赖性过强的女性身上的漂亮衣服和首饰更吸引人。当然，女人的独立自主主要体现在工作上。”

很多人，包括一些女士，都有这样的错误观点。他们认为女性是社会中的弱势群体，经不起现实的冲击。在外面拼搏是男人的事，而女人的主要任务则是好好打扮自己、修身养性，以便做个称职的妻子。美国汤姆斯投资公司财政顾问艾鲁斯夫人非常反感这种观点，她曾经在公开场合发表言论说：“一个女人，不管她是什么学历，什么情况，都应该去参加工作。那些妄图将自己的终身幸福全都押在男人身上的女人一定会生活得很悲惨，因为那就代表着她们将自己的命运交给了别人。我一直都相信，只有工作的女人才最风光，也只有工作的女人才能掌握自己的命运。”

那么，艾鲁斯女士是否因为拥有这种“偏激”的想法而招来别人的厌恶呢？我曾经对她周围的人进行过采访，让他们评价一下艾鲁斯女士。

一位男士说：“艾鲁斯女士大概是我见过的最有魅力的女人了，因为她身上有很多连男人都没有的东西。她从来没有想过放弃工作，更没想过将自己的命运交给男人掌握。坦白说，虽然这有些伤害男人的自尊，但却让我有一种特殊的感觉。那是一种充满崇敬的感觉，是对一个女人的勇敢和坚强的崇敬。”另一位只见过艾鲁斯女士一面的男士说：“艾鲁斯身上有一种让人着迷的魅力，那是一种无法抗拒的魅力。这种魅力并不是仅仅一套职业装能体现的。事实上，我能从她的表情中看出，她对自己的工作充满了热情和兴趣。同时，她的那种精明强干也让所有的人都为之折服。”

曾经有一位“苦恼”的女士找到我，希望从我这里得到一些建议。那位女士告诉我，她现在已经进入两难的境地了。结婚前，她曾经在一家商店做出纳员。后来，为了让丈夫能够安心工作，结婚后她毅然辞去了那份工作。可是，最近家里出了一些变故，经济状况有些紧张，因此她想再次出去工作，可又怕自己的丈夫不同意。我问她是否已经试着和丈夫谈过了，她说没有。于是，我鼓励她去试一试，因为只有尝试过才知道能不能成功。

后来，那位女士终于鼓起勇气和丈夫说出了自己的想法。本来，她以为丈夫一定会责怪自己不顾家。没想到，丈夫却高兴地说：“亲爱的，太好了！其实我早就想和你说，只不过怕你不高兴，才没有说出来。”女士感到很奇怪，忙问这是为什么。丈夫回答说：“你知道，这个家庭是我们两个组建起来的，所以我们都有义务为它贡献自己的力量。以前，只是我一个人在外工作，有时候真的觉得很累，特别是最近一段时间，我更觉得有些力不从心。坦白说，我真的希望你能够帮我一把。现在，你主动提出愿意替我分担一部分负担，这无疑会让我轻松许多。说真的，这几年主妇的生活让你变得有些颓废，远没有以前做出纳时那么迷人。我更喜欢工作时候的你，因为你是一个出色的职业女性。”

不知道女士们是否注意到，那位女士的丈夫用到了“颓废”这个词。我想，对于那些已婚而且做主妇多年的人，对这个词的理解可能会更加深刻。我的培训班上曾经有这样一位女学员，她已经连续做了10年的家庭主妇。她对我说：“卡耐基先生，我真的觉得自己如今和一个傻子差不多。现在，我每天的生活就是起床、准备早点、打扫房间、去市场购物、准备午饭、洗衣服、准备晚饭、收拾房间，然后睡觉。是的，每天都重复着单调的生活。现在，我获得信息唯一的途径就是看电视。以前，我也是个追赶时尚的人，而且思想也能够跟得上时代的潮流。然而现在，10年的主妇生活已经将我和外界彻底隔绝了。我不知道外面在流行什么，也不知道如今的时尚是什么。我终日想的就是如何给丈夫准备一顿丰盛的晚餐，好让他在回家以后不会发脾气。我现在和他几乎没有共同话题，因为在外工作的他总是能

接触到很多新鲜事物，而我的脑子里却依然保留着婚前的记忆。坦白说，如今的我已经没有什么魅力可言，因为我已经变成了一个没有思想的机器。”

虽然这位女士如此“颓废”是有其自身的原因，但是不可否认，一个终日在家“工作”的人是无法在第一时间捕捉到潮流的，而且由于生活过于单调，很多人还会患上一些很可怕的“疾病”。

一位专栏作家曾经风趣地说：“一个连续做了 5 年家庭主妇的女人会变得唠叨；一个连续做了 10 年家庭主妇的女人会变得很唠叨；一个连续做了 20 年家庭主妇的女人可能变得非常唠叨。然而，这种情况在那些有工作的女人身上却很少发生。”

女士们，我想你们现在一定明白了工作对你们的重要性，所以我知道你们现在一定下定决心要给自己找一份工作。不过，女士们应该清楚，并不是说只要你们工作了就可以让你们充满魅力。相反，如果你们仅仅是为了工作而去工作的话，那么就依然与魅力无缘。

美国家庭产品公司的公共关系副总经理埃德娃·克勒夫人说：“我认为，世界上最大的悲剧就是一个人不清楚他喜欢干什么、能够干什么。我始终认为，一个人只把眼睛盯在薪水上是不能将自己融入工作之中的。既然无法融入工作之中，那么就不会体会到工作的乐趣。如果连你自己都体会不到工作的乐趣，那么别人从你身上看到的就只有痛苦了。”

的确，女士们如果不能找到一份自己喜欢的工作，就不会将自己的热情投入到工作之中。这样一来，她们在工作的时候就会产生一种惰性心理和应付心理。试想一下，一个每天虽然能够按时上班、按时下班，却对工作从来没有产生过激情，而且终日抱怨的女士有何魅力可言！我想没有，因为人们看到的不是一个享受工作的你，而是一个正在忍受工作煎熬的你。每当说起工作的时候，你都会皱紧眉头、唉声叹气、唠叨抱怨，这实在谈不上有什么魅力。

女士们，虽然我强调工作着的女人最有魅力，但这并不代表我是在说：“只要是有工作的女人就有魅力。”事实上，只有那些把热情、活力、激情注入工作中，并且把工作当成一项事业来经营的女士才能称得上是真正的有魅力。因此，如果女士们确信自己能够做到这一点，那就按照自己的想法去做。相反，如果女士们只是为了谋生、打发时间甚至是在看完这本书后想让自己有魅力，那么我认为你们还是放弃，因为毕竟做一名合格的家庭主妇也是非常重要的。

当然，我在这里没有贬低家庭主妇的意思，事实上我一直强调一个好的妻子往往要甘愿放弃自己的乐趣而给男人提供帮助。如果你的丈夫真的需要你做一名家庭主妇，那么女士们不妨放弃这次让自己拥有魅力的机会，因为帮助你的丈夫取得事业上的成就才是最重要的。

心中要有目标

女士们，既然你们参加了工作，那么你们就一定都想获得成功。然而，很多女士却是处于这样的状态：她们每天都对自己说："我要成功，我要成功，我一定要成功……"的确，她们有对成功的渴望，这是必不可少的激情。不过，我敢保证，像这样的女士是不会取得成功的，因为她们根本不知道自己成功的目标究竟是什么。

生命的存在是离不开阳光、水分和空气的。同理，成功的产生也是与目标分不开的。对于事业上的成功来说，女士们的过去和现在是什么样的情况都不重要，因为成功要的是将来，那样的追求才是最重要的、最有价值的。

很多年前，我曾经采访过洛克菲勒。其间，他给我讲了一个非常有趣的假设。洛克菲勒说："卡耐基先生，这个世界是很奇妙的，有时候我宁愿相信一些事情是注定的。假如我们现在有能力把全世界的财产都集中在一起，然后再平均地分配给每一个人，使所有人都拥有同等财富的话，那么一个小时之后，那些拥有同等资产的人的经济状况就会发生很大的变化。我说的是真的，这其中，有人会因为赌钱而输个精光；有人则又因为无计划地投资而血本无归；有人则被他人欺骗而破产。此外，还有的人只满足于坐吃山空。当然，他们迟早也会步前面那些人的后尘。是的，这样一来财富又开始重新分配了。有少部分人又一次变成了有钱人，而且他们手中的钱还越来越多。事实上，时间越长这种差距就越大。如果过了三个月，那么经济学家口中所谓的贫富差距将大得惊人。”

我是个喜欢刨根问底的人，因此就追问他，如果时间拖得再长会是什么样的结果。洛克菲勒想了想，然后很自信地说：“我敢保证，如果再过两年时间，那么整个世界的财富分配情况又会和分配前的状况一模一样了。有钱的依然是为数不多的那些人，没钱的则还是大多数人。”

“那么你认为是什么原因导致这种现象的产生呢？”我依然穷追猛打，想得到问题最终的答案。洛克菲勒笑着说：“你把这种现象归因于命运也好，机会也好，或是所谓的自然法则也罢，但你不能否认这一切都是因为目标不同而导致的。那些有目标并用行动去实现的人，一

定会让自己受到更多的尊敬，因此他所拥有的财富也会越来越多。”

的确，我赞成洛克菲勒的说法。一个奋斗者，包括各位工作着的女士，如果你们想要获得成功，那么最重要的因素就是选择适合自己的目标，并且果断、坚定地做出抉择。

有些女士会说，卡耐基未免太过乐观了，难道有目标就一定成功吗？同样有目标的人，有的人获得了成功，有的人却没有成功。同样是成功，有的人获得大成功，有的人只获得小成功。对于这一切，你又怎么解释呢？

其实，女士们说的这一切都是客观存在的事实，但这并不能否定目标的作用。事实上，这种差距出现的主要原因是个人的目标在大小上有着很大的差别。大的目标对于人来说是一种对事业的追求，而小的目标对人来说则仅仅是满足于普通的生活。借用亚里士多德的话来说，人们首先要明白的是：吃饭是为了活着，还是活着是为了吃饭。

因此，女士们，如果你们想要取得成功，那么心中就必须拥有大的目标。所谓大目标，就是指要做意义和价值比较大的事，同时考虑更多的人和更多的事。它要求人最大范围地解决问题，并在最大的空间和时间里产生重大影响。

事实上，很多人正是因为心中有了目标，所以才最终获得成功的。相信女士们一定还记得“A世界”农产品公司的董事长沙娜·马科瑞斯，她可是美国少有的女性商业家。在接受采访的时候，她坦然承认，自己的成功主要归功于定立了远大的目标并且努力去完成。

一直以来，任何人都无法对农产品市场的状况做出正确估计，因此所有人都认为这一行只能是靠天吃饭。然而，沙娜却有不同的看法，她给自己定下了一个目标：一定要研发出一种新的农产品品种，从而直接影响消费者的购买行为。

当然，沙娜制定这个目标并不是头脑发热，实际上她是有充足的理由的。沙娜心里非常清楚，其实农产品和其他行业在本质上并没有多大的区别。当市场处于比较低迷的时候，只要你有了独特的产品，还是可以站稳脚跟的。相反，当别人卖番茄、马铃薯的时候，你也跟着卖，那么整个市场势必就会出现供大于求的状况。这样一来，你还想获利？那简直是一件不可能的事。正基于此，沙娜才将目标定位于调整市场，依靠产品的独特性来打开市场，从而给自己创造更多的机会。

最后，沙娜女士想到了改良甜椒。因为如果能够培育出一种从外形到风味都很独特的新品种的话，那么无论是在零售市场还是在批发商店，一定都可以卖得非常不错。就这样，一种名为“皇家红甜椒”的新品种诞生了。这种长形叶式的甜椒刚刚上市就取得了成功，而沙娜女士也实现了自己预先制定的目标。

女士们，你们一旦有了梦想中的目标，那么就势必会为了实现它而努力奋斗。在这个实现目标的过程中，你们可以体会到无穷无尽的人生乐趣，由此你们每一天的生活也会变得充满激情。

事实上，如果女士们能够养成制订个人成功计划的习惯，那么你们实际上就已经和过去浑浑噩噩、平凡度日的你有了本质上的区别。当你为自己的事业和人生制订出一个个的成功计划，并通过努力去实现它们的时候，不管是不是已经取得了最大的成功，你都会惊奇地发现，自己已经不再是那个平平淡淡的人了。这时的你已经取得了过去未曾想到的成就。女士们，你们看到了吗？这就是制定目标的威力，当然前提条件是已经将目标付诸行动。

约翰·扎普曼曾经说过："所有的人都十分景仰那些目标远大的人，任何人都无法与他们相比。历史上有很多人都给我们留下宝贵的财富，比如贝多芬、达·芬奇以及莎士比亚。人们之所以会对这些人充满热爱，并不是因为他们只是创作一些东西，而是因为他们一直在创造性地发现。"的确，这就是目标的魅力和威力。它能给人带来创造的灵感，从而使人取得非凡的成就。

全美家庭保健协会的主席沃克医生曾经对十几名百岁以上的老人进行调查研究。结果出来以后，沃克医生发给协会每一位成员一个问卷，让他们在上面写出这些百岁老人的共同特点。很多医生都选择了诸如健康的饮食、合理的运动、戒烟少酒等内容。然而，当沃克医生公布答案的时候，所有人都大吃了一惊。原来，这些人长寿的原因其实和饮食、运动没有什么大的关系，他们的共同特点原来都是有一种对未来的期待，那就是人生的目标。

当然，我并不是告诉女士们，只要你们的心中有了目标，就一定可以长寿，但是目标能够增加你成功的机会这一点却是无疑的。如果女士们一生都是漫无目的地度过，那么你们最终将一事无成。美国著名的商业家毕尼斯曾经说过："如果你给我一个心中拥有目标的普通员工，那么我就有信心把他塑造成一个可以改写历史的人。假如你给我一个心中没有目标的员工，那么我只能把他培养成一个合格的员工。”

毕尼斯其实是在告诉我们，目标对于一个组织和团体来说同样是必不可少的，对于组织和团体内的每一个人来说也同样是很重要的。女士们不妨细心观察一下，凡是那些运作上有问题的企业，往往最常见的问题就是他们的员工没有热情。我们不能说这些人不敬业，因为他们每天也都按时、按量地完成属于自己的工作。不过可惜他们没有目标，因此他们也就不会有热情。

相反，如果一个组织里的每一个成员心中都有一个目标的话，那么大家就一定会士气高涨。这是因为目标使这些人心中的想法变得更加具体了，也更加容易实现了。所有人都明确地知道自己要做什么，因此做起事来自然心中有数。

对于个人来说，目标不仅为你的将来设计好了蓝图，更让你拥有了把握现在的力量。希拉尔·贝洛克曾经说过：“人人都为自己的未来编织过一个美好的梦境，而如果你时时为这个梦境感到后悔的话，那么你手中仅有的现在也将悄悄溜走。”如果女士们能够把精力全部集中在当前的工作上，且心中明确地知道自己现在所有的努力都是为将来的目标铺路的话，那么你就一定可以获得成功。

最后，让我们以道格拉斯·列顿的话来结束这篇文章：“当你决定了你的人生追求是什么之后，那么你就已经为你的人生做出了最重大的选择。如果你想实现你的愿望，那么你首先要搞清楚的就是你的愿望到底是什么。”

高情商的女人容易赢得成功

如果我问女士们，什么样的人最容易赢得成功？相信很多女士会回答说，那些拥有高智商的人容易赢得成功。的确，拥有高智商确实可以让女士们在成功的道路上少走许多弯路，然而坚持、自信、努力、抓住机遇等却是决定一个人是否能够成功的关键，而这一切又都是由一个人的情商控制的。事实上，真正能够取得成功的人并不一定是那些拥有高智商的人，但一定是那些具有高情商的人。

那么，高情商的女人究竟为什么会赢得成功呢？主要是因为她们具备以下的素质。

有些女士在工作的时候非常情绪化，总是喜欢在情绪好的时候才认真工作。实际上，这是一种很不成熟的做法，那些真正聪明的女士总是能很好地控制自己的情绪，抓住一切可以行动的机会。

著名小说家海伦·波特曾经在她的自传中写道："每当我发现自己无法安心工作的时候，就逼迫自己先写下一段很粗糙的草稿。不管这草稿是多么粗糙，我都不会去刻意地修饰。然后，当我有灵感的时候再回过头来对它进行修改。说真的，这种做法帮了我不少忙，因为我从来没有无法进行工作的时候。我总是在想，这些书稿反正也不会给别人看，那么我何不暂且不去管它。我所要做的就是硬着头皮把它写下来。此外，每当我平时有什么想法，也不管它是不是成熟，都要写下来。如果我在以后觉得这些不好，那么就可以修改一下。同时，我也在此时前进了一大步。”

高情商女人具备的素质

- 明白行动的重要性；
- 具有坚持不懈的精神；
- 愿意为成功付出努力；
- 能够抓住眼前的机遇；
- 拥有积极的心态；
- 妥善地处理与别人的关系。

事实上，正是海伦在自己情绪低落的时候依然逼迫自己继续写作，才最终使她获得了成功。然而，有一些女士在情绪不好的时候就不认真做事，认为这个时候做出的事情一定是最糟糕的。没错，我承认，这个时候想出的办法多半是不成熟的、不完备的、很粗糙的，但女士们依然可以把它们“写”下来。原因很简单，头脑清醒、情绪良好的时候，你们就可以对它们进行修饰和改正了。更为重要的是，如果你们不懂得抓住任何可以尝试的机会的话，那么就永远也实现不了自己的目标。

行动固然是成功的先决条件，但是能够做到踏实肯干、坚持到底才能取得最终的胜利。事实上，每一个大的目标都是由若干个小目标组成的，而若干个小目标的实现需要一步步的努力。我想女士们都知道，学习和成长的过程是相当缓慢的，而取得成功也需要长年累月的积累。那些具有高情商的女人非常明白这一点，因此，她们在为自己的目标而努力奋斗时，愿意一点点地付出、一步步地前进。遇到挫折和失败时，她们会付之一笑，然后对自己说："没关系，我还有机会。"正是在这种思想的支持下，那些女士才取得了最终的成功。

其次，高情商的女人还具有很强的时间观念。因为她们知道，学习就是要靠平时一点点地积累，所以她们总是严格要求自己，让自己不断地学习。当然，女士们也都知道，只有不断地充实自己才能提高自己的能力，从而取得最终的成功。

被称为投资界第一女奇才的埃娃·彼得克曾经说："对于一个女人来说，要想获得成功必须要付出比男人更多的努力。她们的心中要拥有坚定的目标，而且要坚持不懈地朝着目标努力，一刻也不能歇息。当然，这些都是前提条件，取得成功并不是一件简单的事，它需要我们为之付出巨大的努力。"

著名的专栏女作家艾默丽·巴勒克也曾经在报纸上写道："女人要

想获得成功，就必须经过不懈地努力和拼搏。她们可以不是人群中最聪明的人，但一定要是最具热忱而且最顽强的人。我一直都认为，智商并不是决定成功的关键，只有后天的努力才能塑造成功。我们经常会听说一些神童，可她们中的很多人都未能取得最后的胜利，因为她们没有付出相应的努力。”

女士们，要想获得成功就必须付出努力。只有把你们的热情、精力、时间全都投入到你所经营的事业之中，才有可能为自己打拼出一片天地。我一直都坚信，只有那些全身心投入到事业之中，并为之付出巨大努力的人才能最终获得成功。

在我采访洛克菲勒的时候，曾经和他谈论起决定成功的要素。洛克菲勒说：“其实，决定成功的因素有很多，并不是简单几句话就能够说清楚的。不过，对于任何人来说，抓住机会永远都是最关键的。也许你努力了，也许你有好的点子，也许你也坚持不懈了，可是如果你在机会面前犹豫不决的话，那么无疑会让你每每都与成功擦肩而过。”

的确，很多女士在机会面前会显得很胆怯。她们害怕失败，害怕自己会输得一败涂地。我承认，机遇中总是存在着风险因素，但它同样也会让女士们取得成功。那些具有高情商的女士在机遇面前从不犹豫，因为她知道一旦错过最佳的时机，那么想获得成功将变得非常困难。此外，高情商的女人除了善于抓住机遇外，还善于发现和创造机遇。她们的眼光总是放在那些“可能”的事情上，而不会去过多地考虑“不可能”。虽然她们知道这是在冒险，但她们依然愿意放手一搏。

还有一点对于女士们的成功非常重要，那就是高情商的女人往往都拥有积极的心态，这使得她们在成功的道路上永远不会退缩。

丽莎到如今已经是第三次创业了。她开过花店、杂货店，还卖过服装，不过很可惜，每次创业都以失败告终，然而丽莎却从来没有因此而苦恼过。她总是对别人说：“这有什么？成功就是由无数的失败组成的。虽然我失败了，但是我还没有完全垮掉，还依然可以重新振作起来。每当我看到清晨的太阳，总是会有一种重新开始的感觉。太阳每天都会升起、落下，如果我把注意力放在升起的时候，那么我每天都会充满了激情。相反，如果我把注意力放在落下的时候，那么我每天都会生活得很消沉。”

事实上，正是在这种积极心态的暗示下，丽莎才在第四次创业的时候取得了成功。如今，她已经是纽约一家大型超市的一名董事了。

此外，高情商的女人还会时刻给自己以积极的心理暗示，从而让自己以最饱满的状态面对各种挑战。也许女士们不太清楚积极的心理暗示究竟会给人带来多大的影响，但我却是非常清楚的。

第二次世界大战以后，我曾经到英国拜访我的朋友罗琳医生，她是精神病学方面的专家。我见到她的时候，她正在给一位精神病人进行治疗。听别人说，那个人名叫保罗，是全英国病情最严重的病人。30 年来，他每天都坐在椅子上一动不动，从未干过其他事情。我想，这位保罗先生大概可以称得上是一个彻头彻尾、不折不扣的失败者。然而，正是这样一个“无可救药”的失败者，在罗琳的帮助下最终取得了“成功”。

原来，罗琳告诉保罗，她打算实行一种奖惩制度。如果保罗的行为是健康的话，就会得到称赞；如果他的行为是病态的话，就会得到否定。罗琳对我说："我知道这是一场转变的斗争。我试图让他动一下嘴，哪怕是一小下，可他就是不肯。这时，我总是会把头转过去10秒钟，给他最严厉的惩罚，不理睬。后来，当他按照我的要求动一下嘴巴时，我马上就高兴地对他大加赞扬。就这样，经过31天的努力，保罗终于在这种积极的暗示下发生变化，如今他已经可以大声朗读书报了。"

我想，既然像保罗这样的"失败者"都能在积极的心理暗示的作用下获得成功，那么女士们也一定可以做到。事实上，肯定的力量是不可思议的，所以你们要经常对自己的行为做出肯定，哪怕是一点点、很微小的肯定，那对你们也将非常有用。

最后，高情商的女人往往都是处理人际关系的高手。女士们必须承认，每一个人的成功都不可能是孤立的，总是和其他人有着必要的联系。事实上，一个人的成功就是在很多人帮助的基础上实现的，所以人际关系对于成功来说也至关重要。

安德鲁·卡内基曾经跟我说："我之所以有今天的成就，和很多人的帮助是分不开的。事实上，我并不是十分了解钢铁行业。然而，我却在这行取得了成功。这是因为有一批钢铁界的高手在给我提供帮助，将我推向了成功的巅峰。我和这些人相处得很融洽，从来不会吝啬我的赞美和感激之词，当然还有我的微笑。相信，如果我只是他们的老板而不是朋友的话，我绝对不会取得今天这样的成就。"

女士们，我想你们现在一定明白了我为什么会说高情商的女人能够赢得成功，那么接下来女士们所要做的就是培养自己，让自己拥有高情商女人所具备的六种素质。相信我，只要女士们能够做到这六点，是一定会在人生的道路上取得成功的，也一定会让自己的生命大放光彩。

养成好的工作习惯

不良习惯对于每一个人来说都不是天生就有的，通常都是后天慢慢形成的，我承认，有些不好的工作习惯并不会给女士的工作带来多大的麻烦，更不会对你们的事业有什么直接的、严重的冲击。如果是这种不良习惯，我们或许还可以睁一只眼闭一只眼，暂且放过。可如果是那些对我们的工作、事业乃至家庭幸福都产生严重影响的坏习惯，我们则应该毫不犹豫地改正它。因此，养成良好的工作习惯就成为一件非常重要的事情。

需要培养的第一种好的工作习惯：让自己的办公桌整洁干净

几乎所有的成功人士都有保持办公桌整洁这样一个好习惯。芝加哥西北铁路公司的总裁罗兰·威廉斯曾经说过："我可以在最短的时间内帮助那些终日被无休止的文件搞得头疼的人处理好他们的工作，方法很简单，那就是别让自己的桌子上堆满东西。他们应该将自己的桌子清理干净，仅仅留下那些和自己当前需要做的事情有关的东西。这一点非常有效，因为它会使你的工作顺利地进行，并且还不会出现错误。应该说，这是使你的工作迈向高效率的关键一步。"

威廉斯先生说得一点都没错，因为早在几百年前诗人波普就曾经说过："秩序是天国的首要法则！"时至今日，这句名言仍然被刻在华盛顿国会图书馆的天花板上。的确，秩序是所有领域的首要法则。如果足够细心的话，女士们会发现，很多职业女性都习惯把所有的文件和资料堆在自己的办公桌上，然而往往几星期都不去看上一眼。一位在多伦多报社工作的女士有一天清理办公桌的时候居然发现了自己两年前丢失的打字机！这真是件可怕的事情。

还有一点我必须提醒各位女士，如果你的办公桌被你搞得乱七八糟的话，那么就一定会让你产生恐慌、紧张和忧虑的情绪。更可怕的是，如果你经常为这些看起来永远处理不完的事情忧虑的话，那么得到的将不仅仅是紧张和劳累，更有可能是溃疡病、高血压甚至是心脏病。

很多女士对我说的话不以为然，认为仅仅通过清理桌面不可能达到缓解忧虑、紧张或是预防疾病的效果。那好，我给女士们讲一个事例，也许会让你们改变想法。

美国精神病研究协会成员、著名精神病专家威廉·斯德勒医生曾经遇到过这样一位病人：她是一位女强人，有着令很多职业女性羡慕不已的职位——在纽约一家非常大的公司做高级主管。斯德勒第一次见到这位女士时，她的脸上分明挂满了忧虑、紧张甚至是恐慌。女士对他说，作为一名女主管简直太累了，每天都有忙不完的事情。她心中清楚，自己以这种不佳的状态对待工作非常不好，然而自己却没有办法停下来休息一下，因为竞争太激烈了。

正当女士向斯德勒医生诉苦的时候，电话铃突然响了。“那电话是医院打来的，”斯德勒对我说，“我记得很清楚，当时我丝毫没有迟疑，马上对问题做出了处理。事实上，这是我一贯的风格，因为我从来没有拖延问题的习惯。后来，电话又接连响了几次，而我都是马上就把问题处理了。其间，还有一位同事进来向我询问一位病人的病情。当我把所有的事情处理完之后，时间已经过去一个小时了。我知道我有些失礼，因此非常诚恳地向病人道歉。然而，让我惊讶的是，这位病人非但没有接受我的道歉，反而容光焕发地对我表示感谢。”

原来，斯德勒医生已经用自己的实际行动给那位女士上了一课。女士说："您为什么要向我道歉呢？在刚刚过去的一个小时里，我突然明白了很多事情，也终于找到了我之所以如此烦恼的原因。我已经决定了，回去之后马上改变我的工作习惯。不过，我有一个小小的请求，能不能让我参观一下您的办公桌？”

斯德勒医生同意了她的请求，打开了自己桌子的所有抽屉。事情果然如那位女士料想的一样，抽屉里除了几件文具之外，再也看不到其他东西。女士问道："请问，您把您要处理的那些事情都放在哪里了？"

斯德勒笑着说："要处理？不，没有，因为我已经都处理完了。"

女士又问："那您是怎样安置那些等待回复的信件呢？"

斯德勒又说："我从来不会积压任何信件，每当收到信的时候都会立刻交给秘书处理。"

两个月以后，斯德勒接到这位女主管的邀请，去参观一下她的新办公室。斯德勒惊呆了，因为这位女士好像完全变了一个人，当然她的桌子也完全变了。斯德勒打开了所有的抽屉，发现里面居然没有一份等待处理的文件。女主管笑着说："两个月前，我自己拥有两间办公室，还有三张办公桌，但这依然不能满足我的要求。那时候，随处都可以看见属于我的、需要处理的东西。然而，从您那里回来之后，我马上着手清理垃圾，结果扔掉了有一卡车的废旧文件。如今，一张办公桌对我来说已经足够了，而且我也会把所有的文件都当即处理掉。如今，我再也不会为堆积如山的文件而烦恼了。我惊讶地发现，如今的我身体也没什么不适了。"

需要培养的第二种好的工作习惯：做事一定分清轻重缓急

很多在事业上取得成功的人士都为女士们树立了很好的榜样。相信女士们一定听过亨利·杜哈蒂这个名字，他是如今已经遍布全美的城市服务公司的创始人。在一次演讲中，杜哈蒂曾经说："有两种能力可以把人带入成功之路，一种是很强的思考能力，另一种就是分清事情轻重缓急的能力。”

查理·罗德曼是杜哈蒂的忠实追随者。经过十几年的努力，他已经从一个穷小子变成了身家百万的派索公司总裁。在给别人介绍成功经验时，罗德曼说：“我有一个非常好的习惯，那就是每天早上都会在5点起床，然后计划好我一天需要做的事情，而且制订计划是以事情的轻重缓急程度为标准的。我这么做也是有理由的，因为在那个时段，我的记忆力和思考力最棒。”

的确，查理·罗德曼的这种工作习惯给他带来了很多好处。美国最伟大的女性推销员之一，莎拉·卡特也有很好的工作习惯。每天还不到5点的时候，莎拉就已经起床了，并且把这一天要做的事情都安排得妥妥当当。她比罗德曼还要聪明一点，因为她总是在头天晚上把所有的资料都准备好，总是会预先定下每天的销售额。如果因为各种原因没有完成的话，她就把所剩的数额加到第二天。

我承认，任何人都不能总是准确地按照事情的轻重程度去做，然而我们至少可以按部就班地去做。无数的事例证明了这一点，这种做法虽然不一定最有效，却远比那种想到哪做到哪的做法好得多。

需要培养的第三种好的工作习惯：高效率地利用工作时间

伊丽莎白女士曾经是我的学生，如今已经是美国钢铁公司董事会中的唯一一位女董事。有一次，伊丽莎白找到我，对我说：“那帮董事会的董事们不知道每天在搞什么！不管办什么事都喜欢拖拖拉拉！很多问题虽然被提出来，却一直都是讨论、讨论，很少能在会议上当场解决。”

在我的提议下，伊丽莎白女士终于决定劝说那些董事，最后董事会做出这样一个规定：每次董事会只提一个问题，但这个问题必须得到解决，否则就不结束会议。

这一方法果然有效，从此钢铁公司的董事会的备忘录中没有等待处理的事情了，行事表也没有被所谓的预定处理的事情挤满。每个人现在都过得非常轻松，因为他们再也不用每天都抱一大摞资料回家了，更不会为那么多不能解决的事情感到烦恼了。

女士们，既然这个方法对美国钢铁公司的董事会有效，那么它也一定适用于我们每一个人，所以我认为女士们应该尝试这种做法。

需要培养的第四种好的工作习惯：懂得如何授权，并且善于组织和监督

这一条很适合那些坐到领导位置上的女士。很多女性领导不懂得如何给他人授权，因此使自己过早地走向失败。她们往往凡事都要求身体力行，结果自己的精力被那些无关痛痒的小事所消耗，怪不得她们每天都会觉得匆忙、烦躁、紧张。我知道，要做到这一点并不是非常容易的事，至少我一直都是这么认为。尽管如此，我还是希望女士们尽力而为。一个聪明的、成功的女性领导应该懂得如何让别人替你工作。如果做不到这一点，那么恐怕你就永远摆脱不了劳累、忧虑的命运。

女士们，请你们牢记，成功的行为永远始于良好的习惯。虽然我不敢保证女士们按照上面几点去做一定能够取得很大的成功，但我可以保证女士们一定会把工作变得轻松、快乐。我一直都强调一点，不管做什么事情，快乐才是最重要的，工作也是一样。

让你的上司赏识你

不得不承认，如果我们不是自己开公司，做老板，那么我们的命运就会掌握在其他人的手中，而这个人就是我们的上司。的确，如果女士们想在一家别人开的公司里有一番作为，那么上司的赏识对你们来说就至关重要。道理很简单，只有你的上司赏识你，你才能获得晋升和加薪的机会，也才能最终取得成功。

曾经有很多女士对我抱怨说，她们是属于怀才不遇的那类人，因为不管她们怎么努力工作，也总是得不到上司的赏识。事实上，导致这种现象产生的根本问题并不是那些女士的能力，而是因为那些女士没有处理好自己与上司的关系。芝加哥一家大型百货公司的总经理就曾经坦言说："我在提拔下属的时候，总是喜欢选择那些与我关系亲近，让我喜欢的人。我想，所有的上司大概都和我有一样的想法。"

女士们不要抱怨说，这些老板都是"任人唯亲"的家伙，事实上如果你是上司，你也会这么做，因为那些人你觉得最值得信任。因此，女士们为了自己以后事业的发展，不妨学会一些与上司交往的小技巧。

获得上司赏识的技巧

- 学会如何奉承上司；

- 巧妙地给上司送礼；
- 平时多请教上司；
- 关心上司的家人；
- 甘心帮助上司解决私事。

很多女士都把奉承看成是一件很丢脸的事情，因为她们觉得那样做很没有自尊，而且还会被别人嘲笑。的确，奉承上司会让别人觉得你是一个势利小人，可能会引起他人的反感。不过，我并不是在这里要女士们对自己的上司大献殷勤，而是希望女士们能够在必要的时候使用一些奉承的小技巧。

沙尔娜小姐在一家证券交易公司上班。一天，公司经理召开了一次全体员工会议。会上，经理拿出了一项议案，然后让大家畅所欲言地讨论。经理一再表示，他不希望听到的都是赞美声，而更加希望能够听到一些不同的声音。

这时候，很多人真的把经理的话信以为真，提出了很多不同的意见，甚至有的人开始批评起那个议案。沙尔娜则不然，她并没有急于表态，而是细心观察着经理的表情。她发现，当经理听到那些不同声音的时候，脸上总是会掠过一丝不快，于是她心中判断出，经理之所以把这个议案拿出来，不过是为了让它看起来民主一点罢了。事实上，这个议案在经理的心中早已通过了。于是，沙尔娜在一片非议中第一个站起来对经理的议案表示支持。当时，很多人都不理解沙尔娜的做法，还有人背地里说她很虚伪。

几天后，经理又一次召集员工开会。不过，这次经理是在会上宣布，沙尔娜小姐被提升为部门经理。后来，那位经理说："我所需要的是能够坚决执行我的决策的中层领导，而不是那些给我找麻烦的挑剔家伙。"

女士们，这种现象的出现并不奇怪。虽然有一些上司的确愿意听到一些不同的声音，但是大多数却做不到，因为他们也和普通人一样，总是喜欢从别人嘴里听到称赞而不是批评。坦白说，我承认这是在奉承，甚至可以说是"拍马屁"，可是这对女士们的事业还是很重要的。因此，有些时候，必要的奉承还是不能少的，当然，前提是不能失掉自尊。

给上司送礼，这无疑会拉近女士们与上司的距离。的确，一件小礼物不仅代表物质上的意义，更主要的是代表着一片心意。如果你给上司送礼的话，也许他真的并不看重礼物的轻重。在他看来，你是因为尊重他才这么做的。

不过，女士们在给上司送礼的时候千万不可落入俗套，否则的话会让上司误以为这是一起交易，并且让他觉得你是在刻意讨好他。因此，女士们在给上司送礼的时候，最好以朋友的姿态，让上司感觉你是因为关心他才给他送礼的。此外，这种礼物不要太贵重，否则也很容易引起误会。还有一点，女士们可以在一些平常的日子里给上司送上一些小礼物，并且告诉他，这是你的一番心意。比如，你可以在出差回来的时候给他带一些当地所产的有特色的东西，并且告诉他你这么做的目的是为了给他留个纪念。我不知道是不是所有人都喜欢这样的礼物，反正我是很喜欢的。

我曾经在前面的文章中不止一次提到过，获得别人好感的最佳方法就是让他人有一种备受尊重的感觉，这一方法用在你们上司的身上同样有效。不过，有一些女士在运用这一方法上走入了一个误区，从而使结果适得其反。

曾经有一位上过我培训班的女士向我兴师问罪，说我教给她的方法没有起到一点作用。她按照我说的去对上司表示尊重，可上司却说她这种拍马屁的行为并不会起到任何效果。我问她是如何对上司表示尊重的，她回答我说不停地称赞上司。我终于明白问题出在什么地方，因为太多的赞美反而会让人产生误会，于是我让她试着以后多请教上司一些问题，而不要去胡乱地称赞上司。果然，我的这一方法起到了效果，上司对那位女士的印象大为改观。

其实，我们两个运用的是同一原则，不过是方法上有区别而已。事实上，每个人的心中都有“好为人师”的心理。如果女士们能够经常虚心地向上司请教问题，就会让他有一种备受尊重的感觉。同时，你还会给上司留下好学上进的印象，所以被赏识也是自然的事。

此外，女士们如果能够合理地运用一些小动作的话，那么同样可以满足上司这种渴望得到尊重的心理。比如，在他发表言论的时候，女士们不妨注视他，并且时不时地做出十分佩服的表情，或是微微点头，或是若有所思。别小看这些小动作，它远比那些令人感到肉麻的话有效得多。

如果女士们的上司是那种比较精明的人，那么采用这些直接与他们接触的方法就是比较“危险”的，因为这可能会使上司认为你是意图不轨。这时，女士们不妨从上司身边的最亲的人入手，这样往往会收到更好的效果。

我现任的秘书就十分懂得运用这一技巧，她和桃乐丝始终保持着良好的关系。于是，桃乐丝经常在我面前称赞她，说她是个既懂事又善解人意的姑娘。有了桃乐丝的话，我自然对秘书的印象越来越好。

事实上，这种技巧十分适合女士们运用。作为女性，你们在性别上更容易接近上司的妻子，而且还不会招来上司的不满。同时，如果女士们能够让上司的妻子喜欢你的话，那么你的上司也就会很快地喜欢上你，因为毕竟他最信任的还是妻子的话。

此外，女士们在与上司相处的时候，还可以主动地帮他处理一些私事。我知道，你所拿的薪水就只包括那八小时内的工作，额外给上司办私事是不会有奖励的。然而，这种做法虽然不会让女士们得到有形的物质奖励，却可以获得上司的良好印象。

最后三项技巧是教女士们如何在工作中获得上司的好感。

很多女士都喜欢在上司面前说一些自己的私事，目的就是告诉上司，自己做这份工作真的很难，因为家里面还有很多事情需要她去处理。本来，这些女士是希望通过这种手段来博得上司的同情，从而给自己争取到加薪或晋升的机会。然而，结果却恰恰相反，因为没有一个上司会愿意把重任交给一个满身麻烦和牵挂的人，所以女士们在与上司交谈的时候尽量守住自己的秘密，即使你真的有很多个人问题需要处理。

另外，在工作中与上司发生意见冲突是难免的事，一些女士在面对这种情况时显得不知所措，或是与上司据理力争，或是干脆沉默选择接受。事实上，这两种做法都是错误的。如果女士们据理力争，那么就很容易伤害到上司的自尊心，从而降低他对你的好感度。相反，如果女士们选择无条件地接受，那么上司又会觉得你是一个很没有主见的人，所以也不会赏识你。

因此，当你们的意见与上司不同时，女士们一定不要慌张，要表现出泰然自若。这样一来，你们首先就取得了第一步的成功，因为每一位上司都喜欢那种临危不乱的人。当然，光是表现出镇定还是不够的，因为上司更看重那些能够妥善解决问题的人，所以女士们要表现得不卑不亢，然后充分说出自己的理由，进而说服自己的上司。如果你的上司依然不能接受你的意见，那么就应该委婉地告诉他，你无法达到他的要求。

最后一点也很重要。事实上，如果女士们总是犹豫不决的话，会让你的上司觉得你过度依赖别人，难成大器。因此，当女士们在工作中遇到问题时，一定要果断地解决，千万不可拖拖拉拉。但是，这种果断不是盲目的，它的前提依然是不能伤害到上司的自尊。因此，女士们不妨在做出决定以后，及时地向上司汇报，这样一来既给上司留下了精明强干的印象，又让他的自尊心得到了满足。

最后，我有一点要强调一下，如果女士们的上司是男性，那么在处理问题的时候就一定要讲究方法，千万不能为了得到上司的赏识而答应他的无理要求。一旦出现这种情况，女士们一定要在不伤害他自尊心的前提下，坚定地拒绝他的要求。

自如应付同性的嫉妒

曾经有人说："嫉妒是女人的天性。"我不同意这种观点，因为它听起来太偏激。然而，有一点女士们不得不承认，在竞争非常激烈的办公室，女同事之间很容易因为各种事情而产生嫉妒。虽然我们可以让自己不去嫉妒别人，却不能保证别人就不嫉妒我们。事实上，有一些女士就是有这样一种想法，那就是她们办不成的事情最好别人也办不成，她得不到的东西最好别人也不能得到。

在职场中，如果你是一个非常出众的女人，那么你一定会时刻感受到来自身边同性的嫉妒。她们嫉妒的范围包括你的职位、工作能力、上司对你的赏识、你的外貌、衣着乃至于你的家庭状况。虽然嫉妒并不会给你带来直接的危害，但难免会为你以后的失利埋下隐患。因此，当女士们在办公室遇到同性嫉妒的时候，一定不要立刻还击或是置之不理，而是应当巧妙地应付她们的嫉妒，甚至将她们变成你的朋友。

爱美是女人的天性，这也就造就了女人天生对美就有很强烈的执着。因此，女性最容易引起同性嫉妒的地方就是外在的美貌。你的女性同事也许可以容忍你的职位比她高、薪水比她高、能力比她强，但绝不能容忍你比她美丽，成为办公室的焦点。虽然外貌、仪表、风度在很大程度上与是否能够得到更好的工作机会没有关联，但是几乎所有的女性都无一例外地对长相比自己漂亮，着装比自己迷人的女人怀有“敌意”。试想，如果是在这种敌视的情况下一起工作，那么女士们所在的办公室的气氛一定会非常紧张。

丽莎今天第一天上班，所以在与同事们接触的时候处处都显得十分小心，因为在这之前，曾经有人告诫过她，办公室的生活是非常复杂的。为了能够给别人留下好印象，她还特意打扮了一番，化了淡淡的妆，又配上了一条漂亮的连衣裙，加上丽莎本来就天生丽质，因此她显得十分漂亮出众。丽莎本以为自己一定可以很快融入办公室生活，可不想单位里的女同事没有一个愿意理睬她，肯跟她接近的反而是那些男同事们。丽莎不明白，难道自己就真的那么让人讨厌吗？虽然她尽全力地和每一位女同事接触，但似乎所有人都对她怀有敌意。其中，有一位女同事还挖苦道：“怎么？第一天上班就打扮得这么漂亮？这有什么用，我们工作是靠能力的，不要以为打扮得漂亮点就能引起老板的注意。”丽莎觉得很委屈，因为她从来没有这样想过，于是她找到我寻求帮助。

我分析了丽莎的情况，发现所有问题的症结就是出在丽莎的“漂亮”上。于是，我对丽莎说：“丽莎，上班的时候打扮得漂亮一点这无可厚非，但你很容易让别人有一种自卑的感觉。

看得出来，你对穿衣打扮很有品位，那你为什么不把你的经验和大家分享呢？”

丽莎听了我的建议。第二天上班的时候，她主动和其他女同事打招呼，并且将自己穿衣搭配的技巧、美容的方法等全都告诉给了她们。这一招果然有效，那些女同事一个个听得津津有味，纷纷向丽莎提出问题，并且表示希望丽莎以后能多教她们点这方面的知识。如今，丽莎已经成为办公室中最受欢迎的人了。

事实上，这一点正是利用了女性的自然心理。虽然女性很容易对同性的美产生嫉妒，但她们更渴望得到对方的美。因此，如果女士们在面对同事对你的“美”的嫉妒的时候，那么不妨忍痛割爱，将自己的美“分出”一部分给对方。这样一来，你们一定可以获得同事的好感，从而拉近与她们的距离。

如果女士们没有“美”的资本，那么在工作中，你们最容易惹同性嫉妒的恐怕就是你们所取得的成绩了。事实上，这种嫉妒心理是男人和女人都有的。试想一下，同样是在一个办公室，同样是做一样的工作，凭什么你就要比她们的薪水高？凭什么你就得到晋升的机会？因此，你在工作上所取得的成就难免会让你的同性同事嫉妒你，特别是那些年龄比你大，入行比你早，且资历比你深的人。在她们看来，晋升机会本来就该属于她，而你则一定是通过要什么“阴谋诡计”才得到的。

面对这种情况女士们该如何处理呢？有些女士会非常生气，因为她知道自己是凭借努力才取得今天的成绩的。因此，她对这种嫉妒非常厌恶，决定采用沉默来回应。其实，女士们大可不必动气，还是先来听听专家的意见。

加州大学心理学教授卢克尔斯·庞德曾经说：“很多时候，嫉妒其实是一种很可怜的心理。拥有这种心理的人往往是因为‘自己的东西’被别人抢走了，所以内心感到很失落，进而产生嫉妒。其实，应对这种嫉妒的方法很简单，那就是找一些你不如他的地方，让他把心思放在那上面。这样一来，原本失衡的心理变得平衡，从而消除了嫉妒心理。”

诺丽在一家百货公司工作。由于她能力突出，人又精明强干，所以很快就得到了老板的赏识，被提升为部门经理。虽然升职是一件好事，可诺丽却怎么也高兴不起来。原来，在这之前，诺丽和部门的女同事相处得非常好，那些比她早进入公司几年的老员工还经常给她提供帮助。可是现在，自从诺丽当上部门经理以后，以前的那些同事就开始疏远她。

开始的时候，诺丽还以为是自己当了部门经理以后与员工产生了距离，后来才发现，原来是员工故意和她“过不去”。她曾经无意间听到两个老同事说：“诺丽凭什么做部门经理？她不过才来公司一年而已，而我们已经在公司勤勤恳恳地干了3年。不知道她会什么魔法，居然能让老板如此器重她？说不定，她是用了一些不正当的手段，要不她怎么可能这么快被提升？”诺丽听后很伤心，也觉得很委屈，因为这是她最不想看到的局面。

不过，诺丽是个聪明的女士，并没有坐以待毙，而是想办法主动解决问题。这天，诺丽把所有的同事召集在一起，给她们开了一次会。在会上，诺丽首先对同事的工作做出肯定和表扬，并对她们以前给自己的帮助表示感谢。不过，诺丽看得出来，那些以前的同事并不领她的情，相反认为她是在虚伪地扯谎。诺丽并没有着急，而是对她们说：“你们一定以为我现在过得很快乐，其实我真的很怀念以前做普通员工的日子。知道吗？当你们每天下班后和家人团聚的时候，我却要留在公司继续工作。虽然看起来我要风光一些，但你们却体会不到其中的苦恼。我现在压力很大，也很容易发脾气，因此经常和丈夫发生争吵。说真的，做一名女性经理并不是一件容易的事。如果老板肯给我一次机会，我宁愿回到原来的岗位上。”开始的时候，那些女同事还以为诺丽是在惺惺作态，可后来她们发现，诺丽说的全都是自己真实的感受，所以心中不由得同情起她来。

从那次会议以后，诺丽发现同事们改变了对她的态度，开始和她越来越亲近。另外，很多女同事居然还主动给她提供帮助，替她分担一部分工作。此外，这些同事还经常在一起说：“天啊，我们的诺丽真是太可怜了。与她比起来，我们还算幸福的。”

女士们，不要以为这是一种示弱的做法。事实上，如果你让她们觉得其实你也是很难的，有些地方不如她们，而且你还必须老老实实低调地做人，那么就会让那些嫉妒者感到心理上的平衡，使她们对你产生一种同情心理，从而消除她们的嫉妒心。

其实，女士们仔细观察就不难发现，所有的嫉妒都是在名和利的基础上产生的。很多时候，一些女士之所以会招来同性同事的嫉妒，很大程度上是因为她们对自己的利益过分看重，总是在工作中追求太多的利益。这样一来，同事们就会对她们的这种做法感到很反感。再加上同事的利益也被她们剥夺或占有，因此不免产生出嫉妒来。

老实说，这些在工作上所谓的名利并不一定就会给女士们带来很多的好处，相反会给女士们招来同事们的嫉妒。由于她们嫉妒你，所以就必然疏远你、仇视你。久而久之，紧张的办公室气氛会让你觉得身心疲惫，并且失去了良好的人际关系。我奉劝那些女士，希望她们不要去盲目地责怪别人，首先应该反省自己，看看是不是自己对利益过分追逐的做法在有意或无意的情况下伤害到了同事，是不是因为这个原因才使得自己处于孤立的处境。如果是这样，那么她们就该赶快想办法解决。

其实，应对这种嫉妒有一个小窍门，那就是满足对方获得名利的心理。女士们不妨从自己获得的名利中，挑选出那些细小的、对自己的前途没什么大影响的好处，然后谦让地将这些东西分给其他同事。其中，女士们要特别注意，当你所在的部门获得了某一特殊荣誉时，千万不要将它据为己有，而是要大方地分配给每一个人。虽然荣誉没有什么实在的意义，却可以满足所有人的心理。

女士们，当嫉妒发生在你身边时，不要慌张，只要你们找到对方嫉妒你的原因，并且对症下药，那么就一定可以圆满地解决。我相信，女士们一定会凭借聪明、智慧，使自己成为办公室中的明星。

说话做事要有度

美国一家权威职业分析机构曾经在杂志上刊登过这样一篇文章，题目是《如何在职场站稳脚跟》，其中有这样一段话："在职场中，最不受欢迎、最让人讨厌的就是那些没有'分寸'的人。他们懒散、张狂、任性、自负，总之在他们身上可以找到所有职场中的禁忌。这些人是职场中最失败的人，不管在哪一方面都不可能获得成功。"

我觉得这家机构写的这几句话很有道理，因为在现实生活中，那些在职场中不能把握好分寸的人的确让人生厌。当然，他们所说的"分寸"就是指说话做事所掌握的尺度。

女士们，我想你们不会否认，不管你个人具备多么强的能力，如果你不能做到让人喜欢你，那么想在职场取得一定的成就简直是"天方夜谭"。道理很简单，每一个人的成功都不可能是孤立的，总是会和这样或那样一些人有着某种联系。如果你让别人感到讨厌，那么就相当于自己切断了一条条通向成功的道路，所以最后等待你的就只有失败。

这天，纽约贸易公司的总经理卡伦先生正带着一位来自英国的客户参观公司。这个客户对公司很重要，因为如果能够交易成功，将会给公司带来一笔不小的订单。

当卡伦先生正带着客户在销售部参观时，大门突然被推开了，随即就听到一位女士大声喊道："经理，我真的不明白，难道你就是这样失信于人的吗？前几天你明明告诉我，这个月我的奖金会多一些。可是现在，我的奖金却一点都没有变。作为一家大公司的经理，你怎么可以做出这样的事情来？"经理的脸色有些难看，强忍着怒火说："亲爱的朵拉女士，这件事我们以后再谈好吗？我现在有重要的事情要做。"

朵拉女士并不想因此而放过经理，反而更加大声地说："怎么？经理，你难道怕别人知道吗？我这是在为我自己争取正当的权利，所以我没有什么可怕的。我希望你能明白，我这么做完全不是出于本意，而是因为你做得太过分。"经理的脸更加红了，说道："好吧，我的朵拉女

士，现在就请你到财务那里去领取你的奖金吧！”

就在第二天，经理把朵拉女士叫到了办公室。这次，他不光给了朵拉女士奖金，还给了她这几天的工资，因为朵拉女士被辞退了。

“从公司出来以后，我觉得委屈极了。于是，我对着公司的门口大声喊道：‘我们的经理是个小肚鸡肠的人，根本听不进别人的意见。’当时我觉得痛快极了。”朵拉在我和说这些话的时候，脸上明显挂满了胜利的喜悦。我摇了摇头，对朵拉女士说：“你觉得你被辞退是因为你的经理小肚鸡肠？”朵拉很惊讶地说：“难道不是吗？他还不是记恨我去和他讨要那份应该属于我的奖金？”我回答说：“朵拉女士，事实上你错了！我相信，如果你在一个恰当的时机去和你的经理谈论这件事的话，他一定会非常高兴地接受你的意见。可是，你却选择了最不恰当的时机，所以才使你自己失去了这份工作。”

首先，我必须和女士们澄清我的立场，朵拉女士去找经理要回自己的酬劳并没有错，因为那是她应得的。可是，她不该在经理陪同客人的时候提出这种要求，更不应该用那么激烈的言辞来维护自己的权利。事实上，朵拉女士这种行为是最典型的说话做事没有尺度。

其实，像朵拉那样的女士在职场中并不少见，而这些人的身上往往都有一个共同特点：任性。我们都知道，工作毕竟不等同于平常的生活。只要参加工作，那么就势必会受到各种各样的约束，然而，那些任性的女士却忽视了这些约束。她们说话不经过考虑，做事也全凭着自己的性子来。在她们眼里，没有什么是错误的，只要她们觉得正确。

有这样一位女士，平日里就喜欢我行我素，从来不考虑别人。参加工作以后，她的这种性格依然没有改变。在与同事的日常交往中，她从不注意自己的言行举止，总是会在无意中伤害到其他人的自尊，就连她的上司也不能幸免。不光这样，她对公司的制度完全没有概念，只要自己觉得有理由，就可以给自己放假。至于说上司的不满，那是上司的事，和她没有一点关系。渐渐地，公司里面所有的人都不愿意和她说话，因为她总是喜欢以自我为中心。同时，她的上司也对她意见越来越大，因为她老是不服从“管教”。当然，结果可想而知，那位女士最终失去了工作。在以后的日子里，虽然她尝试着找了很多份工作，却没有一份工作能够做长久。

女士们，不管是在职场还是在日常生活中，说话做事做到有度都是非常重要的。每个人都是不一样的，也都有自己的个性。你心中的标准未必就是别人心中的标准，而人与人之间在标准上势必都存在一些互相冲突的地方。还好，人类社会发展到今天，已经形成了一种公共的标准，而这种公共标准就是我所说的“度”。事实上，在职场中要想做到游刃有余，那么就必须遵循这个公共标准，因为那是被所有人接受的。如果你们的行为超出了这个标准，说话做事没有了度，那么就势必会招来别人的反感，使自己陷入孤立的境地。

上面所说的那种“任性”的无度是最典型的。其实，在现实生活中，说话做事没有尺度还有很多种，比如就像艾迪女士那样。

艾迪女士平时在公司的口碑还算不错，同事们大都很喜欢她。不过，艾迪女士有一个致命的缺点，那就是情绪容易激动，而且一激动起来就会头脑发热。

有一次，她和同部门的同事因为一点小事发生了争吵，双方谁也不肯让步，结果争吵逐渐升级。最后，艾迪女士大声说："你给我记住了，从今天起，我们之间没有任何关系，谁也不许再理对方。如果谁违背这个誓约，那么就一定会受到上帝的惩罚。"

同事们都惊呆了，觉得艾迪说的这些话有些过分，就赶忙劝她不要这么冲动。可是，正在气头上的艾迪根本听不进别人的劝告，反而当着众人的面又把刚才的话重复了一次。这样一来，她和那位女同事的关系变得紧张起来。

同在一个部门，日常的接触总是不可避免的，更何况还必须在一起完成工作。可是，由于艾迪女士发了毒誓，所以她坚决拒绝与对方合作。最后，由于两个人的冷战，使得一项很重要的任务没有处理好。结果，经理在了解完情况以后，以影响公司团结为由，解雇了艾迪。

这一类型的女士我们不妨把她们称为"情绪化"的说话做事无度者。她们的共同特点是：易冲动，好说绝话。其实，这一类型的女士在现实生活中也是很常见的。我们经常看到这样的情形，两个人发生矛盾时，有一方很容易说出一些过火的话，目的就是以此来惩罚对方。可是这有效吗？没有。这样做的结果只有一个，那就是堵住了日后化解矛盾的退路。

如果说上面两类女士都是因为没有考虑到说话做事应该有度而犯下错误的话，那么另一类女士则是因为太过讲究说话做事应该有度而犯下错误，这两者并不矛盾。

妮娜是一位很有心计的姑娘，而且也很有抱负。刚刚参加工作的时候，她就给自己定下目标，一定要成为一名最优秀的职场女性。在此之前，她阅读过很多这方面的书籍，所以她非常清楚，办公室关系是一项非常重要的内容。如果她不能把办公室关系处理好的话，那么就不可能实现自己的目标。于是，她开始照着书上所教的方法去做。

女士们一定会认为，这个妮娜女士肯定取得了成功，因为她用心去做了，而且也讲究了技巧。可事实上，妮娜的做法非但没有赢得同事们的好感，反而让所有人都十分厌烦她，并且管她叫"虚伪的妮娜"。这究竟是怎么一回事呢？

原来，妮娜太过于注重那些技巧性的东西了，想把书中所教的技巧全都用上。书中教她要关心同事，于是当于莉感到有些不舒服时，她马上买来了一大堆药，并且说："哎呀，看看你，都瘦成这样了！快吃药吧！那样就会好起来了。你知道吗？你生病真的让我很担心。"当她的同事需要帮忙的时候，她总是会马上冲过去，笑呵呵地说："为什么不叫我一声呢？我是很乐意帮助别人的。不要不好意思，大家都是同事，有什么困难我一定会帮你的。"开始的时候，人们都还认可妮娜的这种做法，可时间一长，妮娜的行为就给别人一种很做作的感觉。后来，同事在妮娜的柜子里看到了那本人际关系方面的书，结果大家都认为妮娜是不怀好意，所以才叫她"虚伪的妮娜"。

应该说，这类女士是委屈的，因为她们内心知道说话做事要有度的重要性，也确实是发自内心地想要做到。然而，她们在改正的过程中，把注意力过多地放在了如何说话和做事上，行为太过谨慎和夸张，结果给人一种做作虚伪的感觉。坦白说，这种做法比前两者更具危害。既然说话做事无度的人大致可分为这三种，那么我们就应该对症下药，给这三类人提供一些解决问题的意见。

如何做到说话做事有度

- 克服任性的缺点，凡事多为别人考虑；
- 遇事不要冲动，三思而后行；
- 学习一些技巧是必需的，但不要刻意去追求。

做一个沟通高手

3 年前，我应邀参加了由纽约商业联合会举办的一次晚宴。其间，我认识了一位名叫唐纳德·勃兰特的先生，他是纽约一家大型贸易公司的人事部经理。在交谈过程中，唐纳德和我说起了他的人事招聘经验。他告诉我，对于一个公司来说，招聘到一个能力不强的人并不是最糟糕的事，而招聘到一个不懂得沟通的人则相当麻烦。老实说，我还是第一次听到有人如此坦白地说出这一原则，于是就问他其中的原因。唐纳德对我说："我想每个人都清楚，团队就是一个公司的生命，因此一个团队是否能够默契地合作对于一个公司来说是至关重要的。试想一下，如果团队中的成员不善于沟通的话，那么这个团队就会失去凝聚力、生命力和活力，难道这不是一件很可怕的事情吗？”

的确，唐纳德先生并没有夸大其词。现在越来越多的企业在招聘的时候总是会把“善于沟通”放在首要的位置。可见，大多数老板宁愿要一个能力虽然不高却善于沟通的员工，也不愿意要一个与团队格格不入的所谓人才。可见，沟通对于身在职场的女士们越来越重要。如果想在职场上有所作为的话，那么女士们首先要做的就是将自己打造成一名沟通高手。

事实上，很多女士对沟通都有一个片面性的认识。她们认为，沟通就只是简单地以言语进行交流。其实，沟通的范围非常广泛，既包括如何表达自己的观点，也包括如何倾听他人的意见，而且还包括众多的沟通方式。因此，女士们只有训练自己各方面的素质，才能真正成为一名沟通的高手。

我承认，要想成为一名沟通高手并不是一件简单的事，也不是一朝一夕就可以练成的。坦白说，有关这方面的内容完全可以写成一本书，但是我在这里要教给女士们的是一些最基本的原则。只要女士们遵循了这些基本原则，再结合自己的实际情况运用一些技巧，那么成功并非不可能。

职场沟通的三大原则

- 放低自己的身份，不与人争辩；
- 尽快适应新的工作环境；
- 及时与周围的人进行沟通。

很多女士，特别是那些刚刚走入职场的女士，都非常想在最短的时间内得到公司领导和同事的认可。首先，我肯定那些女士的想法，因为这是一种上进的表现。然而，有一些女士在与同事和领导沟通，表达自己想法的时候，往往将自己的位置摆得很高。同时，为了证明自己是正确的，她们还很容易和同事发生争吵。

凯利刚刚进入一家玩具公司做设计员。应该说，公司的领导对凯利还是非常满意的，因为她在这方面的工作能力确实很突出。然而，让所有人都没有想到的是，就在凯利参加工作后的第二个月，公司的经理却突然辞退了她。凯利问经理为什么要辞退她时，经理说："对不起，凯利小姐。我承认，这一个月来你工作上的表现的确相当出色。然而，一个公司最需要的不

是一个出色的个人，而是一个出色的团队。因此，我不想因为你而影响到我们公司的团队。”

原来，凯利在这一个月内，与公司的同事相处得非常不好。的确，凯利是有可骄傲的资本，但她忘记了自己不过是个新人。当设计部主任在给员工开会的时候，凯利总是以“教训”的口气发言，并且告诉其他人，也包括主任，真正的设计应该是什么样子的。不光这样，凯利还经常和同事为某一件作品而争论不休。本来，同事之间讨论工作是再平常不过的事情，可是凯利却完全是用命令的语气让对方服从她的意见。时间一长，每个人都对凯利很有意见，最后经理只得“忍痛割爱”。

其实，凯利在与同事沟通时犯下的最主要的错误就是没有摆正自己的位置，将自己估计得太高。事实上，不管你们的能力有多强，作为一个新人来说，你始终是团队中的后来者，而且你的资历要比公司的其他人低得多，尽管那些人在能力上不如你。因此，初入职场的女士们在表达自己的想法时，应该尽可能地采取低调的方式，而且必要时还要讲究一些迂回策略。

此外，女士们还要注意考虑对方的心理。我曾经不止一次提到过，每一个人都有获得“深具重要性”的需求，而女士们和同事们沟通最好的方法就是满足他们的这种需求。在工作中，想法和观点出现冲突是难免的。这时候，女士们千万不要采用争论的方式，因为那只会让事情越来越糟。当这种情况出现时，女士们首先要考虑到的就是保持对方的权威性，并且充分尊重他人的意见。即使他的意见确实是错的，但是你也没必要采用争论的方式让他接受你的观点，这是与人沟通中最大的忌讳。同时，女士们在表达自己的观点时，千万不要以自我为中心，过分地强调自我，而是应该从对方的角度出发，站在他人的立场上考虑问题。

第二大原则也很重要。事实上，每一个企业都有不同的文化氛围、管理制度和业务部门，这势必就会形成不同的沟通风格。如果女士们不能很快地融入新的沟通风格中，那么就很可能会使自己陷入孤立的境地。

爱娃女士先前在一家小型的百货公司工作。由于公司比较小，所以整个工作环境都比较轻松。那时，爱娃和同事们可谓无话不谈，任何话题都可以坦然地拿到办公桌上来说。此外，在与领导进行沟通时也比较简单，根本不需要经过任何人的允许就可以向公司的总经理直接汇报工作，因为那家公司除了总经理就是员工，没有其他的中层领导。

后来，那家小型的百货公司倒闭了，爱娃又来到了一家大型的电器销售公司。虽然工作内容和以前一样，而且薪水也比以前拿得要多，可是爱娃却感觉到自己很难适应新的工作环境。原来，这家公司同事之间的交流很少，即使有也大都是和工作有关。当爱娃把自己昨天购物的经历讲给同事们听的时候，同事们都表现得非常冷漠，有的人甚至还讥讽她。更让爱娃受不了的是，她根本没有权力直接和总经理交谈，一切都要听从那个可恶的部门经理的安排。如果他那关过不了的话，即使爱娃的想法再好，也不可能向总经理汇报。三个月后，爱娃实在受不了这种工作环境，只好选择辞职。

是不是这家公司有问题？不，没有，这家公司的业绩一直都非常好。事实上，所有的问题都出在爱娃身上。也许是工作太忙，长久以来，这家公司已经形成了一种“工作时间只谈工作”的沟通风格。我想，如果爱娃能够在工作时间多和同事们谈谈自己的工作心得，然后在下班的时候和他们谈一谈有关自己的私事，那么公司的同事还是会很快接纳她的。

至于说不能直接向高层领导汇报工作，那是再正常不过的事情了。事实上，在所有的大公司里，老板和员工直接沟通的机会都是很少的。其实，爱娃首先要做的应该是主动积极地与部门经理沟通，向她说出自己的想法，并且想办法赢得他的赞同，然后再通过他向总经理表达自己的想法。像爱娃那种“越级”与老板沟通的想法，其实是很错误的。

我个人认为，最后一个原则是这三大原则中最重要的。因为女士们想要成为沟通高手，那么最主要的就是去做。如果你不主动和别人进行沟通，而是等待别人来找你，那么相信效果将差很多。不管女士们是内向型的性格还是外向型的性格，在工作中主动与别人沟通总是要比不去沟通好得多。在我的培训班上，曾经有很多女士和我说：“卡耐基先生，我们都非常清楚沟通是很重要的，也很想做一个沟通高手。可是，这些事情说起来很容易，做起来却是相当难。因此，请你教我们一些方法好吗？等我们训练好了以后再去与人沟通。”我真的不明白这些女士为什么会有这样的想法。我知道，做到与人成功沟通是很困难的，但是凡事都是在迈出第一步以后才有第二步。尽管在沟通的时候可能会遇到这样那样的问题，但迈出了第一步就意味着向成功走近了一点。

女士们，请你们牢记这三大基本原则，因为这是你们成为沟通高手的必备条件。此外，我这里还有五项法则和十大技巧送给女士们，希望对你们有所帮助。

成为沟通高手的五项法则

- 谈话内容有趣，能引起对方的兴趣；
- 懂得运用微笑的力量，时刻让人感到愉快；
- 以真诚作为与人沟通的基础；
- 能够灵活地应对各种场合，针对不同的对象改变话题；
- 谈论的内容简单易懂。

打造沟通高手的十大技巧

- 灵活运用自己的语言进行表达，给别人一种顺畅自然的感觉；
- 以愉快的声音与别人交谈，并且让别人能听清你的话；
- 说话的同时用眼神和对方交流；
- 能够恰当地控制好话题；
- 谈论一些能够取悦对方的话题；
- 适当地开一些玩笑，用以缓和气氛；
- 随时不忘对别人表示感激；
- 合理运用肢体语言；
- 学会倾听别人的谈话；
- 迅速准确地找出你们的共同话题。

学习一些技巧是必需的，
但不要刻意去追求。

一定要发自真心地、
真诚地去尊重别人。